10kV 及以下
配电典型事故分析及预防

10kV JIYIXIA
PEIDIAN DIANXING SHIGU
FENXI JI YUFANG

丁荣　吴晓海　丁利恒　编

U0352031

中国电力出版社
CHINA ELECTRIC POWER PRESS

内 容 提 要

本书主要介绍 10kV 及以下配电系统中的架空配电线路，电力电缆线路，开关站、配电室，从基本要求、运行维护的要求、故障处理要求和故障案例分析及预防四个方面进行了详细介绍。

本书案例充足，且每个案例都给出了详细的原因分析及事故对策，具备极强的实用性。可供各供电公司和用电客户从事配电施工及运行维护工作的人员学习使用，也可供电力建设的工程技术人员及管理人员参考。

图书在版编目（CIP）数据

10kV 及以下配电典型事故分析及预防/丁荣，吴晓海，丁利恒编 .—北京：中国电力出版社，2018.10（2023.1 重印）

ISBN 978-7-5198-2316-0

Ⅰ．①1… Ⅱ．①丁…②吴…③丁… Ⅲ．①配电系统－安全事故－事故分析②配电系统－安全事故－事故预防 Ⅳ．① TM08

中国版本图书馆 CIP 数据核字（2018）第 179405 号

出版发行：中国电力出版社

地　　址：北京市东城区北京站西街 19 号（邮政编码 100005）

网　　址：http://www.cepp.sgcc.com.cn

责任编辑：张　涛　王蔓莉（manli-wang@sgcc.com.cn）

责任校对：黄　蓓　常燕昆

装帧设计：赵丽媛

责任印制：石　雷

印　　刷：北京雁林吉兆印刷有限公司

版　　次：2018 年 10 月第一版

印　　次：2023 年 1 月北京第四次印刷

开　　本：787 毫米×1092 毫米　16 开本

印　　张：13

字　　数：304 千字

印　　数：3501—4000 册

定　　价：50.00 元

前言

　　随着我国各行各业的迅猛发展和人民生活水平的不断提高，作为现代社会基础产业的电力工业也随之迅速发展。尤其是近几年国家加大了城乡电网的建设与改造力度，使配电网的建设与改造得到突飞猛进的发展，与此同时，对从事配电网工作的人员也提出了更高的要求。为了提高配电员工的岗位培训质量，提升员工处理事故的能力，作者根据自己多年从事配电工作的经验，编写了《10kV及以下配电典型事故分析及预防》一书。书中收集了大量的架空配电线路、电缆、开关站配电室等各种类型配电事故案例，并从事故现象、事故原因分析到应采取的防范措施进行了详细的论述。目的就是提高从事配电运行和检修职工的业务素质，遇到类似的事故能快速、准确、优质的予以处理，并防微杜渐采取防范措施，杜绝类似事故的发生，确保配电网的安全运行。

　　本书的主要特点是针对性、实用性和通俗性强，对设计单位和用电单位的电工和技术人员也有很大的参考价值。

　　由于时间仓促和编写者水平所限，本书中不妥之处恳请广大读者提出宝贵意见和建议，不胜感谢！

编　者

2018.3.28

目录

前言
第一章　架空配电线路 ………………………………………………………… 1
　第一节　基本要求 ……………………………………………………………… 1
　第二节　运行维护 …………………………………………………………… 10
　第三节　故障处理 …………………………………………………………… 16
　第四节　事故案例分析及预防 ……………………………………………… 29
第二章　电力电缆线路 ……………………………………………………… 111
　第一节　基本要求 ………………………………………………………… 111
　第二节　运行维护 ………………………………………………………… 112
　第三节　故障处理 ………………………………………………………… 119
　第四节　事故案例分析及预防 …………………………………………… 126
第三章　开关站、配电室 …………………………………………………… 140
　第一节　基本要求 ………………………………………………………… 140
　第二节　运行维护 ………………………………………………………… 141
　第三节　变压器事故案例分析及预防 …………………………………… 143
　第四节　开关柜、开关事故案例分析及预防 …………………………… 174
　第五节　其他 ……………………………………………………………… 191

第一章

架 空 配 电 线 路

第一节　基　本　要　求

一、线路的基本要求

(一) 线路路径的基本要求

（1）架设线路的路径尽量选择捷径，地形不复杂，投资较少。

（2）应尽量少占农田，避开洼地、冲刷地带及易被车辆碰撞的地方。

（3）应尽量避开爆炸物、易燃物和可燃液（气）体的生产厂房、仓库、储罐等。

（4）应尽量把线路架设在公路、道路两侧，便于运输、施工和今后的运行维护。

（5）线路路径的选择既要照顾到当前的需要，又要考虑到今后的发展，并要满足城市规划和电网规划，要留有一定的裕度。

(二) 架空线路应避免架设的处所

（1）国家的纪念塔、碑及类似处所或规划之内。

（2）屋顶、庭院、林木丛生之地。

（3）山洪、水灾较多之处。

（4）生产、储存易燃、易爆物的厂房、库房等处所。

（5）生产腐蚀性气体、液体及污染严重之地。

（6）不易通过的山河、湖泊及基础不易稳固的地方。

(三) 架空线路电杆应避开的埋设处所

（1）妨碍交通的场所或妨碍交通信号视线的场所。

（2）铁路路基取土处及路基斜坡面。

（3）地下管道、暗渠、电力电缆、通信电缆及其他地下设施埋设之处。

（4）建筑物及地道出入口。

（5）车马通行频繁易受碰撞之处。

（6）临河岸及接近水渠之处。

（7）沙地、沼泽地及泉水池。

(四) 对架空线路的基本要求

（1）供电安全。要保证对用户可靠地、不间断地供电，就要保证线路架设的质量并加强运行维修工作，防止发生事故。

（2）电压质量。电压质量的好坏，直接影响着用电设备的安全和经济运行，供电电压 10kV 及以下高压供电和低压电力用户的电压变动范围为±7％，低压照明用户为−10％～+5％。

（3）经济供电。送电过程中要尽量降低线路损耗。

二、架空线路电杆的高度和埋深

（1）电杆高度应根据横担安装位置、电杆埋深、导线弧垂和导线对地面的垂直距离来确定，可用下列要求近似计算。

（2）电杆的埋深应根据电杆的材料、高度、承力和当地的土质情况确定。一般 15m 以下电杆，埋深可按杆长的 1/6 计算，但最少不得小于 1.5m，一般电杆埋深参考表 1-1。

表 1-1　　　　　　　　　　　　　　电 杆 埋 设 深 度

杆高（m）	8	9	10	11	12	13	15	18
埋深（m）	1.5	1.6	1.7	1.8	1.9	2.1	2.3	2.8

一般也可以按经验公式使用电杆长度的 1/10＋0.7m 进行计算，注意，当电杆长度 ≥15m 时，计算方法改为电杆长度的 1/10＋0.8m 进行计算。

三、高压架空线路电杆的要求

（一）木杆
（1）杆身不应有腐朽，有腐朽的电杆在设计范围内应去掉腐朽部分，涂刷防腐油。

（2）不能使用通身木纹呈螺旋状扭曲的木杆。

（3）杆身弯曲，凡两端中心连接已超出杆外者不得使用，在受力大的地方，弯曲严重的木杆也不得使用。

（4）未裂穿的干缩缝允许深度，不得超过梢径 1/3，长度不得超过杆长的 1/2。

（5）木杆的外皮应全部剥干净。

（6）主杆梢径不得小于：10kV 及以下的线路为 160mm；农村架空线路为 140mm。

（7）木杆接腿梢径不应小于主杆根径的 85％，其最大弯曲不应超出接腿长度的 1％。

（二）混凝土杆
（1）杆身的弯曲不得超过杆长的 2/1000。

（2）电杆横向裂纹宽度应不超过 0.1mm，裂纹长度不得超过 1/3 电杆周长。

（3）电杆表面应平整光滑，内外壁均不得有流浆露筋等缺陷，杆顶必须有堵块。

（4）混凝土杆用的底盘、卡盘表面应无裂缝、剥落等缺陷，如因运输碰损，其碰损面积不得超过总面积的 2％（深度不大于 20mm）。

为了便于对电杆的监造与抽检应了解环形混凝土电杆的构造。

钢筋混凝土电杆按照制造工艺可以分为钢筋混凝土电杆、预应力电杆和部分预应力电杆三种。在 GB 4623—2014《环形混凝土电杆》中有明确的定义，即钢筋混凝土电杆（代号为 G）纵向受力钢筋为普通钢筋的混凝土电杆；预应力电杆（代号为 Y）是纵向受力钢筋为预应力钢筋的混凝土电杆，其抗裂检验系数允许值 $[\gamma_{cr}]=1.0$；部分预应力电杆（代号为

BY）是纵向受力钢筋为预应力钢筋与普通钢筋组合而成或全部为预应力钢筋的混凝土电杆，其抗裂检验系数允许值 $[\gamma_{cr}]=0.8$。

钢筋混凝土电杆的制造要经过钢筋加工和骨架成型、混凝土配置、离心成型、养护及脱模、质量检查等过程；预应力电杆的制造要经过钢筋加工和骨架成型、混凝土配置、钢筋施加预应力、离心成型、养护及脱模、质量检查等过程；部分预应力电杆除了钢筋施加部分预应力外，其他过程与预应力电杆的制造过程相同。

对环形混凝土电杆构造的主要要求。

1. 拌制混凝土用水的要求

（1）水质应清洁，水中不得混有油脂、糖类等杂质。

（2）pH 值小于 4 的酸性水，以及含硫酸盐按 SO_4^{-} 计算超过水重 1％的水都不得使用。

（3）混凝土中严禁掺入氯盐以及可溶性硫酸盐等有害物质。为达到高强、防腐和节约水泥的目的，可以按规定掺入适合离心蒸养条件的外加剂。

（4）不得使用海水和盐湖水。

2. 钢筋的规格与配置要求

（1）普通纵向受力钢筋宜采用热轧带肋钢筋，其性能应符合 GB/T 1499.2—2007《钢筋混凝土用钢 第 2 部分：热轧带肋钢筋》的规定。预应力纵向受力钢筋宜采用低松弛预应力混凝土用钢丝、钢绞线，其性能应分别符合 GB/T 5223—2014《预应力混凝土用钢丝》、GB/T 5224—2014《预应力混凝土用钢绞线》的规定。架立钢筋宜采用热轧光圆钢筋、冷轧低碳钢丝，其性能应分别符合 GB/T 1499.1—2008《钢筋混凝土用钢 第 1 部分：热轧光圆钢筋》、JC/T 540—2006《混凝土制品用冷拔低碳钢丝》的规定。螺旋筋宜采用冷拔低碳钢丝，其性能应符合 JC/T540 的规定。钢板圈和法兰盘宜采用 Q235B 钢，其性能应符合 GB/700—2006《碳素结构钢》的规定，如有特殊情况，经试验验证可采用其他材质，并应符合相应标准要求。

（2）纵向受力钢筋应沿电杆环向均匀配置，锥形杆不应少于 6 根，等径杆不应少于 8根。部分预应力电杆的纵向受力钢筋中若需配置普通钢筋时，其根数不应少于 6 根，并应均匀配置。纵向受力钢筋直径不应大于壁厚的 2/5。端面应平整，不应有局部弯曲，表面不应有油污。

（3）预应力钢筋调直下料后，其下料长度相对误差应不大于钢筋长度的 1.5/10000。

（4）预应力钢筋镦头的强度不应低于材料标准强度的 98％。

（5）预应力钢筋不应断筋。预应力钢筋的张拉强度及应力控制方法应符合 GB 50010—2010《混凝土结构设计规范》、GB 50204—2015《混凝土结构工程施工质量验收规范》的规定。

（6）预应力钢筋不应有接头；普通钢筋允许有接头，其接头技术要求应符合 GB 50010、GB 50204 的规定。

（7）纵向受力钢筋净距不宜小于 30mm，锥形杆小头最小不宜小于 25mm。当配筋太密时，可采取并筋布置，并筋的技术要求应符合 GB 50010 的规定。

（8）电杆在其全部长度范围内均应配置螺旋筋，螺旋筋直径宜采用 2.5～6mm。当锥形杆的梢径大于或等于 190mm、小于 230mm 时，螺旋筋直径不宜小于 3mm；当锥形杆的梢径或等径杆直径大于或等于 230mm 时，螺旋筋的直径不宜小于 4mm。螺旋筋间距在距两端各 1.5m 内不宜大于 70mm，其余不应大于 120mm。所有杆段的两端螺旋筋应密缠 3～5 圈。

（9）除采用滚焊骨架外，纵向受力钢筋内侧应设架立圈，架立圈钢筋直径宜采用 5～10mm。当纵向受力钢筋直径大于 18mm 时，架立钢圈直径不宜小于 8mm。架立圈间距对于钢筋混凝土电杆不宜大于 500mm；对于预应力、部分预应力混凝土电杆不宜大于 1000mm。当采用滚焊骨架时不设架立圈。

（10）骨架成型后，纵向受力钢筋间距偏差不应超过 ±5mm；螺旋筋间距偏差不应超过 ±10mm；架立圈间距偏差不应超过 ±20mm，垂直度偏差不应超过架立圈直径的 1/40。

1）对梢径小于或等于 190mm 的锥形杆螺旋筋的直径采用 3.00mm。

2）螺旋筋必须沿杆段全长布置在主筋外围，对梢径小于或等于 150mm 的杆段，螺距不大于 150mm；梢径或等径杆的直径等于或大于 170mm 的杆段，螺距不大于 100mm；杆段无接头端螺旋筋应密绕 3～5 圈，并且在端部 500mm 范围内螺距应控制在 50～60mm。

3）架立圈间距不宜大于 1m，杆段无接头端应设置两个架立圈，并将架立圈与主筋扎结牢固。

3. 混凝土配置要求

（1）宜采用强度等级不低于 42.5 级的硅酸盐水泥、普通硅酸盐水泥、矿渣硅酸盐水泥、抗硫酸盐硅酸盐水泥，性能应分别符合 GB 175—2007《普通硅酸盐水泥》、GB 748—2005《抗硫酸盐硅酸盐水泥》的规定。钢筋混凝土电杆用混凝土强度等级不应低于 C_{40}；预应力电杆、部分预应力电杆用混凝土强度等级不应低于 C_{50}。混凝土的配合比应通过试验确定，混凝土坍落度宜控制在 4～6cm。

（2）配料前应检查计量装置及原材料，符合要求后方可使用。

（3）配料应严格按规定的配合比进行，水、水泥不得超过称量误差 1%；砂、石的称量误差不得超过 3%。

（4）应随气候的变化测定砂、石的含水率，及时调整用水量。

4. 养护及脱模的要求

（1）混凝土采用低压饱和蒸汽养护时，升、降温速度每小时不得超过 40℃。混凝土若超过恒温温度，硅酸盐水泥及普通硅酸盐水泥不高于 80℃，矿渣硅酸盐水泥不高于 95℃。

（2）电杆脱模时混凝土强度不得低于设计标号的 70%。

（3）严格控制养护时间，并设专人养护。定时检查气量及温度，严禁提前脱模。

（4）脱模时严禁摔、敲打钢模和杆段。

（5）预应力钢筋宜采用整体放松应力工艺，对以冷拔碳钢筋为主筋的电杆可以单根放松，但应对称切割。

（6）脱模后应找出预埋件，打通预留孔，切除伸出端的预应力钢筋头。切除后应涂防腐涂料。

（7）电杆脱模后宜在水池内浸泡 2～3 天，以对其进行养护，并应注意加强后期洒水养护和管理，避免骤冷或曝晒。

（8）电杆出厂前，锥形杆梢端或等径杆上端应用混凝土或砂浆封实。

钢筋混凝土电杆外观质量要求见表 1-2。

表 1-2   钢筋混凝土电杆外观质量要求

序号	项目		项目类别	质量要求
1	表面裂缝		A	预应力混凝土电杆和部分预应力电杆不应有环向和纵向裂缝。钢筋混凝土电杆不应有纵向裂缝，环向裂缝不应大于 0.05mm
2	漏浆	模边合缝处	A	模边合缝处不应漏浆。但如漏浆深度不大于 10mm、每处漏浆长度不大于 300mm、累计长度不大于杆长的 10%、对称漏浆的搭接长度不大于 100mm 时，允许修补
2	漏浆	钢板圈（或法兰盘）与杆身结合面	A	钢板圈（或法兰盘）与杆身结合面不应漏浆。但如漏浆深度不大于 10mm、环向累计长度不大于 1/4 电杆周长、纵向长度不大于 15mm 时，允许修补
3	局部碰伤		B	局部不应碰伤，但如碰伤深度不大于 10mm、每处面积不大于 50cm² 时，允许修补
4	内、外表面露筋		A	不允许
5	内表面混凝土塌落		A	不允许
6	蜂窝		A	不允许
7	麻面、粘皮		B	不应有麻面或粘皮。但如每米长度内麻面或粘皮总面积不大于相同长度外表面积的 5% 时，允许修补
8	接头钢板圈坡口至混凝土断面距离		B	钢板圈坡口至混凝土端面距离应大于钢板厚度的 1.5 倍且不小于 20mm

注　表面裂缝中不计龟纹和水纹。

钢筋混凝土电杆外观质量、尺寸、保护层厚度的检验工具与检验方法见表 1-3。

表 1-3   钢筋混凝土电杆外观质量、尺寸、保护层厚度的检验工具与检验方法

序号	检验项目	检验方法	量具分度值 (mm)
1	裂缝宽度	用≥20 倍读数放大镜测量，精确度至 0.01mm	0.01
2	漏浆缝长度	用钢卷尺测量，精确至 1mm	1
3	漏浆缝深度	用游标卡尺测量，精确至 1mm	0.10
4	碰伤长度	用钢卷尺或钢直尺测量，精确至 1mm	1
5	碰伤深度	用游标卡尺测量，精确至 1mm	0.10
6	内、外表面漏筋	观察	—
7	内表面混凝土塌落	观察	—
8	蜂窝	观察	—
9	麻面、粘皮	用钢卷尺或钢直尺测量，精确至 1mm	1
10	钢板圈焊口距离	用钢直尺测量，精确至 1mm	1
11	杆长	用钢卷尺测量，精确至 1mm	1
12	壁厚	用钢直尺或卡尺在同一断面互相垂直的两直径上测量四处壁厚，取其最大值和最小值，精确至 1mm	0.5
13	外径	用钢直尺或卡尺在同一断面测量互相垂直的两直径，取其平均值，精确至 1mm	1

续表

序号	检验项目	检验方法	量具分度值 （mm）
14	保护层厚度	用深度游标卡尺测量 3 个点，每个断面测一点； （1）锥形杆第 1 点在 B 支座处（根部法兰式锥形杆在距法兰底部 0.6m 处）；第 2 点在距梢端 0.6m 处；第 3 点在前面两点中间的任一点，精确至 1mm。 （2）等径杆 1 点在中部；另两点在两端支座处，精确至 1mm	0.10
15	弯曲度	将拉线紧靠电杆的两端部，用钢直尺测量其弯曲度的最大距离，精确至 1mm	0.5
16	端部倾斜	用 90°角度尺及 150mm 长钢直尺测量，应考虑锥度的影响，精确至 1mm	0.5
17	预留孔直径及位置	用钢卷尺或钢直尺测量，精确至 1mm	0.5
18	钢板圈外径	用钢卷尺或卡尺测量，精确至 1mm	0.5
19	钢板圈、法兰盘厚度	用游标卡尺测量，精确至 0.1mm	0.02
20	钢板圈或法兰盘轴线与杆段轴线偏差	用吊锤及钢直尺测量，精确至 1mm	0.5

锥形电杆规格及质量参数见表 1-4。

表 1-4　　　　　锥形电杆规格及质量参数（摘自 GB 396—1994）

梢径（mm）	根径（mm）	长度（m）	壁厚（mm）	质量（kg）
150	257	8	35	392
150	257	8	40	590
150	270	9	35	480
150	283	10	35	600
190	323	10	35	650
190	323	10	50	860
190	337	11	35	750
190	337	11	50	980
190	350	12	50	1100
190	363	13	40	1120
190	363	13	50	1225
190	390	15	40	1250
190	390	15	50	1500

钢筋混凝土锥形杆开裂检验弯矩表见表 1-5。

表 1-5 　　　　　钢筋混凝土锥形杆开裂检验弯矩表（kN·m）

杆长 (m) / 标准荷载 (kN)	梢径（mm）											
	φ150						φ190					
	开裂检验荷载 P(kN)											
	B	C	D	E	F	G	G	I	J	K	L	M
	1.25	1.50	1.75	2.00	2.25	2.50	2.50	3.00	3.50	4.00	5.00	6.00
6	5.94	7.13	8.31	9.50	10.69							
7	6.94	8.32	9.71	11.10	12.49							
8	8.06	9.68	11.29	12.90	14.51	16.13	16.13	19.35				
9	9.06	10.82	12.69	14.50	16.31	18.13	18.13	21.75	25.38	29.00	36.25	
10	12.08	14.09	14.09	16.10	18.11	20.13	20.13	24.15	28.18	32.20	40.25	48.30
11						22.13	22.13	26.55	30.98	35.40	44.25	53.10
12						24.38	24.38	29.25	34.13	39.00	48.75	58.50
13								31.65	36.93	42.20	52.75	63.30
15								36.75	42.88	49.00	61.25	73.50
18									53.38	61.00	76.25	91.50

注　B、C、D…，是不同开裂检验荷载的代号。

本表所列开裂检验弯矩（M_k）为用悬臂式试验时，取梢端至荷载点距离（L_3）为 0.25m、在开裂检验荷载作用下假定支持点（L_2）断面处的弯矩。电杆实际设计使用时，应根据工程需要确定梢端至荷载点距离和支持点高度，并按相应计算弯矩进行检验。

根据电杆的埋置方式，其埋置深度应通过计算确定，并采取有效加固措施。

预应力混凝土锥形杆开裂检验弯矩表见表 1-6。

表 1-6 　　　　　预应力混凝土锥形杆开裂检验弯矩表（kN·m）

杆长 (m) / 标准荷载 (kN)	梢径（mm）									
	φ150						φ190			
	开裂检验荷载 P(kN)									
	B	C	C1	D	E	F	G	I	J	K
	1.25	1.50	1.65	1.75	2.00	2.25	2.50	3.00	3.50	4.00
6	5.94	7.13	7.84	8.31	9.50	10.69				
7	6.94	8.32	9.16	9.71	11.10	12.49				
8	8.06	9.68	10.64	11.29	12.90	14.51	16.13	19.35		
9	9.06	10.82	11.96	12.69	14.50	16.31	18.13	21.75	25.38	29.00
10	12.08	14.09	13.28	14.09	16.10	18.11	20.13	24.15	28.18	32.20
11							22.13	26.55	30.98	35.40
12							24.38	29.25	34.13	39.00
13								31.65	36.93	42.20
15								36.75	42.88	49.00
18									53.38	61.00

注　B、C、D…，是不同开裂检验荷载的代号。

本表所列开裂检验弯矩（M_k）为用悬臂式试验时，取梢端至荷载点距离（L_3）为

0.25m、在开裂检验荷载作用下假定支持点（L_2）断面处的弯矩。电杆实际设计使用时，应根据工程需要确定梢端至荷载点距离和支持点高度，并按相应计算弯矩进行检验。

根据电杆的埋置方式，其埋置深度应通过计算确定，并采取有效加固措施。

部分预应力混凝土锥形杆开裂检验弯矩表见表 1-7。

表 1-7 部分预应力混凝土锥形杆开裂检验弯矩表（kN·m）

杆长（m） \ 标准荷载（kN）	梢径（mm）										
	$\phi150$					$\phi190$					
	开裂检验荷载 P(kN)										
	C 1.50	D 1.75	E 2.00	F 2.25	G 2.50	G 2.50	I 3.00	J 3.50	K 4.00	L 5.00	M 6.00
6	7.13	8.31	9.50	10.69	11.88						
7	8.32	9.71	11.10	12.49	13.88						
8	9.68	11.29	12.90	14.51	16.13	16.13	19.35				
9	10.82	12.69	14.50	16.31	18.13	18.13	21.75	25.38	29.00	36.25	
10	14.09	14.09	16.10	18.11	20.13	20.13	24.15	28.18	32.20	40.25	48.30
11						22.13	26.55	30.98	35.40	44.25	53.10
12							29.25	34.13	39.00	48.75	58.50
13							31.65	36.93	42.20	52.75	63.30
15							36.75	42.88	49.00	61.25	73.50
18										76.25	91.50
21.00										91.25	109.50

注 B、C、D…，是不同开裂检验荷载的代号。

本表所列开裂检验弯矩（M_k）为用悬臂式试验时，取梢端至荷载点距离（L_3）为 0.25m、在开裂检验荷载作用下假定支持点（L_2）断面处的弯矩。电杆实际设计使用时，应根据工程需要确定梢端至荷载点距离和支持点高度，并按相应计算弯矩进行检验。

根据电杆的埋置方式，其埋置深度应通过计算确定，并采取有效加固措施。

（三）钢管电杆

钢管电杆简称钢杆，集中了钢筋混凝土电杆及铁塔的种种优点，并具有生产周期短、占地面积小、能承受较大的应力、杆型美观的特点。适用于城市受路径影响无法安装拉线以及道路狭窄，需要多回路架设导线的地方。钢管杆的不足是造价高、制造工艺复杂，因此选用时必须进行技术经济比较。

架空配电线路用钢杆较多使用的是 Q235、16Mn 或 ASTMA-572 钢材制造。按外形可以分为圆形、椭圆形、六边形、十二边形以及多边形等，10kV 配电线路钢杆大量使用的是圆形和十二边形整根钢杆。钢管杆的斜率：直线杆一般是 1/75～1/70；30°转角杆一般为 1/65；60°转角杆一般为 1/45；90°转角杆一般为 1/35。钢管杆按基础形式可以分为法兰式和管桩式。

四、架空线路装设拉线的要求

（1）拉线在木杆上固定时，应在木杆上加护杆铁板，以防止木杆受到损伤。但拉线面积为 25mm² 钢绞线或 5 股以下镀锌铁线时，可不加护杆铁板。

（2）用钢绞线作拉线应在电杆上先绕一圈，用卡钉钉牢。拉线截面为 50mm² 以下，可用镀锌铁线缠绕；50mm² 以上应用钢线卡子固定，若用 8 号铁线制作拉线，应把各股平铺在电杆上用卡钉钉牢，再用 10 号铁线或自身缠绕固定。

（3）拉线在混凝土杆上固定时，应使用拉线抱箍，抱箍的机械强度要满足拉线的拉力要求，且螺栓直径不小于 16mm。

（4）拉线在电杆上固定应尽量靠近横担，但木制直线杆的两侧人字拉线（防风拉线）应固定在横担以下的 1m 处，以防雷击闪络。

（5）拉线底把应做在不易被车碰撞的地方，若受地形限制，应埋设桩。拉线在易受洪水冲刷的地区，应增设必要的防护设施。

（6）配电线路木杆上拉线应装设拉紧绝缘子，要求绝缘子距地面不小于 2.5m；混凝土电杆的拉线，一般不装拉线绝缘子，但拉线从导线之间穿过时应装设拉线绝缘子。

（7）拉线与带电体的最小净空距离：3～10kV 为 0.2m；低压线路为 0.05m。

（8）线路沿道路架设分支或转角杆，在线路转向的反方向，因受道路或其他障碍物的限制不能做一般拉线时，可架设水平拉线。拉线对地面的垂直距离应不小于 6m，在人行道及不能通车的小巷应保持 4m 以上。水平拉线的埋深不小于 1m，并向外倾斜 10°～20°，拉线截面积为 11 股或用 GJ-50 及以上的钢绞线时，拉线应装设底盘。

（9）拉线装设长度计算为

$$L = kB$$

式中　L——拉线装设长度（m）；

　　　B——拉距（m）；

　　　k——系数，见表 1-8。

表 1-8　　　　　　　　　　　　　　　　对不同距离比的系数

距离比	2	1.5	1.25	1	0.72	0.66	0.5	0.33	0.25
系数 k	1	1.2	1.3	1.4	1.7	1.8	2.2	3.2	4.1

五、架空线路导线在档距内的连接要求

（1）在一个档距内每根导线允许有一个接头或三个补修管，其间距离不小于 15m，导线接头中补修管距导线固定点，直线杆不小于 0.5m，耐张杆不小于 1m。

（2）在下列交叉跨越内不能有接头。

1）跨越铁路；

2）跨越公路和城市主要道路；

3）跨越通信线路；

4）特殊大档距和跨越主要通航河流。

（3）不同金属、不同规格、不同绞向的导线，不得在一个耐张段内连接，只允许用专用

连接器在杆塔跳线上连接。

六、架空线路导线在绝缘子上固定的要求

(一) 导线在针式绝缘子上固定

(1) 直线杆上的导线应固定在绝缘子转角外侧绑线的槽内。1kV 及以下线路可固定在绝缘子侧面绑线的槽内。

(2) 30°以下转角杆上的导线，应固定在绝缘子转角外侧绑线的槽内。

(3) 轻型承力杆上，导线在绝缘子上固定处不应出角度，两侧导线应按绝缘子外侧取直，中间导线应按面向电源侧时右侧绝缘子取直。

(4) 1kV 及以下线路的导线，在绝缘子固定应绑扎成单十字，1kV 以上的绑成双十字。

(二) 导线在蝶式绝缘子上固定

(1) 铜线在绝缘子上固定时，其绑扎长度：导线截面为 35mm² 及以下的绑扎为 150mm；截面为 50~95mm² 的绑扎为 200mm。

(2) 固定铝线的绑扎长度：导线截面为 50mm² 及以下的绑扎为 150mm；截面为 70mm² 的绑扎为 200mm。

(三) 导线在悬式绝缘子上的固定

(1) 直线杆上用悬式线夹固定。

(2) 耐张、转角、终端、换位等杆上，使用耐张线夹固定。

(3) 交叉跨越的两端直线杆上，不应采用释放线夹固定。

(4) 导线在绝缘子上 (耐张杆) 的固定：铜线截面为 50mm²，铝线截面为 35mm² 以上使用螺栓形耐张线夹，铝线截面为 50mm² 以下允许绑扎在心形环上。绑线截面为 16~25mm² 的铜线长为 120mm，铝线长为 180mm；截面为 35~50mm² 的铜线长为 15mm，铝线长为 25mm。

(四) 铝线在绝缘子上的固定

除满足以上要求外，还应符合下列要求：

(1) 铝导线与绝缘子和金具接触处容易磨损，应在接触部位缠绕铝带。

(2) 铝带缠绕方向应与外股导线方向一致。

(3) 铝带缠绕长度，在针式绝缘子上固定时，应超出绑扎部分 30mm；在蝶式绝缘子上固定时，应超出接触部分；在悬式绝缘子上固定时，两端露出线夹 20~30mm；当采用护线条时可不缠绕铝带。

(4) 截面为 95mm² 及以上的铝线，应采用悬式绝缘子固定。

第二节　运　行　维　护

一、电力架空线路的巡视检查

(一) 运行前的检查

(1) 线路有无杆号、相色等标志，影响安全运行的问题是否全部解决。

(2) 线路上的临时接地线和障碍物是否全部拆除。

（3）线路上是否有人进行登杆作业，在安全距离内的一切作业是否全部停止。

（4）线路继电保护和自动装置是否调试完好，是否具备投入运行条件。

（5）对线路进行一次仔细的全部巡视，确认具备试运行条件后，才能闭合送电。

（二）运行中巡视检查周期的制定

根据架空线路的电压、季节等特点及周围环境来确定巡视检查的周期。10kV架空线路市区内的线路每月一次；郊区线路每季度不少于一次，若遇自然灾害或发生故障等特殊情况，应临时增加巡视检查次数。架空线路巡视周期表见表1-9。

表1-9 架空线路巡视周期表

名称	周期	备注
定期巡视	至少每月一次	根据线路环境、设备情况及季节性变化，必要时可加次数
特殊性及夜间巡视	特殊性巡视：不予规定 夜间巡视：每半年一次	由领导决定
故障性巡视	不予规定	根据领导决定
监察性巡视 （1）维修队的人员负责各段线路的巡视	一年至少两次	应在雷雨季节或高峰负荷前以及其他必要的时间进行
（2）领导对其进行抽查	一年至少一次	

（三）巡视检查的种类

（1）定期性巡视。定期性巡视是线路运行人员主要日常工作之一，通过定期性巡视能及时了解和掌握线路各部分的运行情况和沿线周围的状况。

（2）特殊性巡视。在导线结冰、大雪、大雾、冰雹、河水泛滥和解冻、沿线起火、地震、狂风暴雨之后，对线路全线或某几段，某些部件进行详细查看，以发现线路设备发生的变形或遭受的损坏。

（3）故障性巡视。为查明线路的接地、跳闸等原因，找出故障地点及情况，无论是否重合良好，都要在事故跳闸或发现有接地故障后，立即进行巡视检查，并注意下列事项：

1）巡视时要仔细进行检查，不应中断或遗漏杆塔。

2）夜间巡视时应特别注意导线落地，对线路交叉跨越处应持手电查看清楚后再通过。

3）巡视时若发现断线，不论停电与否，都应视为有电。在未取得联系与采取安全措施之前，不得接触导线或登上杆塔。

4）巡视检查后，无论是否发现故障，都要及时上报。

5）在故障巡视检查中，对一切可能造成故障的物件或可疑物品都应收集带回，作为事故分析的依据。

（4）夜间巡视。检查线路导线连接处、绝缘子、柱上开关套管和跌落熔丝等的异常情况。

（5）监察性巡视。由主管领导或技术负责人进行。目的是了解线路及设备状况，并检查、指导运行人员的工作。

（6）预防性检查。用专用工具或仪器对绝缘子、导线连接器、导线接头、线夹连接部分进行专门的检查试验。

（7）登杆检查。为了检查杆塔上部各部件连接、腐朽、断裂及瓷瓶裂纹、闪络等情况，带电检查时应注意与带电设备的安全距离。

（四）巡视检查项目

1. 沿线巡视

（1）沿线有无易燃、易爆物品和强腐蚀性物体，若有应及时下达搬移通知。

（2）在线路附近新建的化工厂、水泥厂、道路、管道工程、林带和倒下足以损伤导线的天线、树木、烟囱和建筑脚手架等。

（3）检查在线路下或防护区内的违章跨越、违章建筑、柴草堆或可能被风刮起的草席、塑料布、锡箔纸等。

（4）有无威胁线路安全的施工工程（如爆破、开挖取土等）。

（5）检查线路防护区树木，树木对导线的安全距离是否符合规定。

（6）线路附近有无射击、放风筝、抛扔杂物、飘洒金属和在杆塔、拉线上拴牲畜等情况。

（7）查明沿线污秽情况。

（8）其他异常现象，如洪水期巡视检修用的道路及桥梁情况、线路设备情况及威胁线路安全运行等的情况。

2. 杆塔巡视

（1）杆塔有无倾斜、弯曲，各部位有无变形、外力损坏；钢筋混凝土杆有无裂纹、酥松、混凝土脱落，焊接处有无开裂、锈蚀；木杆有无劈裂、腐朽、烧焦，绑桩有无松动。

（2）杆塔基础有无下沉、有无严重的裂缝，周围土壤有无挖掘、被冲刷、沉陷等现象；寒冷地区电杆有无冻鼓现象。

（3）杆塔各部位的螺栓有无松动或脱落，金具及钢部件有无严重的锈蚀和磨损等现象。

（4）杆塔位置是否合适，有无被撞的可能，保护设施是否完好，路名及杆号相位标志是否清晰齐全。

（5）杆塔有无被水冲、水淹的可能，防洪设施有无损坏。

（6）杆塔周围有无杂草和蔓藤类植物附生，杆塔有无鸟巢、鸟洞及杂物。

（7）接地引下线是否完好，接地线的并沟连接线夹是否紧固。

3. 导线巡视

（1）导线上有无铁丝等悬挂物、导线有无断股、损伤、腐蚀、闪络烧伤等现象。

（2）导线接头连接是否完好，有无过热而变色现象，不同规格型号的导线连接应在弓子线处连接，跨越档内不准有接头。

（3）线路交叉时，导线间跨越距离及导线对地距离是否符合规定；在交叉跨越处，电压高的电力线应位于电压低的电力线上方；电力线位于弱电流线路上方，其距离和交叉角应符合规定。

（4）气温变化时弧垂的变化是否正常，三相弧垂是否一致，有无过紧、过松现象。

（5）弓子线有无损伤、断股、歪扭，与杆塔、横担及其他引线间的距离是否符合规定。

（6）线夹、护线条、铝带、防振锤、间隔棒等有无异常现象。

4. 绝缘子巡视

（1）绝缘子有无裂纹、破损、闪络放电痕迹、烧伤等现象，表面脏污是否严重。

（2）针式绝缘子有否歪斜，铁脚、铁帽有无锈蚀、松动、弯曲现象。

（3）悬式绝缘子的开口销子、弹簧销子是否锈蚀、缺少、脱出或变形。

（4）固定导线用绝缘子上的绑线有无松弛或开断现象。

（5）吊瓷是否缺弹簧销子，开口销子未分开或小于60°。

5. 横担和金具巡视

（1）铁横担有无锈蚀、歪斜、变形。

（2）木横担有无腐朽、损坏、开裂、变形。

（3）瓷横担有无裂纹、损坏，绑线有无开脱，与金具固定处的橡胶或油毡垫是否缺少。

（4）金具有无锈蚀、变形；螺栓是否紧固，有无缺帽；开口销子、弹簧销子有无锈蚀、断裂、脱落、变形。

6. 拉线、地锚、保护桩巡视

（1）拉线有无腐蚀、松弛、断脱和张力分配不均等现象。

（2）水平拉线对地距离是否符合规定，有无下垂现象。

（3）拉线有无影响交通或被车碰撞。

（4）拉线固定是否牢固，地锚有无缺土、下沉等现象。

（5）拉线杆、顶（撑）杆、保护桩等有无损坏、开裂、腐朽或位置角度不符合要求等现象。

（6）拉线棍有无异常现象和开焊变形。

（7）拉线上、下把连接是否可靠，附件是否齐全，拉线底把铁线绑扎有无松脱及外力损坏痕迹。

7. 风雨天的特殊巡视

（1）电杆有无倾斜，基础有无下沉及被雨水严重冲刷。

（2）导线弧垂有无异常变化，与绝缘子绑扎有无松脱，有无搭连、断股、烧伤、放电现象。

（3）横担有无偏斜、移位现象。

（4）上、下弓子线对地部分的距离有无变化。

（5）绝缘子有无受雷击损坏及被冰雹砸破的外力损坏现象。

（6）接户线或引下线有无被风刮断或接地现象。

8. 发生故障后巡视

（1）导线有无搭连、烧伤或断线现象。

（2）绝缘子有无破碎及放电烧伤等现象。

（3）电杆、拉线、拉桩等有无被车辆撞坏现象。

（4）导线上有无金属导体残留物。

（5）有无其他外力破坏痕迹。

9. 架空线路巡视工作中的注意事项

（1）无论线路是否停电，都应视为带电，并应沿线路上风侧行走，以免断线落到人身上。

（2）单人巡视时，不得做任何登杆工作。

（3）发现导线断落地面或悬挂在空中，应设法防止他人靠近，保证断线周围8m以内不得进人，并派人看守，迅速处理。

（4）应注意沿线地理情况，如河流水变化，不明深浅的不应涉渡，并注意其他沟坎变化情况。

（5）应将巡视中发现的问题记入巡视线路的记录本内，较重要的异常现象应及时报告上级主管领导，以便采取措施迅速处理。

架空电力线路预防性检查的周期规定见表 1-10。

表 1-10　　　　　　　　　　架空电力线路预防性检查的周期表

名称	周期	备注
木质杆塔的腐朽情况检查	至少每年一次	根据木材的种类、防腐处理方法及当地条件由供电局（所）总工程师按运行经验决定，在线路投入运行后应开始检查的年份
混凝土杆件缺陷情况的检查	发现缺陷（裂缝、剥落、露筋）后，每 1～3 年一次	
铁塔锈蚀情况的检查	镀锌的：投运 5 年后，3～5 年一次；涂漆的：投运 3 年后每年一次	锈蚀严重时，登杆检查
铁塔金属底脚、拉线及接地装置地下部分锈蚀检查	每 5 年一次	在有侵蚀性土壤及杂散电流地区应适当增加次数
杆塔接地电阻测定	至少 5 年一次	
绝缘子的测量： （1）35kV 以上悬垂绝缘子串 （2）耐张绝缘子串和 35kV 及以下的悬垂绝缘子串	至少每 4 年一次 至少每 2 年一次	（1）针式绝缘子按供电局（所）的规定，或定期（4～5 年一次）轮换作耐压试验； （2）污秽地区及绝缘子本身劣化严重的应增加次数； （3）运行 10 年后的耐张绝缘子串，应拆回几串做机电联合试验
导线连接器的测量： （1）铜线的连接	每 5 年至少一次	
（2）铝线及钢芯铝线连接	每 2 年至少一次	
（3）连接铜、铝、钢芯铝线等不同金属导线的螺栓及跨接连接器	每年至少两次	
线路金具的检查	检修时进行	
导线、避雷线及其防振器的检查	检修时进行	（1）在线路停电检修时，打开线夹检查； （2）严重覆冰后，进行抽查
导线限距的测量 （1）弛度、导线对地及杆塔部分的限距 （2）导线至被交叉跨越设施间的限距	根据巡视的结果，视需要而定	新建线路架设一年后须测量一次

续表

名称	周期	备注
线路上装置的电气设备： （1）避雷器； （2）变压器； （3）开关设备； （4）熔断器		按照 DL/T 596—1996《电气设备绝缘预防性试验规程》进行
杆塔周围培土、除草防汛设施及沿线情况的检查	每年一次	
绝缘子清扫 （1）定期清扫	每年一次	根据线路的污秽情况，采取的防污措施，可适当延长或缩短周期
（2）污秽区清扫	每年 2 次	
镀锌铁塔紧螺栓	第 5 年一次	新线路投入运行一年后须紧一次
杆塔倾斜扶正		根据巡视测量结果决定
并沟线夹紧螺栓	每年一次	配合检修进行
混凝土杆内排水	每年一次	结冻前进行（不结冰地区不进行）
巡线道、桥的修补	每年一次	根据巡视结果决定

二、维护检测

测试是巡视的必须补充，使用仪器可测得正常巡视无法发现的缺陷。

（一）绝缘子测试

为了查明不良绝缘子，一般每年应进行一次测试。其方法是利用特制的绝缘子测试杆，在带电线路上直接进行测量。

（1）可变火花间隙型测试杆。根据绝缘子串每片绝缘子上的电压分布是不均匀的，改变测试杆上电极间的距离，直至放电，即可测得每片绝缘子上的电压。当测出的电压小于完好绝缘子所应分布的电压时，就可判定为不良绝缘子。

（2）固定火花间隙型测试杆。电极间的距离，已预先按绝缘子的最小电压来整定（一般间隙为 0.8mm）。由于间隙已固定，而绝缘子串的电压分布不能测出，只能发现零值或低值绝缘子。

测试时注意：不能在潮湿、有雾或下雨的天气中测试，测试的次序应从靠近横担的绝缘子试起，直到一串绝缘子测试完为止。

（二）导线接头测试

导线接头是个薄弱环节，经长期运行的接头，接触电阻可能会增大，接触恶化的接头，夜间可看到发热变红的现象。因此，除正常巡视外，还应定期测量接头的电阻。

（1）电压降法。正常的接头两端的电压降，一般不超过同样长度导线的电压降的 1.2 倍。若超过 2 倍，应更换接头才能继续运行，以免引起事故。

测量时，可在带电线路上直接测试负荷电流在导线连接处的电压降，也可在停电后，通直流电进行电压降的测量，但带电测试要注意安全。

（2）温度法。红外线测温仪可在距被测点一定距离外进行测温，通过对导线接头温度的测量来检验接头的连接质量。

第三节 故 障 处 理

一、导线的故障处理

（1）导线弧垂太小，在冬季导线缩短，拉力太大，以致断线。要求最初施工放线紧线按当时气温条件规定的弧垂进线，发现导线有损伤处及时补强。

（2）导线弧垂过大或配电线路中同一档距内水平排列的导线的弧垂不等，以致刮大风时导线碰地或相间短路调整导线的张力，使三相导线的弧垂相等，并在规定的标准范围内，做好弧垂的调整工作。

（3）大风刮断树枝掉落在线路上，或向导线上抛金属物体，也会引起导线相间短路，甚至断线。此时应及时剪去妨碍线路的树枝，教育沿线群众不要往线路上投掷物品，不要在线路附近放风筝等。

（4）由于制造或架设中的损伤，造成导线断股，运行一段时间后，断股散开，散开处的线头碰到邻近导线引起短路。巡检时发现断股导线后，应及时用绑线或用同型号导线将断股线头绑扎好。

（5）导线长期受水分、大气及有害气体的影响，氧化侵蚀而损坏。钢导线和避雷线最易锈蚀，发现严重锈蚀的导线应及时更换。

（一）导线损伤、断股的处理

从架空线路侧面直吹来的风速在 0.5～4m/s 的均微风，就会造成导线振动。由于在架空线路后面形成了空气涡流，而产生一个垂直方向的推动力，迫使导线振动。导线振动时，又在导线中产生一个附加机械应力，振动的时间过久，使导线产生疲劳，所以在垂直线夹和耐张线夹处导线受力较大，最容易使导线断股折断。若导线损伤、断股，轻则降低载流量，重则造成断线事故，影响线路的安全运行。当发现导线损伤、断股，应立即进行处理。根据导线损伤、断股程度，一般采用护线条、防振锤或阻尼线来防止架空导线断股，通过防振阻止导线继续受机械损伤。

导线有以下损失之一时，应重新连接：

（1）在同一断面内，导线损伤或断股面积超过导线导电部分的 15%。

（2）导线出现"灯笼"，其直径超过导线直径的 1.5 倍而无法修复时。

（3）导线背花调直后（金钩破股），已形成无法修复的永久变形。

（4）导线连续磨损应进行修补，但修补长度需要超过一个修管长度。

（5）钢芯铝绞线钢芯断股：

1）导线截面损伤，断股不超过 15% 时，配电线路可采用敷线补修，敷线长度应超出损伤部分，两端各缠绕长度不应小于 100mm。

2）导线截面损伤，断股不超过截面的 15% 时，或单股导线损伤深度不超过其直径的 1/3 时，可用同规格的导线在损伤部位缠绕，缠绕长度超过损伤部分两端各 30mm。

（二）导线接头过热的处理

导线接头在运行过程中，常因氧化、腐蚀等原因产生接触不良，使接头的电阻远远大于同长度导线的电阻。当电流通过时，由于电流的热效应使接头处导线温度升高造成接头处过热。

导线接头过热的检查方法，一般观察导线有无变色，雨、雪天气接头过热处有无水蒸气，夜间巡视观察接头有无发红，也可用贴示温蜡片等方法。发现导线接头过热除应减少线路的负荷外，还需要继续观察，并增加夜间巡视，发现接头处变红，应立即通知变配电所的值班员将线路停电进行处理，将导线接头重新接好，经测试合格，才能再次投入运行。

（三）线路一相断线的处理

10kV 配电系统采用中性点不接地方式，当发生一相断线时，可能导致单相接地故障，无论导线断线后是悬挂在电杆上或落于地面上，由于接地短路电流小（不大于 30A）都不会使断路器跳闸，这样对运行的电气设备和人身安全均构成威胁。因此，巡视检查人员当发现配电线路一相断线时，必须高度警惕，防止发生更大事故。《电业安全工作规程》中明确规定：巡视人员发现导线落地或悬吊空中时，应设置警戒线以接地故障点为圆心，半径为 8m 的范围内，防止行人进入，并迅速报告主管领导，进行处理。

（四）线路单相接地的处理

在中性点不接地或经消弧线圈接地的系统中，当发生非间歇性的单相接地时，线路仍可继续运行；若发生间歇性单相接地时，由于它所产生的过电压很高，会使变电设备和线路绝缘很快损坏，并造成事故范围扩大，应立即进行巡视，迅速找出故障点，争取在接地故障发展成相间短路故障之前切除故障线路。

（五）导线断线碰线的处理

（1）导线弧垂过大或过小，导线截面有损伤或受外力作用产生断线或碰线，应加强巡视检查及预防性试验，找出缺陷，及时修补损伤的导线及绑接好拉断的导线或调整弧垂。

（2）大风刮动树枝与导线接触，使导线接地或有抛落的金属造成导线相间短路，使导线熔断，应剪、砍去妨碍线路安全运行的树枝。

（3）制造上的缺陷或施工时造成导线表面损伤断股等现象，应及时修补或更换导线。

（4）导线弧垂过大或同档水平排列的弧垂不相等，以致刮大风时摆动不一造成相间导线相碰引起放电、短路。应检查调整导线弧垂，避免刮风时导线相碰而造成短路，产生放电现象。

（5）导线连接工艺不当，连接不紧密，通过负荷时造成烧红熔断，应更换连接器并重新连接。

（6）长期受空气中的有害气体侵蚀，应控制腐蚀气体或远离、隔离腐蚀性气体。

（六）导线振荡的处理

由于线路负荷不均，单相负荷过大或线路发生短路接地、电流过大、线间距离过近而引起导线振荡。应检查负荷，找出故障点，并采取相应调整负荷或增大线间距离的措施排除故障。

（七）拉线折断的处理

（1）根据拉线所承受的拉力大小，合理选择拉线及拉线棒的截面，以免在运行中由于强度不足而拉断。

（2）采用镀锌钢绞线或镀锌铁线作为拉线，以增强耐腐蚀能力，从而提高抗拉断强度，但拉线的地下部分不宜采用镀锌钢绞线或镀锌铁线，通常采用拉线棒。

（3）拉线不要装在路旁，以免被车辆撞断。若受地形限制，必须需设在路旁时，应在拉线靠道路侧埋设护杆。

（4）跨越道路的拉线至路面的垂直距离应符合规程要求。

（八）拉线基础上拔的处理

（1）根据拉线所承受的拉力和土质情况，合理选择拉线盘的规格和深度。

（2）安装拉线盘时，使拉线棒与拉线盘垂直，以增大拉线盘上部的承压面积。

（3）不要将拉线盘安装在易受洪水冲刷的地点，应根据现场情况采取必要的防洪措施。

（4）禁止在拉线周围取土，若发现有人取土要立即制止，并填土夯实。

二、电杆的故障处理

（1）倒杆故障。由于电杆埋深不够、杆基未夯实，被大风吹倒；电杆被外力碰撞发生倒杆事故；汛期被水冲倒或杆根积水、土质变软；线路受力不均，使电杆倾斜；水泥杆的水泥脱落、钢筋外露和锈蚀等，都易引起断杆、倒杆事故。

（2）对断杆应及时更换，倾斜的电杆应及时调正。在雨季到前，应把电杆基础填高加固。混凝土杆的杆面有裂纹时，应用水泥浆填缝，并将表面涂平；在靠近地面处出现裂纹时，除用水泥浆填缝外，还应在地面上下 1.5m 段内涂以沥青。杆面混凝土被侵蚀剥落时，须将酥松部分凿去，用清水洗净，然后用高一级标号的混凝土补强；如钢筋外露，应先彻底除锈，用 1∶2 水泥砂浆涂 1～2mm 后，再浇灌混凝土。

对金属杆塔或混凝土杆，由于基础下沉发生倾斜时，必须将基础校正，必要时重浇基础。

（3）线路受力不匀，使电杆或杆塔倾斜。此时应增加拉线或调整线路，使受力平衡，将电杆扶正。

（一）钢筋混凝土电杆腐蚀的处理

由于土质、水质和空气的污染，混凝土在水的长期作用下会产生腐蚀，腐蚀后变得疏松，甚至脱落。因此，混凝土电杆的地下部分或接近地面部位将出现混凝土酥碎现象，同时内部钢筋发生锈蚀，使强度降低。

当发生腐蚀后，应及时涂刷防腐油膏，以防止腐蚀进一步加剧扩大，危及架空线路的安全运行。

（二）钢筋混凝土电杆缺陷处理

在正常运行情况下，钢筋混凝土电杆不得有水泥层剥落、露筋、裂纹、酥松、杆内积水和铁件锈蚀等现象。

钢筋混凝土电杆在运输、施工、运行过程中，有时受外力冲撞而出现小面积混凝土脱落，使钢筋裸露在外，时间过久就容易生锈。由于铁锈的膨胀作用，使更多的混凝土被挤掉。应除掉混凝土表面的灰渣，在损伤部位的钢筋上及周围的混凝土上用铅油刷几遍，效果较好。

（三）金属杆塔基础和地下拉线棒锈蚀的处理

金属杆塔的基础一般都经过镀锌处理，具有较高的防锈能力，但埋在地下的部分仍受化学腐蚀和电化作用，尤其在安装过程中锌皮脱落的杆塔，受腐蚀更为严重。

当发现金属杆塔基础锈蚀，对长年受水浸的沼泽地区，可在基础周围浇注 200～300mm 高的防沉台。

地下拉线棒的防锈处理，可参阅金属杆塔的防锈方法进行。

（四）杆塔"冻鼓"处理

在水位较高的低洼地点，由于冬季浅层地下水结冰，地基的体积增大，将杆塔推向土壤的上层，形成"冻鼓"。若杆塔"冻鼓"，轻则解冻后杆塔倾斜，重则由于埋深不足而倾倒，一般可采用下列措施以防止杆塔"冻鼓"：

（1）增加杆塔埋设深度。在水位较高的低洼地点，将杆塔根部埋至冻土层以上。

（2）换土填石。将地基上的泥土除掉，换上石头。

（3）培土。以保持杆塔的稳定。

（4）在杆塔距地面的一定高度（如1m）上画一标记，以观察埋深变化。当埋深减小到临界值时，应重新埋设杆塔。

（五）杆塔倾斜的处理

导致杆塔倾斜除了（四）条中杆塔"冻鼓"的原因外，还有以下几种：

（1）终端杆、转角杆或分支杆由于外力作用或拉线地锚安装不牢固，向受力方向倾斜。

（2）由于拉线锚变形或没有安装合适的底盘，使承力杆倾斜。

（3）路边、街口的杆塔受移动机械的撞击而倾斜。

杆塔倾斜会导致倒杆、断线、混线等重大事故，应根据不同情况采取相应措施。若倾斜不致影响线路正常运行，则要加强巡视，在适当季节再扶正；若倾斜杆塔威胁线路的安全运行，必须立即矫正处理。

三、绝缘子故障处理

（一）绝缘子污闪的处理

在线路经过的地区，由于工厂的排烟，海风带来的盐雾，空气中飘浮的尘埃和大风刮起的灰尘等逐渐积累并附着在绝缘子表面上形成污秽层，具有一定的导电性和吸湿性。当下毛毛雨，积雪融化，遇雾结露等潮湿天气，温度较高，会大大降低绝缘子的绝缘水平，从而增加了绝缘子表面的泄漏电流，以致在工作电压下可能发生绝缘子闪络和木杆燃烧事故．应采取以下预防措施：

（1）根据绝缘子的脏污情况，应定期清扫绝缘子。

（2）线路上若存在不良绝缘子，就会降低线路绝缘水平，必须对绝缘子进行定期测试。若发现不合格的绝缘子要及时更换，使线路保持正常的绝缘水平。

（3）增加悬垂式绝缘子串的片数；采用高一级电压的针式绝缘子；将终端杆的单茶台改为双茶台，也可将一个茶台和一片悬式绝缘子配合使用。

（4）对于严重污秽地区，应采用防污绝缘子。

（5）一般绝缘子的瓷件表面的污秽物质吸潮后，形成导电通路。为提高绝缘子的绝缘强度，应在绝缘子上涂防污涂料。

由于在3～10kV电力系统中，大部分采用中性点不接地系统，当绝缘子闪络或严重放电，将会造成线路一相接地或相间接地短路，甚至产生电弧，烧坏导线及设备。

当发生故障时，应立即通知变配电所的运行人员和电气负责人，以便迅速进行紧急处理，避免事故扩大。若故障线路为直接与系统电网相连的线路，不得自行处理，应立即通知供电部门协助处理，并定期清扫绝缘子或更换损坏的绝缘子。

（二）绝缘子老化的处理

（1）由于绝缘子长期处于交变磁场中，使绝缘性能逐渐变差，若绝缘子内部有气隙和杂质，将会发生电离，使绝缘性能恶化更快。若绝缘子遭到雷击或操作过电压更容易损坏。

（2）绝缘子在外部应力和内部应力的长期作用下，将会发生疲劳损伤。

（3）若绝缘子的金具热镀锌质量不佳，在水分和污浊气体的作用下，会逐渐锈蚀；若瓷件部分与金具的胶合水泥密封不严会使水进入。水泥进水后，由于结冰而使体积膨胀、绝缘子的应力增大、而水泥的风化作用也加剧，从而使绝缘子的机械强度降低。

（4）由于绝缘子的金具、瓷质部分和水泥三者的膨胀系数各不相同，温度骤变时，瓷质部分受到额外应力损坏。

（5）若绝缘子的瓷质疏松、烧制不良、有细小裂缝，会使绝缘降低而击穿。

当发现绝缘子老化时，应针对具体情况，采取相应的措施进行处理。对瓷件破碎、瓷釉烧坏、铁脚和铁帽有裂缝的绝缘子及零值绝缘子，应立即更换，以免发生事故。

（三）零值绝缘子的处理

送电线路的绝缘子串，由于绝缘子的绝缘电阻和分布电容不同，使电压分布不均匀，当某一绝缘子上承受的分布电压值等于零，其绝缘电阻值也等于零。

若线路上存在零值或低值绝缘子，则降低了绝缘水平，容易发生闪络，应及时更换绝缘子。

四、柱上变压器故障处理

（一）柱上变压器运行中发现下列故障应停运

运行中，发现变压器有下列情况之一者，应立即投入备用变压器或备用电源，将故障变压器停止运行：

（1）内部响声大，不均匀，有放电爆裂声。这种情况，可能是由于铁芯穿心螺栓松动，硅钢片间产生振动，破坏片间绝缘，引起局部过热。内部"吱吱"声大，可能是绕组或引出线对外壳放电，或是铁芯接地线断线，使铁芯对外壳感应高电压放电引起。放电持续发展为电弧放电，会使变压器绝缘损坏。

（2）储油柜、呼吸器、防爆管向外喷油。此情况表明，变压器内部已有严重损伤。喷油的同时，瓦斯保护可能动作跳闸，若没有跳闸，应将该变压器各侧开关断开。若瓦斯保护没有动作，也应切断变压器的电源。但有时某些储油柜或呼吸器冒油，是在安装或大修后，储油柜中的隔膜气袋安装不当，空气不能排出，或是呼吸器不畅，在大负荷下或高温天气使油温上升，油面异常升高而冒油。此时，油位计中的油面也很高，应注意分辨，汇报上级，按主管领导的命令执行。

（3）正常负荷和冷却条件下，上层油温异常升高并继续上升，此情况下，若散热器和冷却风扇、油泵无异常，说明变压器内部有故障，如铁芯严重发热（甚至着火）或绕组有匝间短路。

铁芯发热是由涡流引起，或铁芯穿心螺栓绝缘损坏造成的。因为涡流使铁芯长期过热，使铁芯片间绝缘破坏，铁损增大，油温升高，油劣化速度加快。穿心螺栓绝缘损坏会短接硅钢片，使涡流增大，铁芯过热，并引起油的分解劣化。油化验分析时，发现油中有大量油泥沉淀、油色变暗、闪光点降低等，多为上述故障引起。

铁芯发热发展下去，使油色发暗，闪光点降低。由于靠近发热部分温度升高很快，使油的温度渐达燃点。故障点铁芯过热融化，甚至会溶焊在一起。若不及时断开电源，可能发生火灾或爆炸事故。

（4）严重漏油，油位计和气体继电器内看不到油面。

（5）油色变化过甚（储油柜中无隔膜胶囊压油袋的）。油面变化过甚，油质急剧下降，易引起绕组和外壳之间发生击穿事故。

（6）套管有严重破损放电闪络。套管上有大的破损和裂纹，表面上有放电及电弧闪络，会使套管的绝缘击穿，剧烈发热，表面膨胀不均，严重时会爆炸。

（7）变压器着火。

对于上述故障，一般情况下，变压器保护会动作，如因故保护未动作，应投入备用变压器或备用电源，将故障变压器停电检查。

（二）变压器运行中发现下列情况应汇报调度并记录

（1）变压器内部声音异常，或有放电声。

（2）变压器温度异常升高，散热器局部不热。

（3）变压器局部漏油，油位计看不到油。

（4）油色变化过甚，油化验不合格。

（5）安全气道发生裂纹，防爆膜破碎。

（6）端头引起发红、发热冒烟。

（7）变压器上盖落掉杂物，可能危及安全运行。

（8）在正常负载下，油位上升，甚至溢油。

（三）变压器有下列情况应查明原因

遇到下列情况时，值班人员应查明原因，采取适当措施进行处理。

（1）变压器油温升高超过制造厂规定或规程规定的最高顶层油温时，值班人员应按以下步骤检查处理：

1）检查变压器的负载和冷却介质温度，并与在同一负载和冷却介质温度下正常的温度核对。

2）用酒精温度计所指示的上层油温核对温度测量装置。

3）检查变压器冷却装置、散热器冷却情况及变压器室的通风情况。若温度升高的原因是由于冷却系统的故障，应尽可能在运行中排除故障；若运行中无法排除故障且变压器又不能立即停止运行，则值班人员应按现场规程的规定调整该变压器负载至允许温度下的相应容量。在正常负载和冷却条件下，变压器温度不正常并不断上升，但经检查证明温度指示正确，则认为变压器内部故障，应立即将变压器停止运行。

4）变压器在各种额定电流下运行，若顶层油温超过105℃时，应立即降低负载。

（2）变压器中的油因温度过低而凝结时，应不接冷却器空载运行，逐步增加负载，同时监视顶层油温。根据顶层油温投入相应数量的冷却器，直至转入正常运行。

（3）当发现变压器的油位较当时油温所应有的油位显著降低时，应查明原因。补油时应遵守规程有关规定，严禁从变压器下部补油。

（4）变压器油位高出油位指示极限时，值班人员检查处理的步骤如下：

1）首先应区分油位升高是否由于假油位所致。重点检查出气孔是否堵塞，影响了储油柜的正常呼吸。

2）如确系油位过高，则应放油，使油位降至与当时油温相对应的高度，以免溢油。

（5）当变压器因铁芯多点接地且接地电流极大时，应检修处理。在缺陷未消除前，为防止电流过大烧损铁芯，可采取措施将电流限制在 100mA 以内，并加强监视。

1. 变压器运行中声音不正常的处理

电力变压器的一次侧绕组接通与相对称额定的三相交流电压时，变压器一次侧绕组将有空载电流 I_0 通过，空载电流 I_0（I_0 又称励磁电流）在一次绕组通过在铁芯（磁路）中产生磁通，使变压器铁芯振荡发出按 50Hz 交变的轻微"嗡嗡"声。

变压器一次电流值的大小决定于变压器二次电流值，二次电流越大，变压器一次电流越大，铁芯中产生的磁通密度大，铁芯的振荡程度大，声音大。

正常运行的变压器发出的"嗡嗡"声是清晰有规律的，按 50Hz 变化的交流声，当变压器过载或发生故障时，值班员应根据变压器发出的异常声音来判断变压器运行状态，及时判断原因，采取措施，防止事故发生。

（1）不正常的声音。

1）变压器运行中发出的"嗡嗡"声有变化，声音时大时小，但无杂音，规律正常。这是因为有较大的负荷变化造成的声音变化，无故障。

2）变压器运行中除"嗡嗡"声外，内部有时发出"哇哇"声。这是由于大容量动力设备启动所致，另外变压器接有电弧炉、可控硅整流器设备，在电弧炉引弧和可控硅整流过程中，电网产生高次谐波过电压，变压器绕组产生谐波过电流，若高次谐波分量很大，变压器内部也会出现"哇哇"声，这就是人们所说的可控硅、电弧炉高次谐波对电网波形的污染。

3）变压器运行中发出的"嗡嗡"声音变闷、变大。这是由于变压器过负荷，铁芯磁通密度过大造成的声音变闷，但振荡频率不变。

4）变压器运行中内部有"吱吱"、"噼叭"、"咕噜"等异常声音。这是由于变压器内部接点接触不良、绝缘劣化、电气距离小等原因造成，有击穿放电声音。

5）变压器内部发生强烈的电磁振动噪声。这是由于变压器内部紧固装置松动，使铁芯松动，发出电磁振动的噪声及变压器地脚松动发出的共振声音。

6）变压器运行中发出很大的电磁振动噪声。这是由于供电系统中有短路或接地故障，短路电流通过变压器绕组铁芯磁通饱和，造成振动和声音过大的电磁噪声。

7）运行中变压器声音"尖"、"粗"而频率不同规律的"嗡嗡"声中夹有"尖声"、"粗声"。这是 10kV 中性点不接地系统中发生一相金属性接地，系统中产生铁磁饱和过电压（基频谐振过电压为相电压的 3.2 倍），导致变压器谐振过电流，使铁芯磁路发生畸变，造成振荡和声音不正常。

（2）处理方法。

1）使变压器正常运行。

2）减少大容量动力设备启动次数。

3）降低变压器负荷，或更换大容量变压器，防止变压器过载运行。

4）检修变压器，处理内部故障。

5）检修变压器，紧固夹紧装置。加强变压器地角的牢固、稳定性。

6）检查系统中的短路，接地故障进行处理。

7）查找、处理接地短路故障，破坏谐振参数（$X_L = X_C = 50\Omega$）。

2. 变压器运行中温度过高的处理

变压器运行中绕组通过电流而发热，变压器的热量向环境发散达到热平衡时 $Q = I^2Rt$ $(\theta_0 - \theta)$，Q 为热量；I 为变压器绕组通过的电流；R 为变压器绕组的电阻值；t 为电流通过绕组的时间；θ_0 为变压器负荷变化后的油温；θ 为变压器负荷正常时的油温。变压器的各部分温度应为稳定值，若在负荷不变的情况下，油温比平时高出 10℃ 以上或温度还在不断上升时，说明变压器内部有故障。

（1）变压器内部故障原因：

1）分接开关接触不良。变压器运行中分接开关由于弹簧压力不够，接点接触小，有油膜、污秽等原因造成接点接触电阻大，接点过热（接点过热导致接触电阻增大，接触电阻增大，接点过热增高，恶性循环），温度不断上升。特别在倒分接开关后和变压器过负荷运行时容易使分接开关接点接触不良而过热。干式变压器分接开关采用螺丝连接片压接，就解决了分接开关接触不良变压器温度过高的缺陷。

2）绕组匝间短路。变压器绕组相邻的几匝因绝缘损坏或老化，将会出现一个闭合的短路环流，使绕组的匝数减少，短路环流产生高热使变压器温度升高，严重时将烧毁变压器，变压器绕组匝间短路，短路的匝处油受热，沸腾时能听到发出"咕噜咕噜"声音，轻瓦斯频繁动作发出信号，发展到重瓦斯动作开关掉闸。

3）铁芯硅钢片间短路。变压器运行中由于外力损伤或绝缘老化以及穿心螺栓绝缘老化，绝缘损坏使硅钢片间绝缘损坏，涡流增大，造成局部发热，轻者一般观察不出变压器油温上升，严重时使铁芯过热油温上升，轻瓦斯频繁动作，油闪点下降，铁芯硅钢片间严重短路时重瓦斯动作开关跳闸。

4）变压器缺油或散热管内阻塞。变压器油是变压器内部的主绝缘，起绝缘、散热、灭弧的作用，一旦缺油使变压器绕组绝缘受潮发生事故，缺油或散热管内阻塞，油的循环散热功能下降，导致变压器运行中温度升高。

（2）变压器外部故障原因：

1）变压器冷却循环系统故障。电力变压器除用散热管冷却散热外还有强迫风冷、水循环等散热方式，一旦冷却散热系统故障，散热条件差就会造成运行中的变压器温度过高（尤其在夏日炎热季节）。

2）变压器室的进出风口阻塞积尘严重。变压器的进出风口是变压器运行中空气对流的通道，一旦阻塞或积尘严重，变压器的发热条件没变而散热条件差了，就会导致变压器运行中温度过高。

（3）变压器运行中温度过高的处理：

1）分接开关接触不良往往可以从气体继电器轻瓦斯频繁动作来判断，并通过取油样进行化验和测量绕组的直流电阻来确定。分接开关接触不良，油闪点迅速下降，绕组直流电阻增大，确定分接开关接点接触不良，应进行处理，用细砂布打磨平接点表面烧蚀部位、调整弹簧压力使之接点接触牢固。

2）绕组匝间短路通过变压器内部有异常声音和气体继电器频繁动作发出信号和用电桥测量绕组的直流电阻等方法来确定，发现绕组匝间短路应进行处理，不严重者重新处理绕组匝间绝缘，严重者重新绕制绕组。

3）铁芯硅钢片间短路轻瓦斯动作，听变压器声音，摇测变压器绝缘电阻，对油进行化验，做变压器空载试验等综合参数进行分析确定，铁芯硅钢片间短路时应对变压器进行大修。

4）变压器缺油应查出缺油的原因进行处理，加入经耐压试验合格的同号变压器油至合适位置（加油时参照油标管的温度线），变压器散热管堵塞，对变压器进行检修、放油、吊芯、疏通散热管。

变压器外部原因处理方法：

1）维修好变压器冷却循环系统的故障使其能正常工作。

2）清理干净变压器室进出风口处的堵塞物和积尘。

（4）变压器运行中缺油、喷油故障处理。变压器油是经过加工制造的矿物油，具有比重小、闪点高（一般不低于 135℃）、凝固点低（如 10 号油为－10℃，25 号油为－25℃，45 号油为－45℃）以及灰分、酸、碱硫等杂质含量低和酸价低且稳定度高等特点，是变压器内部的主绝缘，起到绝缘、灭弧、冷却作用。一旦运行中的变压器缺油或油面过低，将使变压器的绕组暴露在空气中受潮，绕组的绝缘强度下降而造成事故。所以变压器在运行中应有足够的油量，保持油位在规定高位。

1）变压器缺油的原因。变压器运行中缺油有以下几种原因：

a. 油截门关闭不严，漏油。

b. 变压器做油耐压试验取油样后未及时补油。

c. 变压器大端盖及瓷套管处防油胶垫老化变形，渗漏油。

d. 变压器散热管焊接部位，焊接质量不过关渗漏油。

此外，由于油位计、呼吸器、防爆管、通风孔堵塞等原因造成假油面，未及时发现缺油。

2）变压器运行中喷油原因。变压器运行中喷油有以下几种原因：

a. 变压器二次出口线短路及二次线总开关上闸口短路，而一次侧保护未动作造成变压器一、二次绕组电流过大、温度过高，油迅速膨胀，变压器内压力大而喷油。

b. 变压器内部一次、二次绕组放电造成短路，产生电弧和很大的电动力使变压器严重过热而分解气体使变压器内压力增大，造成喷油。

c. 变压器出气孔堵塞，影响变压器运行中的呼吸作用，当变压器重载运行时绕组电流大，油温度高而膨胀，造成喷油。

3）故障处理。

a. 变压器缺油处理：

a）关紧放油截门使其无渗漏。

b）选择同型号的变压器，做耐压试验合格后，加入变压器油至合适位置（参照油标管的温度线）。

c）放油，更换老的防胶垫，更换完毕，检查有无渗漏迹象，正常后投入运行。

d）放油，检修变压器，吊出身，将漏油散热管与箱体连接处重新焊接。

e）疏通油位计、呼吸器、防爆管和堵塞处，使其畅通无假油面。

b. 变压器喷油处理。

a）检修好二次短路故障，调整过流保护整定值。

b）对变压器检修处理短路绕组或更换短路绕组。

c）畅通堵塞的出气孔。

（5）变压器运行中瓷套管发热及闪络放电故障处理。变压器高低压瓷套管是变压器外部的主绝缘，变压器绕组引线由箱内引到箱外通过瓷套管作为相对地绝缘，支持固定引线与外电路连接的电气元件。若在运行中发生过热或闪络放电等故障，将影响到变压器的安全运行，应及时进行处理。

1）故障原因。变压器运行中瓷套管发热，闪络放电有以下原因：

a．瓷套管表面脏污。高低压瓷套管是变压器外部的主绝缘，它的绝缘电阻值由体积绝缘电阻值和表面绝缘电阻值两部分组成。运行中这两部分阻值并联运行，体积绝缘电阻值是一定的定值，经耐压试验合格后，如果没有损伤、裂纹，其电阻值不变。表面电阻值是一个变化值，它暴露在空气中受环境温度、湿度和尘土的影响而变化。空气中的尘土成分为中性尘土、腐蚀性尘土和导电粉尘等。瓷套运行中附着尘土，尘土有吸湿特性，积尘严重时，污秽使瓷套管表面电阻下降，导致泄漏电流增大，使瓷套管表面发热，再使电阻下降。这样的恶性循环，在电场的作用下由电晕到闪络放电导致击穿，造成事故。

b．瓷套管有破损裂纹。瓷套管有破损裂纹，破损处附着力大，积尘多，表面电阻下降程度大，瓷套管出现裂纹使其绝缘强度下降，裂纹中充满空气，空气的介电系数小于瓷的介电系数，空气中存有湿气，导致裂纹中的电场强度增大到一定数值时空气就被游离，造成瓷套管表面的局部放电，使瓷套管表面进一步损坏甚至击穿。此外，瓷套管裂纹中进水结冰时，还会造成胀裂使变压器渗漏油。

2）故障处理。

a．擦拭干净瓷套管表面污秽。

b．更换破损裂纹瓷套管，换上经耐压试验合格的瓷套管。

（6）变压器过负荷处理。运行中的变压器过负荷时，可能出现电流指示超过额定值，有功、无功功率表指针指示增大，信号、警铃动作等。值班人员应按下述原则处理：

1）应检查各侧电流是否超过规定值，并汇报给当值调度员。

2）检查变压器油位、油温是否正常，同时将冷却器全部投入运行。

3）及时调整运行方式，如有备用变压器，应投入。

4）联系调度，及时调整负荷的分配情况，联系用户转换负荷。

5）如属正常负荷，可根据正常过负荷的倍数确定允许运行时间，并加强监视油位、油温，不得超过允许值；若超过时间，则应立即减少负荷。

6）若属事故过负荷，则过负荷的允许倍数和时间，应依制造厂的规定执行。若过负荷倍数及时间超过允许值，应按规定减少变压器的负荷。

7）应对变压器及其有关系统进行全面检查，若发现异常，应汇报处理。

（7）配电变压器运行中熔丝熔断故障处理。采用熔断器（保险器）保护的变压器，运行中熔断应按照规程规定检查处理。规程规定：变压器在运行中，当一次熔丝熔断后，应立即进行停电检查。检查内容应包括外部有无闪络、接地、短路及过负荷现象，同时，应摇测绝缘电阻。低压熔丝熔断，故障在负荷侧，而且是外部故障造成的。例外，低压母线、断路器、保险器等设备发生单相或多相短路故障造成变压器低压侧熔丝熔断，应重点检查负荷侧的设备，发现故障经处理后，消除故障点可以恢复供电。

1) 一相熔丝熔断处理。变压器高压侧一相熔丝熔断，如第 PW3 型室外跌落式熔断，其主要原因是外力、机械损伤造成。此外，当高压侧（中性点不接地系统发生一相弧光接地或系统中有铁磁谐振过电压出现也可能造成高压一相熔丝熔断）。

当发现一相熔丝熔断时，按照规程要求，将变压器停电后进行检查，如未发现异常，可将熔丝更换，在变压器空载状态下，试送电，经监视变压器运行状态正常，可带负荷。

2) 二相或三相熔丝熔断处理。变压器高压熔丝两相熔断，同理也应该将变压器停电进行检查。

造成两相熔丝熔断的主要原因是变压器内部或外部短路故障。首先应检查高压引线及瓷绝缘有无闪络放电痕迹，同时注意观察变压器有无过热、变形、喷油等异常现象。变压器内部两相或两接地短路，可以造成变压器两相熔丝熔断。此时重点应检查变压器有无异常声音等。如果变压器无明显异常，可通过摇测绝缘电阻进行判断。同时取油样进行化验，检查耐压是否降低，油的闪点是否下降。必要时，也可用电桥测量变压器绕组的直流电阻来进一步确定故障性质。通过检查、鉴定，结果正常则可能是变压器二次出线故障或熔丝长期运行而变形并受机械力的作用造成两相熔丝熔断。直至查出故障处理后，方可更换熔丝供电。

若高压侧有两相或三相保险器熔断且烧伤明显，可采取以下方法进行试验检查：

a. 进行全电压空载试验，检查三相空载电流是否平衡，是否过大。空载电流常以其与额定电流的百分比表示，一般为 1% ～ 3%。变压器容量越大，百分比越小。若空载电流超出规定值或三相电流不平衡，说明变压器绕组有短路。若空载电流正常且三相电流基本平衡，则说明变压器没有故障。

b. 若不能进行空载试验，可根据熔丝烧损情况及变压器油的情况进行判断。若熔丝烧损严重，变压器油油色变黑并有明显烧焦气味，便基本可判断变压器内有短路故障。

变压器运行故障处理见表 1-11。

表 1-11　　　　　　　　　　　　　　变压器运行故障处理

异常运行情况	可能原因	处理方法
变压器温升过高	（1）由于涡流，使铁芯长期过热，引起硅钢片间的绝缘破坏，铁损增大，造成温升过高	需停电吊芯检查
	（2）穿心螺栓绝缘破坏，造成穿心螺栓与硅钢片短接，有很大的电流流过穿心螺栓使变压器发热，温升过高	需停电吊芯检查
	（3）绕组层间或匝间有短路点，造成温升过高，气体继电器动作	需停电吊芯检查
	（4）分接开关接触不良，使接触电阻过大，甚至造成局部放电或过热，导致变压器温升过高	需停电吊芯，检修分接开关
	（5）超负载运行	需减轻负载
	（6）三相负载严重不平衡，使低压中线内的电流超过额定电流的 25%，使温升过高	需调整三相负载
	（7）温度测量系统失控误动作	需检修
	（8）变压器冷却条件破坏，如风扇或其他冷却系统发生故障，变压器室通风道阻塞，使环境温度升高	需检修冷却设备

续表

异常运行情况	可能原因	处理方法
变压器运行声音异常（大幅度的负载变动，如有大设备启动，电弧炉炼钢，晶闸管整流器等负荷时，由于高次谐波分量很大，也会有异常声响，这属正常现象，无需处理	(1) 外接电源电压很高	设法降低电压，将分接开关调到相应电压的位置上
	(2) 过负载运行，会使变压器发生很高而且较重的嗡嗡声	需适当降低负载
	(3) 在系统短路或接地时，变压器承受很大的短路电流，会使变压器发出很大噪声	对短路点停电检修处理
	(4) 变压器内部紧固件松动、错位，因而发出强烈而不均匀的噪声	急需停电吊芯检查
	(5) 变压器内部接触不良，或绝缘有击穿，发出放电的噼啪声	需停电吊芯检查
	(6) 系统发生铁磁谐振时，使变压器发出粗细不均的噪声	可采用调换变压器的办法，或调整负载性质
油位不正常，油质变坏	(1) 漏油	应查出漏油部位，如瓷套管破裂，封口耐油橡皮老化，散热管有砂眼等，做相应修复后加油
	(2) 油中有气体溶解	应取样作化验检查，发现有问题时，应作净化处理
防爆薄膜破裂	变压器内部发生严重故障，油及绝缘分解产生大量气体，容器内部压力增大，压破防爆管上的薄膜，严重时将油喷出	需停电吊芯检查，并更换合适的薄膜
气体继电器动作	(1) 变压器换油、加油时随滤油机打入变压器空气	需及时放出气体，经运行24h无问题后，方可将气体继电器接入掉闸位置
	(2) 系统密封不严，将气体随滤油机打入变压器空气	需检修冷却系统
	(3) 保护装置的二次线路发生短路故障	需检修二次线路
	(4) 变压器内部发生故障，局部产生电弧或发热严重，使油分解产生气体，使气体继电器动作	需吊芯检查
三相电压不平衡	(1) 三相负载不平衡，引起中性点位移，使三相电压不平衡	调整负载使三相电压平衡
	(2) 系统发生铁磁谐振，使三相电压不平衡	调整负载性质
	(3) 绕组局部发生匝间或层间短路，造成三相电压不平衡	检修变压器绕组
分接开关故障（运行中的变压器如分接开关发生故障，油箱上会有"吱吱"的放电声，电流随响声而摆动，气体继电器可能动作，油的闪点降低）	(1) 分接开关触头弹簧压力不足，触头滚轮压力不匀，便有效接触面积减少以及因镀银层的机械强度不够而严重磨损等会引起分接开关烧毁	需吊芯检修开关
	(2) 分接开关接触不良，经受不起短路电流冲击而发生故障	—
	(3) 倒分接开关时，由于分接头位置切换错误，引起开关烧毁	—
	(4) 相间绝缘距离不够，或绝缘材料性能降低，在过电压下短路	—
绝缘瓷套管闪络和爆炸	(1) 套管内的电容芯子制造不良，内部游离放电	需更换新套管
	(2) 套管积尘太多，有裂纹或机械损伤	需更换新套管
	(3) 套管密封不严，使绝缘受潮	需检修封严

续表

异常运行情况	可能原因	处理方法
运行时熔丝熔断	(1) 高压侧一相熔丝熔断的主要原因是外力、机构损伤造成；此外当高压侧（中性点不接地系统）发生一相弧光接地或系统中有铁磁谐振过电压出现，也可能造成高压一相熔丝熔断	停电检查，如未发现异常，可将熔丝更换，在变压器空载状态下试送电，经监视变压器运行正常，可带负荷
	(2) 高压侧两相熔丝熔断的主要原因是变压器内部或外部短路故障造成	停电检查高压引线及瓷绝缘有无闪络放电痕迹，注意观察变压器有无过热、变形、喷油等异常现象，通过摇测绝缘电阻、取油样进行化验、测量绕组直流电阻等手段来确定故障性质，通过检查、鉴定、修复处理故障后方可更换熔丝
	(3) 低压侧熔丝熔断主要是低压母线、断路器、熔断器等设备发生短路故障	重点检查负荷侧的设备，发现故障经处理后，消除了故障点，方可更换熔丝恢复供电

五、其他故障处理

(一) 电晕的处理

在带电的高压架空电力线路中，导线周围产生电场。当电场强度超过空气的击穿强度时，使导线周围的空气电离而出现局部放电现象。

为了避免电晕现象的产生，可采取加大导线半径或线间距离来提高产生电晕现象的临界电压。一般加大线间距离的效果并不显著，而增大导线半径的效果显著，常用的方法是更换粗导线，使用空心导线、采用分裂导线等。

(二) 线路保护装置动作处理

架空线路一般都装有多种继电保护和自动装置。当运行中的线路发生故障时，继电保护就动作或跳闸，切断故障线段或发出报警信号，使运行人员及时进行处理或检修。

(1) 自动重合闸装置动作。如果自动重合闸装置跳闸后，经一、两次重合成功，说明是瞬时性故障（如鸟害、风害、雷击等）；若重合不成功，则说明是永久性故障（如倒杆、断线、混线等）。

(2) 电流速断保护装置动作。电流速断保护装置动作，使线路跳闸，说明故障点在线路的前段。

(3) 过电流保护装置动作。过电流保护装置动作使线路跳闸，说明故障点在线路后段。

(4) 电流速断保护装置和过电流保护装置同时动作。这种故障多数发生在线路的中段。

(5) 距离保护装置动作。距离保护装置动作使线路跳闸，多数是相间短路引起的。若是一段保护装置动作，故障点一般在线路全长（从电源端算起）的 80%～85% 长度以内；若是二段保护装置动作，故障点可能在本线路或一段线路，也可能是一段保护装置拒动引起的。

（6）零序电流保护装置动作。零序电流保护装置动作而跳闸，说明线路发生单相接地。若是一段零序电流保护装置动作，则故障点一般在线路的前段；若是二段零序电流保护装置动作，则故障点多数在线路的后段。

（7）绝缘监视装置发出接地信号。在中性点不直接接地系统中，若绝缘监视装置发生接地警报，说明线路单相接地。

（三）铝线与铜线连接处发生氧化的处理

当两种活泼性不同金属表面接触后，长期停留在空气中，遇到水和二氧化碳就会发生锈蚀现象。铜铝相接，由于铝较铜活泼，容易失去电子，遇到水、二氧化碳就会成为负极，较难失去电子的铜受到保护而成为正极，于是接头处产生电化腐蚀。使接触面的接触电阻不断增大，当电流通过时，接头温度升高，高温下又促使氧化，加剧锈蚀，成为恶性循环，最后导致接头烧断的断线事故。

为了防止电化腐蚀的发生，可采用高频闪光焊焊接好的铜铝过渡接头、铜铝过渡线夹。也可采取铝线一端涂中性凡士林加以保护，再与镀锡铜线相接，也能减轻电化腐蚀程度。

（四）导线覆冰的处理

在冬季或初春时节，在气温为－5℃左右出现雨雪混下的天气中，当雨滴落到导线、瓷瓶、电杆或其他物体上，由于温度降低而凝结成冰，并附在这些物体上，而且越来越厚，形成覆冰。覆冰过重，可能造成断线事故。去除覆冰的方法有：

（1）电流融冰法。改变运行方式，增大覆冰线路的负荷电流，以升高导线温度来融冰；将线路与系统断开，使线路的一端三相短路，另一端接入数值稍大的短路电流，使导线发热而融冰。但无论采用哪种方法，都必须控制导线电流不得大于导线的安全电流。

（2）机械除冰法。机械除冰是将线路停电后，用拉杆、竹棒等沿线敲打，使覆冰脱落。

第四节　事故案例分析及预防

一、杆塔

（一）外力（汽车）撞电线杆

1. 事故现象

某 10kV 线路出线开关掉闸，重合未出。经查线发现，10kV 电杆被汽车撞断，导线绝缘皮被撞坏，造成相间短路，出线开关动作，如图 1-1 所示。

2. 故障查找及原因分析

该线路处于交通事故多发地段，电杆多次被汽车撞坏，导致导线相间短路，是事故发生的主要原因。

3. 事故对策

（1）电杆下部刷上红白相间的荧光粉条，以

图 1-1　电杆被汽车撞断

便提醒汽车司机注意道路旁的电线杆。

（2）与交通管理部门联系，在道路旁安置交通安全提示牌，提醒司机注意交通安全。

（二）电杆埋深过浅，发生倾倒，造成导线相间短路

1. 事故现象

有群众来电话反映突然没电，后又来电话反映，发现有一根电线杆严重倾斜，导线互绕。

2. 故障查找及原因分析

该线路是新敷设的低压线路，电杆为高 9m 的混凝土电杆。埋杆地段地质较硬，埋深不够标准（约 1m），未夯实，又处于一个小转角处，加之连日的大风雨，使电杆严重倾斜，导致导线相间短路（导线互绕）是事故发生的主要原因。

3. 事故对策

（1）电杆埋深，应根据电杆的荷载、抗弯强度和土壤的特性综合考虑。线路设计规程规定，电杆埋设深度一般为杆长的 1/6，而此处的电杆埋深远未达到规程的要求。

（2）严格执行架空配电线路施工及验收标准，严把施工质量关，确保架空配电线路的安全运行。

（3）加强线路的巡视检查，发现问题及时处理。

（三）电杆上有藤萝类植物附生，造成导线接地

1. 事故现象

某 10kV 线路出线开关零序动作，重合发出。

2. 故障查找及原因分析

经过巡线发现，某号杆下种有丝瓜。丝瓜秧蔓沿电杆攀爬，正好此处导线上有接地环，丝瓜秧蔓碰到接地环，造成一相接地，致使 10kV 出线开关零序动作。

3. 事故对策

定期检查巡视架空配电线路，加强线路的巡视检查，以便发现事故隐患，及时采取措施，发现问题及时处理，防患于未然，保障线路的安全运行。

（四）电杆上筑有鸟窝

1. 事故现象

某 10kV 线路出线开关零序动作。重合发出。

2. 故障查找及原因分析

经过巡线检查，发现某分段开关处，搭筑有一个喜鹊窝。喜鹊窝中的金属丝搭接在分段开关的外壳与出线处，造成一相接地，致使 10kV 出线开关零序动作。类似的事故还有：由于鸟窝中有金属丝，金属丝搭接在相线和拉线之间，造成拉线带电；金属丝搭接在两相之间，造成相间短路，短路火花又将鸟窝点燃，造成导线燃烧等。

3. 事故对策

加强线路的巡视检查，发现电线杆上筑有鸟窝或有其他异物，应及时进行清除。

（五）电杆安装在河道，被水冲倒，造成导线断裂，线路停电

1. 事故现象

某条 10kV 线路架设在一条久已干枯的河道内，当年雨水大，上游水库放水，将多条安装在河道内的电线杆冲倒，导线断裂，线路停电。

2. 故障查找及原因分析

该10kV线路属于农电线路，认为这条河道已多年干枯，不会再有水，另为节省导线，就违反规程中的有关规定，将线路设计安装在久已干枯的河道内，未想到雨水会增多，导致河水冲倒电线杆，导线断裂，线路停电。

3. 事故对策

（1）不得随意违反线路设计规程规定，随意将线路设计安装在暂时干枯的河道内。

（2）加强线路的巡视检查，发现问题及时处理解决。

（3）类似问题如随意将线路设计、安装在水田、山体易滑坡处等都易对线路产生危害，一并需引起各单位的注意。

（六）10kV架空线路分、倒路后，未及时更换路铭牌和杆号牌，造成工作人员误登带电杆触电事故

1. 事故现象

某供电公司职工按工作要求对某架空线路进行检修，上杆将绝缘子（瓷瓶）与导线的绑线解开时，突遭电击。

2. 故障查找及原因分析

（1）此线路因长期过负荷，已于前一段时间由另一施工部门分路倒到另一10kV线路供电。但此施工部门分路后，忘将电杆上的原路铭牌和杆号牌换下，致使检修人员误登带电电杆。

（2）检修人员未按安规中规定的：停电、验电、挂设接地线的工作程序进行检修工作。

3. 事故对策

（1）线路分倒路后，应立即将原路铭牌和杆号牌换成新路铭牌和新杆号牌，杜绝事故隐患。

（2）严格执行安规中对停电检修工作提出的保证安全技术措施：停电、验电应挂设接地线。

（3）加强线路的巡视检查，发现问题及时消除。

（七）换大截面导线，致使电杆抗弯强度超过设计标准而折断（见图1-2）

1. 事故现象

某10kV线路（120mm² 裸导线）长期过负荷。

2. 故障查找及原因分析

经过对折断电杆的检查分析，发现是由于为解决此10kV线路长期过负荷的问题，将120mm² 裸导线换为240mm² 的绝缘导线；原同杆并架的5条95mm²（三条相线，一条中性线，一条路灯线）低压绝缘线换为185mm² 绝缘导线。加之电话局未与供电部门联系，又私自在电杆上加装了多条电话电

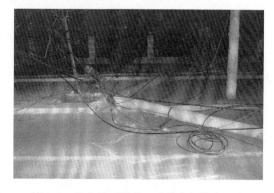

图1-2 换大截面导线，致使电杆抗弯强度
超过设计标准而折断

缆。由于没有相应将电杆换成大抗弯强度的电杆，加之此电杆使用年限过久，纵、横向裂纹

较多，致使运行一段时间后，电杆不堪重负而折断。

3. 事故对策

（1）为解决线路过负荷的问题，在将原较小截面的导线换为大截面导线时，一定要全盘考虑，即电杆的抗弯矩、横担等金具是否满足换大截面后的导线。

（2）更换大截面导线时，一定要同时检查电杆、横担等金具是否存在质量问题，如有应尽快解决。

（3）加强线路的巡视检查，发现问题及时解决。

（八）木制电杆因 P_{10} 立式绝缘子（立瓶）碎，致使裸导线搭落在杆顶上，造成木杆顶烧毁

1. 事故现象

一天，某 10kV 线路突然停电，经供电部门巡线检查发现，某段线路因还在使用木制电杆，杆上使用的是 P_{10} 立瓶，因年久立瓶碎裂，导致裸导线搭落在木杆顶上，造成木杆顶和裸导线烧毁。

2. 故障查找及原因分析

经现场检查，此段线路因地势原因，仍然在使用木制电杆，杆上使用的也仍然是 P_{10} 立瓶，因年久维修失当而碎裂，导致裸导线搭落在木杆顶上，造成木杆顶和裸导线烧毁。

3. 事故对策

（1）加强线路的巡视，发现缺陷及时处理，确保线路的安全运行；

（2）尽快把木电杆和木横担更换为水泥电杆和铁横担，立瓶更换为 P_{15} 的。

（九）铁杆安装后未经验收就投入运行，留下事故隐患

1. 事故现象

某处十字路口新建了一座街心公园，四周安装了 6 根金属电杆，杆上装点了彩色花灯，为街心花园增添了不少色彩。一天傍晚，一居民带着小孙子来街心花园玩。小孩绕着新立的铁杆跑起来，当摸到一根铁杆时，突然"啊"地叫了一声就被电击倒在地上。

2. 故障查找及原因分析

经现场测量金属杆对零线电压为 127V，当拆下金属杆的固定螺栓，取下电杆，发现法兰盘下一根导线的绝缘已经破损，露出了里面的铝导线。经分析是安装人员在安装时不小心碰坏的。主要原因是：

（1）安装人员在安装后，对金属杆没有进行绝缘电阻的摇测和验收；

（2）金属杆下没有设置专门的接地装置，当天白天又下过雨，地面较潮湿，增加了触电的危险性。

3. 事故对策

凡在广场、公园等地安装的金属电杆，必须装设接地装置，接地电阻值应符合规程的要求。新安装的金属电杆投入使用前，安装部门应会同供电部门进行验收，经验收合格后方能接电投入运行。

（十）电杆质量不良、酥松、钢筋外露，孔洞内筑有鸟窝，给线路运行埋下隐患（见图 1-3）

1. 事故现象

某条农电线路，长期没有进行巡视。在一次巡视检查中发现，由于购置的电杆只考虑价格，而对质量把关不严，数根混凝土电杆表皮出现大量纵、横向裂纹，酥松，水泥脱落，钢

筋外露。而且在电杆露出的孔洞中，小鸟又衔进大量树枝、杂草、河泥、铁丝等杂物。给线路的运行埋下了重大的隐患。

2. 故障查找及原因分析

（1）这是一条纯农业线路，当时架设时，因资金短缺，购置的是非正规厂家生产的低价电线杆，这就给线路运行埋下了隐患。

（2）电杆在运输和安装的过程中，遭受外力，既有外伤又有内伤，致使安装时电杆就有纵、横向裂纹存在。

图 1-3 电杆有孔洞筑有鸟窝

（3）由于是纯农业线路，加之管理不严格、不规范，线路未按规程要求的时间按时进行巡视，电杆的裂纹随季节和气温的变化逐渐增大，直至水泥大量脱落，钢筋外露。恰好此段线路又在一片树林中，小鸟正好找到一处避风雨的好地方，衔来树枝、杂草、河泥、铁丝等物，筑起了鸟窝。

3. 事故对策

（1）严格执行 DL/T 5220—2005 10kV 及以下架空配电线路设计技术规程中的规定：配电线路的钢筋混凝土电杆应尽量采用定型产品，电杆构造的要求应符合国家标准。不得借口资金不足就随意购置非正规厂家的产品，给线路运行埋下隐患。

（2）安装钢筋混凝土电杆应符合 GB/T 4623—2006《环形筋混凝土电杆》的规定，预应力钢筋混凝土电杆应符合 GB 4623—2014《环形混凝土电杆》的规定。安装钢筋混凝土电杆前应进行外观检查，且符合下列要求：

1）表面光洁平整，壁厚均匀，无偏心、露筋、跑浆、蜂窝等现象。

2）预应力混凝土电杆及构件不得有纵向、横向裂纹。

3）普通钢筋混凝土电杆及细长预制构件不得有纵向裂纹，横向裂纹宽度不应超过 0.1mm，长度不超过 1/3 周长。

4）杆身弯曲不超过 2/1000。混凝土预制构件表面不应有蜂窝、露筋和裂缝等缺陷，强度应满足设计要求。

（3）强化线路巡视周期，按时进行线路巡视，确保线路运行安全。

（十一）钢筋混凝土电杆被污水腐蚀

1. 事故现象

某年秋天，用户来电话反映一基电杆下部水泥脱落，漏出钢筋，电杆倾斜。

2. 故障查找及原因分析

紧急修理班到达现场检查后发现：事故电杆在某化工厂围墙外，电杆四周淌满从化工厂流出的废液；电杆倾斜严重；地面以上约 0.5m 部分水泥已经酥松脱落，杆内钢筋锈蚀严重，部分已断裂；将电杆四周流淌的废液取回测试酸性值高。

（1）混凝土在酸性污水的长期浸泡下会被腐蚀，腐蚀后变得酥松甚至脱落。

（2）电杆内的钢筋在酸性污水的侵蚀下会被锈蚀，强度明显降低，最终被锈蚀断裂。

（3）由于电杆灰皮被锈蚀脱落，杆内的钢筋被锈蚀断裂，电杆在外力作用下倾斜。

3. 事故对策

（1）加大宣传力度，杜绝废水随意排放。

（2）加大对化工单位附近线路的巡视，尽早发现对线路各设备的腐蚀情况以采取应对措施。

（十二）钢筋混凝土电杆顶灰皮脱落，鸟儿在此搭窝

1. 事故现象

在某农村 10kV 线路例行巡视中，发现多基电杆杆顶灰皮脱落，有两基电杆杆顶还被鸟儿搭了窝。由于电杆杆顶灰皮脱落，致使杆顶绝缘子用立铁倾斜。

2. 故障查找及原因分析

经检查发现这段线路的电杆的杆顶均未封堵，致使雨水流入杆内，尤其是秋末冬初，雨水进入杆内，晚间一上冻，造成杆顶冻裂，天长日久，杆顶混凝土严重酥松，电杆杆顶灰皮脱落。钢筋外露，锈蚀严重，致使杆顶绝缘子用立铁倾斜。

3. 事故对策

（1）施工中电杆杆顶没有封堵或封堵损坏的，必须用水泥进行封堵，避免杆内进水造成钢筋锈蚀及"冻鼓"现象产生。

（2）加强巡视检查，提高巡视质量，发现问题及时上报，尽快解决。

（3）及时捅鸟窝，将事故防患于未然。

（十三）电杆下沉致使导线被过度拽紧

1. 事故现象

某日，95598 接用户电话，某路边电杆出现严重下沉，两边导线被拽的紧紧的，且两侧电杆也发生了倾斜。

2. 故障查找及原因分析

抢修人员紧急赶到现场，发现此电杆还在慢慢往下沉，马上采取了紧急措施，用两根横木绑在了此根电杆的两旁，不让电杆再往下沉降，随后调来吊车，待调度下令该线路停电后，将此电杆吊出。在杆坑处往下挖掘不多后发现杆位下出现一个坑洞，往两侧扩挖后发现有拱形水泥预制件，且已经断裂下陷。经与市政等单位联系得知，此处有一个废弃的防空洞，因年久失修无人管理，水泥预制件已酥软锈蚀损坏，致使电杆在重力下往下沉降。

3. 事故对策

（1）新线路架设前一定要与市政、人防等部门联系，经查勘线路下没有管线后方可施工，以免发生类似事件。

（2）加强线路巡视质量，提前发现事故苗头，防患于未然。

（十四）戗杆由于埋深过浅，雨中戗杆杆顶滑动造成电杆倾斜

1. 事故现象

在一场持续 2 个多小时的大雨中，95598 接到用户电话，马路边的一棵电杆倾斜，顶着它的另一棵电杆则斜靠在这棵电杆上，电杆上的导线也垂了下来。

2. 故障查找及原因分析

接到任务的事故抢修班人员紧急赶到现场检查发现，发生故障的线路是雨前刚刚施工完的。转角处由于位置所限无法打拉线，只得使用戗杆代替。

（1）但是戗杆的埋深只有不到 300mm，没有达到规程规定的不得小于 500mm 的规定。

（2）该处土质比较松软，戗杆埋后没有采取防沉补强的措施。

（3）电杆上的两副双凸抱箍的螺栓松动，应为施工中没有拧紧所致。从而由于持续的大雨导致戗杆杆坑下沉，而戗杆杆坑深度没有达到规程规定的不得小于 500mm 的规定，又没有采取防沉补强的措施。造成戗杆下沉，抱箍松动，戗杆杆顶滑动，起不到顶持转角杆的作用。致使电杆倾斜，导线下垂。

3. 事故对策

应严格按照规程规定要求施工：

（1）戗杆与主杆连接应牢固、可靠。

（2）戗杆埋深不应小于 500mm，同时应采取防沉补强的措施。

（3）戗杆与主杆的夹角以 30°为宜，最大不得超过 35°。

二、导线

（一）导线"死弯"造成断线

1. 事故现象

冬季某地晚上 8 点左右，居民突然发现电灯有的灭、有的红、有的亮。居民向供电用户服务中心报修后，供电紧急修理班经检查发现：低压线路 5～6 号杆之间三相四线制的一相绝缘导线断线，电源侧一头掉到路边上，供电紧急修理班立即进行了处理，恢复了供电。

2. 故障查找及原因分析

经过对断线故障点进行检查，发现是因为导线架设时留有死弯损伤，在验收送电时也未发现；由于死弯处损伤，使导线强度降低，导线截面减小，正逢三九天，导线拉力大，这样导线的允许载流量和机械强度均受到较大影响而导致断线。施工质量差，要求不严，违反规定，是造成断线的主要原因。未按规程规定，定时对低压线路巡视检查不够，未及时发现缺陷也是原因之一。

3. 事故对策

（1）在低压架空线路的新建和整改中，必须严格执行《低压电力线路技术规程》，加强施工质量管理。

（2）施工中发现导线有死弯时，为了不留隐患，应剪断重接或修补。具体做法是：导线在同一截面损伤面积在 5%～10%时，可将损伤处用绑线缠绕 20 匝后扎死，予以补强；损伤面积占导线截面的 10%～20%时，为防止导线过热和断线，应加一根同规格的导线作副线绑扎补强；损伤面积占导线截面的 20%以上时，导线的机械强度受到破坏，应剪断重接。

（3）应加强对线路的巡视检查，尤其在风雨天过后，要认真仔细巡视，发现缺陷，及时消除。

（二）绑线松动、导线磨损造成断线事故

1. 事故现象

某通往水泵房的低压线路是 16mm² 铝芯绝缘线，突然发生一相断线，使正在运行的水泵停止工作。

2. 故障查找及原因分析

事故后经检查，发现是通往泵房的 4 号杆（直线杆）上的导线与瓷瓶绑扎不牢。由于绑线松，使导线和瓷瓶发生摩擦，久而久之，发生绝缘损坏，破股断线。

3. 事故对策

（1）严格施工要求，在线路架设时，必须对导线严格按标准规定进行绑扎，其要求是在导线弧垂度调整好后，用直线杆针式绝缘子的固定绑扎法，把导线牢固地绑在绝缘子上。

（2）认真做好验收工作，新架设线路在使用前要进行登杆检查，验收合格后方可送电。

（3）应加强对低压线路的巡视检查，尤其在风雨天要进行特巡，发现缺陷，及时处理。

（三）低压三相四线系统中性线断线，造成用户烧设备

1. 事故现象

低压单相 220V 用户反映：白天家用电器工作正常，而当天黑路灯亮后，家用电器则无法使用，用什么烧什么。

2. 故障查找及原因分析

经登杆检查，发现中性线的铜铝接头已严重腐蚀等于虚设，经白天，10kV 路灯线路停电，路灯变压器没电。路灯变压器低压绕组一端接地，故可以认为路灯低压为零电位。白天用户在使用电器时，虽然低压线路中的中性线接头断路，但回路电流可经路灯灯丝（多盏并联）流向路灯相线（白天没电），再经路灯变压器低压绕组流向中性线接头前的系统中性线，最后流至配电变压器低压中性点，而形成闭合回路，所以用户在白天使用家用电器时没有异常反应。当 10kV 路灯系统送电后，低压路灯相线有电，用户用电设备与路灯形成串联，跨接在路灯相线与配电线之间，由于路灯等效电阻与用户电气设备的电阻相差悬殊，用电设备电阻远远大于路灯电阻，用电设备的端电压远远高于其额定电压，所以在晚间使用电器，造成设备当即烧毁。更换铜铝并沟线夹后，供电恢复正常。

3. 事故对策

要加强对低压线路接头接点的检查巡视，发现缺陷及时处理。

（四）10kV 窜入低压事故

1. 事故现象

某地采用蝶式绝缘子架设的 10kV 配电线路，一相绝缘子击穿造成导线接地，致使导线烧断，落在同杆架设的 380/220V 低压线路上。低压线路因使用年代过久，绝缘老化，使整个低压线上都带上了 10kV 等级的电压。事故发生后，整个村子的家用电器及电灯线路都发出了异常的响声，有些线路甚至冒出了火花，很多家用电器被烧坏，并有村民由于此时触摸电器开关而触电。

2. 故障查找及原因分析

（1）所用蝶式绝缘子属淘汰产品。

（2）变压器中性点接地电阻不符合规定。据事后测量本村柱上变压器（250kVA）的接地电阻为 100 多 Ω，远大于规程规定的 4Ω 的规定。

（3）低压线路上未采取重复接地的保护方式。

3. 事故对策

（1）因此应严把施工质量关，决不允许不合格产品进入。

（2）变压器中性点接地电阻应符合规定，以减轻高压窜入低压的危险。

（3）低压线路上应采取重复接地的保护方式，以减轻高压窜入低压时的危险。现在民用供电大多采用电源中性点接地的三相四线制的供电方式，对于家用电器都应采用保护接零，并在零线上重复接地，以减轻高压窜入低压时的危险。

（4）进一步宣传普及用电常识。当家用电器及电灯线路出现异常响声和线路冒出火花时，千万不能用手去断开电源，同时应立即报告有关人员处理。

（五）人或物从建筑物上掉落在高压线上，砸断高压线

1. 事故现象

某建筑工地工人忽然从 6 层楼无遮拦的脚手架上掉下，落在了距脚手架不足 1m 的两条 10kV 架空高压线上，紧接着"轰"的一声爆响，坠落人的身体顿时着起火来，不一会他的身体坠落在脚手架的防护网上。

2. 故障查找及原因分析

施工单位不重视安全，在高压线附近施工，未采取相应的防护措施。

3. 事故对策

（1）施工单位在高压线附近施工时，应通知电力部门，并采取相应的安全措施。

（2）电力部门应加强线路巡视，发现在高压线路旁施工的单位，应立即要求施工单位采取相应的安全措施，保证线路及人员的安全。

（六）配电变压器中性线断线事故

1. 事故现象

某低压用户单位，一天晚上烧坏了大量白炽灯、日光灯和部分电视机等。用户向供电部门反映后，经检查，发现柱上变压器的中性线在与接地装置连接处因螺丝松动而烧断，从而造成以上的事故。

2. 故障查找及原因分析

该线路为三相四线制供电，变压器为 Yyn0 接线，中性点直接接地。在电网正常运行时，只要三相电源电压平衡，不管三相负载是平衡还是不平衡，因为中性线把中性点和接地点连在一起，如忽略中性线的阻抗不计，则中性点和接地点同电位，于是三相负载电压仍然平衡。在负载不平衡时，各相电流大小不相等，中性线上有电流流过，负荷端中性点电压并不产生位移。如果中性线上的阻抗不可忽略，三相负荷不平衡时，就会产生中性点位移电压。但只要中性线不断开，并且中性线电流不超过额定电流的 25%，这个位移电压对各相电压影响不大，不会对各相上的用电设备产生危险电压。如果中性线断开，在电路中因没有电流流过中性线，为维持三相负荷电流的相量和等于零，负荷中性点必须产生位移。在中性线断开时，接负荷小的相电压升高，负荷大的相电压降低。这样造成因接负荷小的相电压升高而致使接在此相上的用电设备先烧坏，从而使另两相成为串联运行，电压达到 380V。在串联电路中，串联电阻的电流相同，由于两相功率不同，功率小的相电阻大，但也要通过功率大的相需要的电流，从而势必烧坏功率小的一相的设备；接在另一相上的单相用电设备虽不会烧坏，但因电压过低从而不能工作。

3. 事故对策

为了避免中性线烧断事故，必须对中性线各部分的接触处与相线一样严格要求，坚持定期维修检查，调整负荷尽量使三相负荷平衡，减少中性点电压位移的机会和数值。主要措施如下：

（1）平衡三相负荷，使中性线电流尽量减小，最大不得超过变压器额定电流的 25%。

（2）将中性线导线换为与相线同截面的导线。这样既可以防止断线又可以降低线损，减小压降，也便于施工备料及维护管理。

（3）做好重复接地。除在变压器中性点设接地点外，在每个分支主线首端及主干线末端均应加辅助接地。最好在每栋住宅楼房接户线入口处也做重复接地。从而一旦接头断开，尽量减小中性点位移，减小电压升高幅度，减少危害程度。

（4）杜绝检修后将相线与中性线接错。

（5）中性线上不得装设开关和保险器。以防零线断开，造成各相负荷电压降不平衡。

（6）加强运行巡视和维修管理。按规程规定按时进行线路巡视，定期打开接头线夹进行检查维修，消除氧化层，发现问题及时处理。

（七）进户线零线断线，造成电压升高的事故

1. 事故现象

某户有两相进线，一天刮大风并下雨，安装在负荷较少的一相上的设备忽然烧毁，即向供电部门反映。

2. 故障查找及原因分析

经检查，发现进户线零线被大风刮断，致使此户进入的两相成为串联，电压升高到380V。从而使接在负荷较少的一相上的设备因电压过高而烧毁，接在负荷较大的一相上的设备因电压过低而不能正常工作。

3. 事故对策

（1）安装照明设备，要请有资格证书的电工进行，严禁私拉乱接，以防事故发生。

（2）安装第一支持物的墙体应坚固，位置适宜，走向合理。进户点的绝缘子及导线应尽量避开房檐雨水的冲刷和房顶杂物的掉落。

（3）在连接电能表的进户线处，安装带有过电压保护的触电保安器。

（八）低压线路接头接触不良而被烧断

1. 事故现象

某天，一村内突然全村停电，经电力部门查找故障，发现是从村配电室配出的低压线路7~8号杆之间有一根导线断落在地面，漏电开关动作跳闸，造成全村的停电。

2. 故障查找及原因分析

经检查，断落的一根导线的断点正好在接头处。线路长期运行，接头处引起松动，因接触不良造成发热而烧断。所幸的是，该线路装有分支漏电保护器，当该支线断落地面后，使保护器动作掉闸，未造成人身和设备的事故。

3. 事故对策

（1）低压线路大多是沿街装设，每遇刮风天气，树枝摇晃接触导线，甚至倒压在导线上，造成倒杆及断线的事故。因此应经常修剪树木，不使树木触碰导线。

（2）要加强对低压线路的巡视检查，尤其是接头接点处的巡视检查，发现问题及时处理。

（3）配电室应普遍安装漏电保护总开关和分路开关、家用开关，实行用电的三级保护。

（九）因为鸟筑窝造成照明线路断电

1. 事故现象

某户家里的照明用电一直很正常，但这几天突然发现电灯忽明忽暗，最后就直接不亮了，其他电器也无法再使用。

2. 故障查找及原因分析

经检查，发现是小鸟在将窝搭在屋檐和进户线之间后，造成原来就有缺陷的导线因负重而断掉，而线又断在鸟窝中，不易发觉。将断线接好后，家里供电恢复正常。

3. 事故对策

加强线路的巡视，发现在进户线上搭建鸟窝的，要及时将鸟窝拆掉。

（十）架空导线连接不当，造成烧线事故

1. 事故现象

一路三相四线架空绝缘线，在 14 与 15 号杆之间的一根导线突然烧断落地，断线截面为 70mm^2，造成部分照明用户停电。

2. 故障查找及原因分析

经电力部门线路检修人员检查发现，烧断落地的铝芯线断口处表面及断面均有明显的烧伤痕迹；该线是在距横担立瓶 0.6m 处烧断的，有一根 25mm^2 铝芯绝缘线直接缠绕在上面，其表面也已大部烧熔。据分析，70mm^2 干线被烧断落地的直接原因，是搭接在干线上的 10mm^2 铝芯线未按规定牢固与干线连接，仅简单地在干线表面缠绕了几圈。因干线与支线接触不良，接触处在较大电流作用下长期发热，而造成烧断。

3. 事故对策

（1）更换已烧坏的 70mm^2 铝芯绝缘线，将支线与干线可靠地进行连接；

（2）严把施工质量关，严禁不按规程乱施工。

（3）定期巡视检查架空线路，发现问题及时采取措施处理，保障线路的安全运行。

（十一）10kV 架空配电线路因操作过电压屡次被烧断

1. 故障现象

某 10kV 架空配电支线已多次被烧断。从断线的现场看，导线是相间短路烧断的，即送电端的速断保护动作。经检查，相间距离是符合相关规定的，每次被烧断时气候条件都很好，且每次烧断点均在较长档的线路中间，支线导线为 jklyj-35，档距为 70m。据此分析，线路故障可能是支线的刚度不足，受较大电流的电动力时发生的短路。检查保险器（型号为 RW3-100A）时，据反映，由于熔丝经常熔断，已用铝线将保险器短接了。对此条线路进行多次检查未发现问题。对接在此条线路的用户进行检查，发现一个用户厂中有一台较大的异步电动机。在电动机控制室发现了多处电弧放电区及放电点。经检查，放电区为母排与引线排垂直交点区和 A 相母线外侧与 B、C 相刀闸静触头，其相间距离为 11cm，比 10kV 标准略小。此间隙的击穿电压大于 40kV，即为 4 倍的过电压；在现场未发现对地放电点。

2. 故障查找及原因分析

这类故障以前大多被分析为电动机启动电流过大，引起线路过电流而将熔丝熔断的。但在该厂检查电动机的运行记录，该电动机运行正常，启动电流不会对线路有影响，因此故障原因可能是因为配置不合理造成的。从配电系统的设计看，电动机的工作电流很小，操作开关的截流电流较大。当开关分闸操作时，有较大截流电流，而此时母线回路的避雷器已切除，前置电缆长，产生较高的反击电势，从而引起绝缘薄弱区被过电压击穿。从操作的过电压因素看，另一个原因为合送空线路引起的。因为此时电缆终端无避雷器，前置的长电缆由于有较大的充电电容，相当于合送较长的空线路引起操作过电压击穿；在切空线路时，由于此时电弧能量小，不足以引起大电流烧断线的故障。

在被电弧击穿的击穿区，因电弧长度较长，运行线路额定电流较大（500A），产生的电弧短路电流不足以引起送电端断路器跳闸。故障的发展，首先熔断的应是熔丝，因此这一点实际上已取消了保险器。在这种情况下电弧电流可能在电流过零时熄灭，也可能发展成短路电流引起线路送电端跳闸；严重时由于 jklyj-35 型导线强度差，在短路电动力的吸引下直接短路而烧断。

3. 事故对策

此系统的故障是设计考虑不周引起的。在直配式电动机上配置真空断路器时，由于其有较大的截流电流，应在断路器两端各装设一组避雷器；引线布置为母线式结构，母线上再安装一组避雷器（YSM-12.7 型避雷器）。此时母线相间电压受避雷器限制，其过电压水平低于原相对地过电压水平。根据原系统相对地无放电点，这种处理方式是可行的。考虑到 jklyj-35 型导线强度不足，更换成 jklGyj-50 型。整改完成后，各种条件下的操作证明，故障隐患已消除，系统运行正常。

设计单台电动机的配电系统时，若操作设备选用真空断路器，则应在电缆端与电动机端各装设一组避雷器。这种情况请设计部门及用户都引起重视。

（十二）零线断线引起的触电事故

1. 事故现象

由于连日的暴雨，造成某村发生了一起 380V 低压架空线的倒杆事故。4 根 35mm² 铝绞线落在地面上并绞在了一起。因雨后土质松软，不能及时维修，供电部门只把一路①开关 Q1 拉开，把一路零线从 E 点断开，而另一路②开关 Q2 依旧合闸送电。如图 1-4 所示。

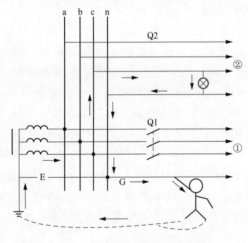

图 1-4　触电事故线路接线图

次日清晨，某人路过断线处，不幸触及落地导线，当即触电身亡。

2. 故障查找及原因分析

经现场调查、分析，发现一路和二路都是三相四线制线路，均接有三相动力负荷和单相照明负荷。一路零线虽然从 E 点断开，断开了一、二路零线与配电变压器中性线和接地装置的连接，但一路零线仍和二路零线经 G 点流到一路，使一路带电，形成一相一地。由于落地导线与地面的接触电阻较大，产生了危险电压，致使在停电线路上发生了触电事故。

如果供电部门将一路零线从 G 点断开，这样就不会发生这次的触电事故。就这起事故而言，首先出发点是想使零线不带电，但由于断错了零线接点的位置，使与零线相连的负荷（如灯泡）另一极又与相线相连而使零线带电。其次，对三类线路的整改抓得不紧，措施不力，致使三类线路长期带病运行，以致出现了低压倒杆事故。最后，对低压漏电保护器推广不力，要求不严，安装和运行率较低。

3. 事故对策

为了防止这类事故的重演，必须做到以下几点：

（1）加强培训：不断提高农村电工的技术水平。

（2）有计划、有步骤地对三类线路进行改造，努力提高设备的健康水平。对某些严重威胁人民生命财产安全的线路和设备，能修则抓紧修，不能修的要坚决停止供电。

（3）建立安全责任区，划分各自的维护范围，做到各负其责，依法治电。

（4）逐步推广和应用经国家质量检查中心检过的低压漏电保护器，以减少触电人员的伤亡。

（十三）同一档距内导线弧垂不同造成短路断线事故

1. 事故现象

一天晚上，某村突然断电，当时有五级左右的大风。经供电部门检查发现是因为低压线路 3～4 号杆之间的一相导线烧断。

2. 故障查找及原因分析

该低压线路为裸铝绞线，在架设时，因未按规程规定调整导线弧垂，从而埋下了事故隐患。当导线因风吹而摆动时，摆动的频率与弧垂有关，由于相邻的两根导线摆向相反而发生了混线，造成相间短路，烧断了导线。这次事故是施工时没有按照低压配电装置和线路设计规程要求施工而造成的。

3. 事故对策

（1）架设在同一档距内的导线弧垂必须相同，因为如果相邻导线弧垂不相同，除可能发生混线事故外，还可能因弧垂不同的导线，在气温变化时出现对电杆张力太紧，而在靠近绝缘子的地方因疲劳破损而断脱。

（2）加强对线路的巡视检查，发现弧垂不同时应尽快进行处理。

（十四）塑料布挂到低压线路（裸铝绞线）上造成相间短路

1. 事故现象

一天，某村突然停电，村电工检查后发现是由于当天大风将一块较大的塑料布刮起卷搭在裸露的低压线路上，造成低压相间短路。用绝缘棒将塑料布摘除，送电恢复正常。

2. 故障查找及原因分析

经检查，发现是因沿街的低压架空线路上挂有一块较大的塑料布。时值当天风力较大，把两相导线裹在了一起，造成相间短路，从而使得村内停电。

3. 事故对策

（1）加强安全思想教育及宣传，普及安全用电知识。

（2）在靠近线路的地方，不得堆放易被风刮起来的物件，如柴草、塑料布、席子等。如确需堆放时，应采取安全措施，防止被风刮到导线上。

（3）在经济条件允许的情况下，将裸线换为绝缘线。

（十五）线路导线舞动造成缠绕短路

1. 事故现象

某日在同一条线路上，发生两次导线相互缠绕的事故。经现场检查，两起导线相互缠绕的主要原因是因为导线的舞动，而造成导线舞动的主要原因是因为导线的弧垂过大。我们知道：在导线弧垂过大时，虽然导线的内应力小，但造成导线线间距离不足，当导线发生舞动时，很容易发生导线相互缠绕的事故，从而发生相间短路。

2. 故障查找及原因分析

导线在悬挂、固定的垂面上，形成有规律的上、下波浪状的往复运动叫作舞动。横向稳定而均匀的风速是造成导线舞动的原因。

当导线的弧垂较大时，导线舞动的振幅值也加大。尤其在三条导线的弧垂不相同时，振幅值也不相同。在导线线间距离较小、导线伴有左右摆动的情况下，在一档内两条或三条导线就会缠绕在一起，使线路发生相间短路，开关跳闸。当导线继续舞动，并从缠绕点向两边顺线路扩大缠绕距离向两包杆支持绝缘子导线固定处发展延伸，直到导线受力拉紧再也不能缠绕在一起为止，导线才停止舞动。

导线舞动有的虽然不能使导线缠绕在一起，但瞬间相碰也会形成短路，使开关跳闸，这种短路故障很不容易找出。如果发生开关事故掉闸，而又找不到事故原因时，很可能是由于线路导线瞬间相触而造成的。

3. 事故对策

（1）防止和减弱导线舞动的措施：在导线上加装防舞动装置，以吸收或减弱舞动的能量。广泛采用的防舞装置是防振锤和阻尼线。

（2）加强导线的耐振强度的措施：在瓷瓶导线固定处打背线，增大导线的强度，能对导线的舞动起阻尼作用，降低导线的静态应力。在一定条件下（如档距不太大，导线直径在 $70mm^2$ 及以下，年平均应力小到某个数值时）下，也可以不加防振装置。线路设计时，按档距中导线的接近条件确定线间距离时，需根据当地的运行经验及线路是否发生过导线舞动确定。在缺少运行经验时，对于铝线、钢芯铝绞线以及松弛拉力架设的线路，其线间档距一般比设计规程允许的最小距离增加 20％。10kV 线路，档距在 80m 以下时，线间距离以 1m 为宜。

（3）对导线弧垂严加控制：新架设的线路，导线要按当时的温度查"导线安装曲线"，并要考虑导线的初伸长对弧垂的影响，确定紧线弧垂的大小。要加强对线路的巡视检查工作，尤其是对曾发生过短路故障，但未查出故障原因的线路，如果发现弧垂较大，应及时进行调整，并采取其他防止导线舞动的措施。

（十六）架空线路安装不合格，致使拉线带电

1. 事故现象

某日雨后，农村道路较泥泞。一位老大爷经过电杆时，为防滑倒，用手去扶电杆的拉线，立时感到浑身麻木而躺倒在地。幸亏旁边正走着一电工，看到此情况立即意识到是老人触电，马上用一木棍将老人的手与拉线挑开，避免了一起人身触电伤亡事故。

2. 故障查找及原因分析

经供电部门现场检查分析，此拉线是一条临时线路低压转角杆的拉线。此低压转角杆用瓷横担作绝缘子，由于大风把转角杆外交角瓷担的定位栓拉断，瓷担因导线拉力向内角倾斜，造成裸导线搭着瓷横担的铁件，碰着拉线抱箍，从而使拉线带电。

3. 事故对策

这起事故主要是临时拉线安装质量不符合要求而造成的。为此对低压临时线除按 DL499《农村低压电力技术规程》临时用电部分的要求进行改造外，还必须做到：

（1）临时线路必须有一套严格的管理制度，线路的施工、维护和巡视应有专人负责。

（2）临时线路应有使用期限，一般不应超过 6 个月。使用完毕应及时拆除。

（3）临时用电设备应采用保护接零（地）的安全措施。在电源和用电设备两端应装设开关箱。开关箱应防雨，对地高度不低于 1.5m。

（4）临时架空线应架设在可靠的绝缘支持物上，绝缘子的外观和耐压均应合格，瓷件与铁件应结合紧密，严禁使用不合格的绝缘子。

（5）导线与导线之间，导线与地面、建筑物之间，与其他线路以及与树木之间，均应符合临时用电工程的安全距离。

（6）临时线路禁止跨越铁路、公路和一、二级通信线路。

（7）凡临时用电工程，必须向当地的供电部门申请，设备装设必须符合规程要求，并经验收合格后方可接电。

（8）拉线与电力线应保证有良好的绝缘，人员应尽量不要碰及电杆的拉线。

（十七）不按设计规程要求安装拉线，造成拉线带电

1. 事故现象

一天下午，小学生放学回家路上，几个男生围着电杆拉线互相追逐打闹，拉线被他们拽的晃动起来，随后电杆上冒出一个火球，两个男生也跟着倒地身亡。

2. 故障查找及原因分析

经供电部门现场检查分析，这条拉线是一条 10kV 线路的 T 接拉线，拉线在穿越 10kV 裸导线时，距一相导线的距离只有 150mm 左右；拉线没有使用拉线绝缘子，而是使用悬式绝缘子（吊瓶）代替，但这个悬式绝缘子的裙边又已破裂，起不到绝缘作用，在小学生晃动拉线致使拉线碰触 10kV 导线，而使拉线带电。

3. 事故对策

（1）规程中明确规定：拉线在穿越低压线路时，应在线路下方加装拉线绝缘子；拉线在穿越 10kV 线路时，应在穿越 10kV 线路的拉线上、下两侧加装拉线绝缘子。拉线绝缘子的安装位置应在断拉线的情况下，拉线绝缘子对地距离不得小于 2.5m。不应使用悬式绝缘子替代拉线绝缘子。

（2）严格设计与施工质量，拉线在穿越导线时，距带电部位至少保持 200mm。

（3）加强巡视，提高巡视质量，发现缺陷，及时处理。

（4）加强反外力宣传，提醒群众不要晃动拉线，不要在拉线上搭接绳索晾晒衣物、被褥等。

（十八）线路改造架设拉线截面过小造成倒杆事故

1. 事故现象

某供电公司进行 10kV 卡脖子（导线截面过小）架空线路改造工程，当天的工作任务是将原截面为 LJ-50 的分支线更换为 LJ-120 的导线，且将该分支线延长 5 档。由于原分支线只有 3 档，导线截面又较小，因此在 T 接处装设的拉线截面是 GJ-16。本次工程只考虑了在终端杆处安装拉线，却忽略了应在 T 接处也要更换拉线的工作。现场发现此问题后，为了完成当天的工作，擅自决定在不更换 T 接处拉线的情况下继续施工，该处拉线待后再予处理。在该分支线路三相导线全部更换完毕，线路两边相紧好且已固定，随后紧中相导线过程中，T 接处 GJ-16 型的拉线突然崩断，导致该分支线和主干线多基电杆倾倒，杆上作业人员从杆上掉落摔伤的事故。

2. 故障查找及原因分析

查阅有关资料得知 GJ-16 型的最小拉断力是 18500N，LJ-120 型导线的计算拉断力是 19420N，导线的设计安全系数取为 2.5，则 LJ-120 型导线的最大使用应力为19420÷

2.5＝7768（N），三条导线的总拉力为 7768×3＝23304（N）。由于三条导线的总拉力大于 GJ-16 型拉线的最小拉断力，使没有更换的 GJ-16 型拉线被崩断，分支线和主干线的电杆倾倒。

3. 事故对策

（1）工作一定要细致，应更换的拉线一定要更换，而不能撞大运。

（2）加强培训，使施工单位的人员掌握各种导线的载流量，各种拉线的最小拉断力，而不会主观臆断撞大运。

（十九）不按规程安装线路，造成铁横担带电

1. 事故现象

某供电部门低压稽核人员去用户稽核，当检查到一户小卖部时，发现电表接线有问题，需要停电检查。当时决定，由某师傅上杆进行断接户线的工作，某师傅在地面进行监护。某师傅上杆系好安全带后，因觉得不顺手，需调换下身体位置，在未戴手套的情况下，用一只手抓住拉线，另一只手去抓横担。当手刚一接触横担时就发生了触电，幸亏系好了安全带，人未从杆上跌下。经检查，发现要查的这户的接户线紧挨横担，被风刮得磨破了绝缘皮，使相线接触横担而带电。

2. 故障查找及原因分析

此次人身触电事故，主要是施工人员在施工时没有按照低压电力技术规定进行施工。为了图省事，而少安装了绝缘子和拉板，造成接户线和横担没留净空距离，接户线与横担长期接触，绝缘皮被磨破而使横担带电。

3. 事故对策

（1）加强对电工的技术培训，逐步提高员工素质。

（2）严格施工管理和施工质量的验收制度，保证施工不留缺陷，安全不留隐患。

（3）电工要树立"我要安全"的思想，增强自我保护意识，克服怕麻烦、图省事的思想和行为。

（4）为保证安全供用电，要在技术手段上下功夫，积极安装漏电保护装置。

（二十）拉线严重松弛造成接地

1. 事故现象

几个小朋友在电线杆旁追逐游戏，一个小朋友抓住拉线使劲摇晃。因为这条拉线前一段曾被汽车撞过，造成严重松弛，所以被摇晃拉线的弧度很大。摇晃中，忽听一声巨响，拉线碰到了裸电线，这个小学生瞬间被电伤。

2. 故障查找及原因分析

（1）这次事故是因为这条拉线曾被汽车撞过，造成严重松弛；这次又被小朋友使劲晃动后，拉线碰撞导线，造成单相接地引起的。小朋友摇晃拉线是造成此次事故的直接原因，但拉线严重松弛，被撞后不进行维护，为这次事故发生提供了条件。

（2）安全用电的宣传力度不够，未能使人人了解碰撞和摇晃电杆拉线可能带来的严重危害。

（3）电杆拉线上未安装拉线绝缘子，拉线下部的护套管被汽车撞坏后，也未再进行安装，也是造成此次事故的一个原因。

3. 事故对策

（1）应向群众广泛深入地宣传不要靠近和摇晃电杆拉线的道理。

（2）加强线路的巡视与维护。

（3）严格施工管理和施工质量检查验收制度，保证施工不留缺陷，安全不留隐患。此次拉线未安装拉线绝缘子，就是一个隐患。

（二十一）柱上变压器处的避雷器爆炸，造成线路接地掉闸

1. 事故现象

某 10kV 线路零序动作掉闸，经供电部门线路巡视检查发现，是一处柱上变压器的避雷器爆炸，避雷器引线搭落在横担上而造成的。

2. 故障查找及原因分析

10kV 阀型避雷器因制造质量原因，而在晴天莫名其妙的爆炸，造成避雷器引线搭落在横担上形成接地而掉闸。

3. 事故对策

（1）将阀型避雷器更换为氧化锌避雷器。

（2）在未更换避雷器之前，在避雷器引线处制作一个绝缘支架，当阀型避雷器爆炸后，可以使避雷器引线搭落在此绝缘支架上，从而避免了因引线搭落在横担上，造成线路接地的事故。

（3）向避雷器生产厂反馈此方面的信息，以引起生产厂的重视，提高阀型避雷器的质量。

（二十二）10kV 氧化锌避雷器被频繁击穿损坏造成出线开关频繁跳闸

1. 事故现象

某地，10kV 架空线路在天气晴好的情况下，出现避雷器被击穿并伴随该 10kV 架空线路出线开关跳闸的情况。接到调度命令，抢修人员迅速查寻到被击穿的避雷器，并将其予以更换后恢复送电。但运行一段时间后，新安装上的避雷器又会在天气晴好的情况下出现被击穿的情况，且此种现象发生在多条 10kV 架空线路的多处安装氧化锌避雷器地点上。

2. 故障查找及原因分析

（1）避雷器测试分析。刚开始，大家对避雷器的质量产生怀疑，于是将购置的此批避雷器全部按相关规程进行测试。测试项目为：①绝缘电阻；②直流 1mA 电压 U_1mA 及 $0.75U_1mA$ 下的泄漏电流；③检查放电计数器动作情况。依据国家标准、电力行业标准和制造厂出场试验报告对本次三个测试项目的试验数据进行了比对、分析和判断，结论是全部试品均符合规定值。所购置的避雷器经检测均合格。

（2）避雷器本身技术参数分析。所采购的避雷器型号为 YH5WZ1-12/32.4。根据对比相关技术规范后发现，该类复合外套绝缘氧化物避雷器标称放电电流为 5kA，无间隙，电站型，额定电压为 12kV；标称放电电流下残压为 32.4kV，持续运行电压为 9.6kV。使用条件中要求："系统接地方式为中性点有效接地或经低电阻接地。"而该供电公司采用的是中性点不接地系统，在使用条件上不能满足避雷器的运行要求。

（3）电网发生故障时对避雷器影响分析。由于树压线、绝缘子被击穿、单相断线等原因引起 10kV 配电网某处发生单相完全接地故障时，故障处电流、电压将发生变化，此变化将对电网中的设备例如避雷器产生直接影响，如图 1-5 所示。采用对称分量法可以分析计算出电网发生单相完全接地时，故障处的电流与电压值并画出相量图如图 1-6 所示。配

电网采用中性点不接地系统发生单相完全接地时，故障相电压为零，非故障相电压上升为线电压。即单相完全接地故障发生前电网运行电压为 10kV，接地故障发生时，非故障相 B、C 的两相电压由 5.77kV 变升为 10kV。这样在电网中 B、C 两相上安装的避雷器就处在了高于其持续运行电压（9.6kV）的情况。我们知道，对于中性点不接地的小接地电流系统，当 10kV 发生单相完全接地时，并不破坏系统电压的对称性。通过故障点的电流仅为系统的电容电流，或是经过消弧线圈补偿后的残流，其数值很小，对电网的运行及对用户的影响较小，系统可带接地故障运行不超过 2h。为了防止再发生一点接地时形成断路故障，要求绝缘检测装置及时动作，此时电压互感器开口三角处的电压达到 100V，电压继电器动作，发出接地信号，但不会动作跳闸。为了确定故障线路，采用逐条线路拉闸来判断哪条线路出现了故障，有时寻找故障需要很长的时间。发生单相完全接地故障时，按照相关规程规定，可以接地运行不超过 2h。但非故障的两相对地电压升高 $\sqrt{3}$ 倍，这样就使在非故障相安装的避雷器长时间处在超过 10kV 相电压下运行。对于规定持续运行电压为 9.6kV 的避雷器来说，很快就会因热稳定被破坏而击穿损坏，发生两相接地断路故障，开关跳闸，事故进一步扩大。

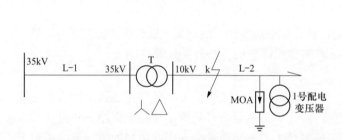

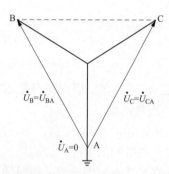

图 1-5　单相接地故障图　　　　图 1-6　单相完全接地故障处电压相量图

3. 事故对策

（1）及时、全部将选型不对的避雷器予以更换，确保设备安全运行。

（2）避雷器根据保护对象的不同，可以分为配电型（S）、电站型（Z）、电机型（D）、防爆脱离型（L）与电容器型（R）等类型。之所以要根据保护对象进行分类，是因为各种电气设备的绝缘水平不一样。如变压器与电动机相比，电动机承受的冲击绝缘水平要比变压器低，如选用配电型，其冲击电压及残压均比电机型高，不能很好地保护设备。因此在选用避雷器时，一定要明确被保护的对象，才能正确地选用避雷器。

（3）避雷器额定电压的确定。在中性点非直接接地系统中，无间隙氧化物避雷器的额定电压可以按下式选择：

$$U_r \geqslant kU_t$$

式中　k——切除单相故障时间系数，10s 以内切除，$k=1$，10s 以上切除，$k=1.25 \sim 1.3$。

　　　　U_r 为额定电压，U_t 为电压值。

例如选用系统标称电压为 10kV，配电用金属氧化物避雷器的额定电压 U_r。根据公式介绍 $U_r \geqslant 1.3 \times 1.1 \times 12$，得到 $U_r \geqslant 17.16$kV。根据金属氧化物避雷器产品目录则 U_r 取为 17kV。在小电阻接地系统中，避雷器额定电压与电网系统电压一致。

(二十三) 10kV 空载线路末端因没有安装避雷器而引发的雷击断线事故

1. 事故现象

某年夏日一场暴风雨来临,电闪雷鸣,在这种恶劣的天气,××变电站××10kV 出线开关速断掉闸,重合未成;手动仍然不成功。调度命令事故抢修班查找事故点并予以处理。

2. 故障查找及原因分析

事故抢修班的工作人员冒雨进行寻找,当寻找到一个胡同发现新架设的一条线路,导线被烧断掉落在地上。抢修人员将这段线路从弓子线处剪断,调度令试发成功。

抢修人员冒雨检查发现:

(1) 此新架设的线路悬式绝缘子闪络;三相导线被烧断;

(2) 此段是新架设的线路,原计划安装一台临时柱上变压器,因最近一直下雨还未安装,使此段新架线路没有避雷器保护。现为雷雨大作,新架线路遭雷击导致悬式绝缘子雷击过电压闪络,电弧使三相导线相间短路而被烧断。

3. 事故对策

(1) 设计和施工必须严格按照规程执行,新架设无负荷的空线路必须安装避雷器。

(2) 新架设暂无负荷的空线路也要采取防雷措施。

(3) 加强线路巡视,发现新架设暂无负荷的空线路要采取防雷措施,确保线路的安全运行。

(二十四) 氧化锌避雷器因电阻片老化而引发的 10kV 架空线路接地事故

1. 事故现象

某日,××变电站××10kV 出线发出接地报警信号,调度令事故抢修班查找事故点并予以处理。

2. 故障查找及原因分析

事故抢修班经巡线发现是××号柱上变压器左边相避雷器硅橡胶外套碎裂,阀片损坏严重;连接避雷器的上引线脱落搭落在横担上。

(1) 该避雷器是氧化锌避雷器,型号为 HY5WS1-17/50。

(2) 金属氧化物避雷器 (Metal oxide surge arrester,MOA),它的主要元件是金属氧化物非线性电阻片 (Metal oxide nonlinear resistance sheet,MOV),MOV 的主要成分是氧化锌,掺入一定量的氧化铋、氧化钴、氧化锑、氧化锰、氧化铬、氧化铅、氧化硼、氧化亚镍等金属氧化物组成,在 1250℃高温下烧结成饼,再将若干个阀饼叠装成柱,两端安装接线柱,再用绝缘带滚胶液包绕制成芯棒。因此俗称 MOV 为氧化锌阀片,MOA 被大家简称为氧化锌避雷器。芯棒经过干燥后,在它的外部进行机加工整形,涂敷偶联剂后放置在真空浇注机内,经过热压浇注硅橡胶,形成整体。MOA 在长期 10kV 电压的作用下,通过MOV 的电流随着电压作用时间增长而上升,而这会使 MOA 的损耗增大,而这种加大的损耗对 MOV 的运行不利,会加速 MOA 的老化;MOV 的老化使它的发热功率加大,导致热稳定性能被破坏,使硅橡胶外套产生微小的裂纹或小孔,而这就会使水气或雨水进入避雷器的腔内,加剧 MOA 的老化,久而久之使 MOA 老化损坏、外套碎裂。

(3) MOA 的老化还与 MOA 的配方、工艺及晶结构有关,如质量把关不严,也会加速老化。

3. 事故对策

（1）避雷器生产厂应强化质量管理，确保配方、烧结工艺不随意更改。

（2）条件具备时，采购单位可到生产单位进行监造，以保证产品质量。

（3）加强产品的交接试验，保证产品质量。

（4）尽量控制运行电压在允许范围内，减少避雷器在过电压的运行时间，减少避雷器老化的条件，保证设备的安全运行。

（二十五）氧化锌避雷器因传导电流变大致使外护套过热，避雷器进水线路接地事故

1. 事故现象

某日，××变电站××10kV 出线发出接地报警信号，调度令事故抢修班查找事故点并予以处理。

2. 故障查找及原因分析

事故抢修班经巡线发现是××号柱上变压器左边相避雷器硅橡胶外套碎裂，阀片损坏严重。

原因分析与事故（二十四）相同。

3. 事故对策

事故对策与事故（二十四）相同。

（二十六）10kV 避雷器因接地线断开而造成的事故

1. 事故现象

某日，雷雨天气，××变电站××10kV 出线发出接地报警信号，调度令事故抢修班查找事故点并予以处理。

2. 故障查找及原因分析

（1）故障查找：

1）该避雷器是氧化锌避雷器，型号为 HY5WS1-17/50。

2）事故抢修班经巡线发现是××号柱上变压器的三只 10kV 避雷器已炸碎；接地引下线与接地体连接用并沟线夹丢失，简单用一根锈蚀的 8 号铁丝缠绕在一起。

（2）原因分析：

1）由于变压器接地引下线与接地体连接用并沟线夹丢失，简单用一根锈蚀的 8 号铁丝缠绕在一起，致使避雷器、变压器中性点及变压器外壳处于没有接地的状态。

2）由于避雷器、变压器中性点及变压器外壳处于没有接地的状态，在雷击情况时，避雷器、变压器均处于没有保护，使避雷器炸毁。

3. 事故对策

（1）强化线路的巡视质量，发现问题及时解决。

（2）雷雨季节加强安全检查，落实防雷与接地的相关要求，保证线路的安全运行。

（二十七）10kV 柱上变压器因二次侧中性点、金属外壳及避雷器接地错误导致变压器被烧毁的事故

1. 事故现象

某天，雷雨交加，95598 接到用户电话，×××胡同停电了，同时反映有人看到停电前在该胡同安装的柱上变压器往外喷油，一片热气。

2. 故障查找及原因分析

事故抢修班紧急赶到事故现场，检查后发现：

（1）跌落式保险器已全部跌落。

（2）该台变压器型号为 S9M-315 全密封变压器，Yy0 接线；变压器油从压力释放阀喷出。

（3）用绝缘摇表摇测：高压绕组对地绝缘值为 450MΩ；低压绕组对地绝缘电阻值为 0Ω；高压绕组对低压绕组绝缘电阻值为 50MΩ。

（4）高压侧安装的避雷器型号为 FS4-10，摇测绝缘电阻值均在 2000MΩ 以上，确认避雷器无问题。

（5）用接地摇表摇测接地电阻值为 7.5Ω，大于规程规定的 4Ω。

（6）该台变压器所接架空线路的出线变电站接地方式是通过消弧线圈接地。

（7）变压器二次侧中性点接在单独设置的接地极上；避雷器接地线与变压器外壳连在一起后与另一接地体连接。

我们知道：型号为 FS-10 的阀型避雷器在 5kA 雷电流下的残压一般不大于 17～50kV，等值电阻为 3.4～10Ω。配电变压器的工频接地电阻值有两个标准：100kVA 及以下的变压器接地电阻值为 10Ω；100kVA 以上的变压器接地电阻值为 4Ω，与避雷器的等值电阻值相同。为了避免雷电流流过变压器接地电阻时产生的压降与雷电流流过避雷器时产生的残压叠加作用在变压器绝缘上，将阀型避雷器的接地线与变压器金属外壳连接在一起后接地。这时作用在变压器 10kV 侧主绝缘上的只有阀型避雷器的残压了。但接地体和接地引下线上的压降将使变压器金属外壳电位较大提高，由此产生变压器外壳向变压器低压侧的逆闪络，致使变压器被烧坏。因此规程规定要将变压器中性点、变压器金属外壳和避雷器接地端连接在一起后接地。这样三者处于同一个电位，低压侧电位也被抬高，变压器金属外壳与低压侧之间就不会发生闪络击穿了。

3. 事故对策

（1）严格执行规程规定：变压器中性点、变压器外壳和避雷器接地端连接在一起后接地。

（2）强化施工验收制度，杜绝乱施工，不按图纸施工。

（3）加强线路巡视质量，发现隐患及时处理。

（二十八）柱上油开关的铜铝过渡卡子烧毁，弓字线掉下与另一相瞬间短接，造成线路速断掉闸重合成功

1. 事故现象

一天，某 10kV 线路速断掉闸，重合成功。经供电部门巡线检查发现，是一台柱上油开关边相铜铝过渡线夹被烧断，与过渡线夹相连的弓字线掉下与另一相瞬间短接，造成线路速断掉闸重合成功。

2. 故障查找及原因分析

（1）经现场检查分析，事故原因为铜铝过渡线夹质量原因所致。铜铝过渡处接触不好，导致此处温升过高，时间一长，最终烧断了。因此把好产品质量关，是相当重要的环节。

（2）线路巡视不到位，是此次事故的另一原因。因为经过检查，此线夹烧断处是长时间过热造成的。

3. 事故对策

（1）现场检查分析，事故原因为铜铝过渡线夹质量原因所致。铜铝过渡处接触不好，导

致此处温升过高，时间一长，最终烧断了。因此把好产品质量关，是相当重要的环节。

（2）加强线路的巡视检查，发现隐患及时处理，确保线路的安全运行。

（二十九）因风筝线造成线路短路

1. 事故现象

春季一天，某 10kV 线路速断掉闸重合发出。经供电部门巡线检查发现线路上挂有一风筝，经现场检查分析，风筝线脏污，由于瞬间搭接在两相上，造成相间短路。

2. 故障查找及原因分析

春季是群众放风筝的季节，有些人不注意地点，随意在架空线路下方放风筝，很容易造成风筝线搭接在导线上造成相间短路的故障。

3. 事故对策

（1）根据季节的特点，加强电力线路保护的宣传，减少因风筝线等外力造成的线路短路事故；

（2）加速架空线路的绝缘老化速度，降低因外力造成的事故发生。

（三十）未接电的线路有电

1. 事故现象

某供电部门在一条 10kV 架空线路的下方同杆架设了一条 380V 的线路，长约 1km，线路还未接电使用。但当工人上杆检查作业时，却发现线路有电，用万用表进行测量发现，此线路对地电压达到 190V。

2. 故障查找及原因分析

经对带电的新线路进行检查，未发现新线路与其他带电体有触接的现象；另一方面，此线路较短（只有约 1km）因静电起电的可能性不大。因此基本排除了不带电体与带电体接触带电；不带电体由于自身运动或与周围介质发生频繁的相对运动，在一定的条件下，不带电体产生静电积累即摩擦起电而发生带电的可能性，因而初步判断为是因感应而带电。经检查，此条线路架设在 10kV 线路下方，与之上下平行线段长约 600m。当 10kV 存在某些不正常情况：如线路一相接地、三相线路电压不平衡时，10kV 线路对地之间就存在一个较高的电压，这一电压可能通过高低压线路之间的电容感应到不带电的线路上去（这种现象一般叫作电容传递带电）。

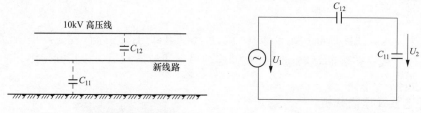

图 1-7　平行线路存在电容　　　　　　图 1-8　等值电路

如图 1-7 所示，假定新架设的线路对地的电容 $C_{11} = 25000\text{pF}$，10kV 线路对平行的新线路间的电容 $C_{12} = 50\text{pF}$，并且 10kV 线路发生了单相接地故障，线路对地电压达到线电压，即 10kV。由图 1-8 的等值电路可求出新的电路上的感应电压为

$$U_2 = U_1 \times C_{12}/(C_{11} + C_{12}) = 10 \times 10^3 \times 50/(25000 + 50) = 200(\text{V})$$

显然，如果低压线路与高压线线间距离越小，平行架设的线段距离越长，则高低压线路

间的电容C_{12}越大，则新线路可能感应的电压越高，这对低压线路的安全运行是极为不利的。这就要求，低压线路尽可能不要架设在高压线路下或完全并行；确实因地形的特殊性需要这样架设，必须保证平行线之间的距离不能太小，应符合有关规程的规定。

这就是新线路带电的原因，经改变架设条件后，就没有再发现非正常带电的现象。

（三十一）电能表箱安装不正确，造成线路接地

1. 事故现象

某村一妇女到地里干活，干到一电线杆旁，想休息下。手则扶到电杆的拉线，却大叫一声触电倒地。

2. 故障查找及原因分析

拉线多年来一直平安无事，为什么最近却带了电，原来是一个多月前，在电杆上新加装了一个电能表铁箱，箱子的外壳没有接地，并且为了固定牢固，又将箱子与电杆的拉线绑扎在了一起。箱中的引下线为橡皮软线，而电能表箱子的进线孔又太小，且孔边有较锋利的毛刺，安装时强行穿线，将绝缘皮刺破，造成相线与箱体及拉线直接接触，使拉线与箱体均带了电。这是村妇触电的直接原因。

3. 事故对策

（1）使电能表箱的进线孔与引出线相配套，并配以绝缘护圈，以保证足够的绝缘强度。

（2）电能表铁箱外壳应牢固接地。

（3）加强安全监督，严禁违章作业，定期检查试验，确保线路的绝缘水平。

（4）线路上应安装触电保安器，以确保用户及设备的安全。

（三十二）用户线漏电造成电能表空转

1. 事故现象

某村安装的单相电能表，有好几户不用电也转，向电管站反映，电工检查以后，也认为电能表在不用电时仍在转。同时，该村总表在不用电情况下也在转，村民要求说明原因。

2. 故障查找及原因分析

电管站派人去现场进行了仔细检查，找到了以下潜在的原因：

（1）低压线路有多处绝缘老化，破损严重，有几处的照明线是在树枝中穿过的。树、线矛盾突出，尤其刮风时，树与线反复触碰，导致绝缘线的绝缘皮破损，使线路有明显的对地漏电。

（2）反映电能表不用电也转的几家用户，因室内布线年久失修，绝缘破损严重，也有明显的对地漏电。

（3）有的用户虽然不使用照明用电，但收音机、电风扇、电视机等家用电器设备的插销均未断开电源，实际上电能表已接有负荷。为证实上述分析，电管站工作人员当场把电能表负荷总开关和开关上端相线断开。电能表不转了，误解解除了，潜在原因也找到了。

3. 事故对策

（1）认真做好低压线路设备和室内布线的整修，更换破损绝缘线，防止线路对地漏电。

（2）严禁私拉乱接低压线路，彻底消除过墙线。沿墙线路要与墙壁保持相对距离；低压线下的树木要砍伐，防止树枝碰线。

（3）家用电器设备在停用时应及时断开电源（将设备的电源插销拔下）。

（4）配电箱、电能表周围要经常保持环境清洁、干燥，保证电源开关、电源侧两端不发

生漏电现象。

（5）安装电能表时，必须按照规程要求进行安装，严把施工质量关，防止相、地线接反。

（6）电能表要防止过负荷运行。

（7）定期做好电能表的校验，以保证其准确性。

（三十三）低压线对地距离不够造成的触电事故

1. 事故现象

受地势影响，低压架空线从某村民家房顶上通过，距房顶只有 1.2m。一日村民在房顶晒粮，为防止碰触导线，其在晒粮前用一根木棍将导线支高。采取此措施后，他就开始晒起粮食来。不曾想，当他把粮食摊开时，不慎将支导线的木棍碰倒，导线掉落在他的肩膀上，造成触电。

2. 故障查找及原因分析

（1）低压电力技术中规定：低压电力线路不准穿越房顶。在必须跨越时，低压电力线路对房顶距离不得小于 2.5m，凡是低于此距离的均应视为不安全线路，应加高电杆或迁移线路。在未迁移线路或加高电杆之前应在线路下侧设置"止步！有电危险！"的警告牌。由此可见，该线路的架设违反低压电力线路技术规程是造成这次触电事故的主要原因。

（2）村民在房顶上晒粮时，采用木棍支起低压电力线路是违反安全工作规程的行为，既说明其缺乏安全用电常识，又说明电力部门安全用电宣传不够。是造成此次事故的主要原因。

（3）未安装漏电保护开关或触电保安器，是造成此次事故的原因之一。

3. 事故对策

（1）供电部门应严格执行低压电力技术规程中的有关规定，低压电力线路尽可能不跨越房顶，必须跨越时，其距离必须保持在（夏季最高温度时）2.5m 以上。

（2）严禁在电力线下盖房。

（3）向居民宣传不在电力线路跨越通过的房顶上晒粮食，更不得使用木棍支撑带电线路，以防触电事故的发生。

（4）供电部门应加强对低压电力线路的安全检查工作，发现问题及时督促解决。

（5）积极安装漏电开关或触电保安器，避免人身触电事故的发生。

（三十四）已拉开变压器的低压总开关，但低压线路中的零线仍然有电

1. 故障现象

某供电公司需检修低压配电线路，断开了变压器的断路器和隔离开关（见图 1-10），但检修线路时，发现中性线（零线）仍然有电，简单测试零线对地电压在 100V 以上。

2. 故障查找及原因分析

在正常情况下，中性线（零线）的电位为零或接近零。如果三相电源不对称或三相负载不对称，中性线（零线）在没有妥善接地的情况下，电位会升高到一定的数值。但这里的情况是，电源和负载均已断开，中性线（零线）上的电从何而来呢？

从图 1-9 可以看出，变压器出线开关 QS、QF 虽已断开，但这种开关只断开了相线，而中性线（零线）N 仍与变压器相连，而变压器高压侧并未断开，零线与高压电仍有一定联系。这种联系是通过变压器高、低压绕组间实际存在的电容来实现的。

若 10kV 线路的三相电压不平衡，则三相线路对地之间便存在一个电压。这个电压可能

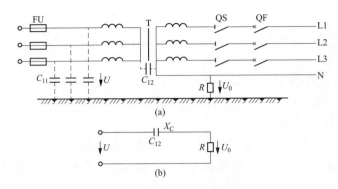

图 1-9　断开变压器开关的接线图和等值图

(a) 接线图；(b) 等值电路

达到相电压，即 $10/\sqrt{3}=5.77$（kV），并且通过变压器高低压绕组间的电容 C_{12} 传递到中性线（零线）对地电阻 R 上，其等值电路见图 1-10（b）。

由此电路可计算出中性线（零线）上的对地电压（即电位）U_0

$$U_0 = U \times R/\sqrt{R^2 + X_C^2}$$

式中　U——高压侧对地不平衡电压；

　　　X_C——变压器高低压绕组间的容抗；

　　　R——中性线（零线）接地电阻。

从上分析可知，如果中性线（零线）接地不良或者没有接地（R 很大），则中性线（零线）上可能产生较高的对地电压。这就是虽然变压器低压侧已将总开关拉开，但中性线（零线）上仍然带电的原因。

3. 事故对策

这一现象还告诉大家，断开变压器供电电源，必须是高、低压开关都断开。如图 1-10 所示，若将高压保险器 FU 断开，则不会出现中性线（零线）带电的情况。

(三十五) 因低压配电箱内的刀开关触头过热引发的事故

1. 事故现象

95598 接用户电话，反映××胡同没有电了。事故抢修班紧急赶到事故现场进行检查处理。

2. 故障查找及原因分析

经检查发现是低压配电箱中的刀开关触头变色，静触头烧熔所致。分析烧熔的原因为：

(1) 由于刀开关的刀片和刀座在运行中被电弧烧伤，使刀片与刀座接触不好而导致发热；

(2) 由于动触头与静触头接触不良（即没有合到位），使导电截面减小，触头过热甚至烧熔或烧焊在一起；

(3) 由于带负荷操作启动大容量的设备，在大电流冲击下产生动、静触头间的瞬间弧光，将动、静触头烧熔；

(4) 低压线路短路故障时，由于短路电流很大，导致动、静触头烧熔或烧焊在一起。

3. 事故对策

(1) 低压配电箱内的刀开关的安装符合标准：刀片与刀嘴对齐；应去除动、静触头上的氧化层后涂敷电力复合脂。合理调整动、静触头的接触截面。

(2) 不得带负荷操作启动大容量设备。

（3）合理配置刀开关的容量。

（三十六）因低压配电箱内的刀开关与导线连接不实引发的事故

1. 事故现象

线路人员在例行巡视低压配电箱时发现配电箱内有焦煳味；刀开关与导线连接处过热，导线绝缘层炭化；导线线芯变色。进行了停电处理。

2. 故障查找及原因分析

（1）由于导线鼻子与刀开关连接螺丝松动，导致接触电阻增大而发热；

（2）由于导线鼻子与刀开关连接处的弹簧垫片断裂，导致连接螺丝松动，接触电阻增大而发热。

3. 事故对策

（1）刀开关与导线连接处必须按规定清除氧化层，并涂敷电力复合脂；

（2）螺栓应拧紧，但也不可过力，使弹簧垫片压平即可；

（3）如有铜、铝导体的连接需采用铜、铝过渡措施。

（三十七）变压器低压熔片换大导致变压器被烧毁

1. 事故现象

95598 接用户电话反映××胡同没电，事故抢修班迅速赶到事故现场。

2. 故障查找及原因分析

（1）检查发现 10kV 跌落式保险器跌落；变压器容量为 100kVA；低压熔片完好；变压器喷油，外壳热；用绝缘摇表摇测一次侧对地电阻为 10MΩ，二次侧对地电阻为 0MΩ，确认变压器已烧毁，予以更换。

（2）检查跌落式保险器熔丝为 10A，低压熔片电流为 200A，而变压器二次侧额定电流为 144A，应配置 150A 的熔片。

（3）该台变压器进入夏季以来，长期处于过负荷，由于低压熔片屡次被烧断，事故抢修班在最后一次更换低压熔片时，因听说本月就要换大变压器，就自做主张将低压熔片换大为 200A。已知低压熔片的特性为通过熔片额定电流的 1.3 倍电流时，在 2h 内熔断；通过额定电流的 1.6 倍电流时，30min 内熔断。200A 的低压熔片没有熔断，则它的 1.3 倍应是通过了约 260A 的电流，而这一电流是 100kVA 变压器二次侧额定电流的 1.8 倍，大大加速了变压器绝缘的老化，最终导致变压器被烧毁。

3. 事故对策

（1）严格执行变压器二次侧熔丝配置规定，不得随意更改。

（2）变压器应在经济电流下运行，不得长期过负荷，确保安全运行。

（3）安装低压熔片时，用力应适当，不得过力损伤熔体；保证接触良好，确保安全运行。

（三十八）违章建筑，造成学生触电身亡

1. 事故现象

一个晴朗的中午，一所小学的学生放学排队回家。一个顽皮的男学生突然离队，向路边一个工地的铁棚跑去，用双手去拍铁棚，想拍响玩。谁知就在他双手碰触铁棚的瞬间，只听他惨叫一声，倒在铁棚下。这时正是下班的时候，有人见到急忙用竹竿将孩子与铁棚分开。

2. 故障查找及原因分析

事故发生后经调查，此铁棚属于违章建筑。铁棚的顶沿正与一条接户线相碰，在风力的

作用下，接户线的绝缘被铁棚边沿磨损，造成铁棚带电。

3. 事故对策

（1）严禁任何单位和个人在电力线下及附近搭建违章建筑；

（2）供电部门应加强巡视，杜绝在电力线下及附近搭建违章建筑。

（三十九）忽视安全，施工钢筋搭在高压线上，造成触电事故

1. 事故现象

一日，施工中的楼房就要封顶，一个青工站在铁脚手架上，给楼房穿钢筋。当他双手拿着一根钢筋向脚手架外伸出时，因与附近的 10kV 线路过近，钢筋搭在了 10kV 线路上。只听一声惨叫，人摔倒在脚手架上，双手和脚都被击穿，小腹部也被烧伤。

2. 故障查找及原因分析

事故发生后经调查，建筑物与邻近的 10kV 架空电力线路距离过近；施工建筑方未采取任何安全措施；施工建筑方对施工人员未进行全面的施工安全教育；电力部门线路巡视未到位。

3. 事故对策

（1）严禁任何单位和个人在电力线下及附近搭建违章建筑；

（2）当因条件所限，建筑物与电力线路较近时，应采取安全保护措施；

（3）供电部门应加强巡视，杜绝在电力线下及附近搭建违章建筑。

（四十）错接一根线，造成牛被电死，人险丧命的事故

1. 事故现象

距供电低压线路约 150m 处，一用户新报装接电。接电工作由电管站的工人进行。接地线是将电杆上的零线用裸线引下延伸到附近的小河沟里，电源线接在电杆线路的相线上。但由于工作不细，误将接地线接在了电杆线路的相线上。工作完后也未进行检查，就送了电。恰在此时，一个小孩将耕牛牵到此河沟里洗澡，牛下到水中后即被电死。听到小孩的呼唤，刚刚施完工的工人立即跑向河边欲进行抢救，不想第一个跑进水中的工人也被电倒。其他工人见状立即跑去断了电，触电工人经抢救保住了性命。

2. 故障查找及原因分析

（1）线路施工不细心，施工完后未经过检查就送电；

（2）线路施工不符合施工安全标准，将有人活动的水塘作为重复接地点。

3. 事故对策

（1）线路施工一定要细心，施工完后一定要经过检查方可送电；

（2）要严格按照线路施工标准进行线路施工，不可在有人活动的水塘做重复接地。

（四十一）中性线过细引起的事故

1. 事故现象

一天，电管站的电工，在低压没有停电的情况下，就登杆处理中性线烧断的故障。当用手触及电源侧的中性线时发生触电。幸亏安全带发挥作用，监护人又及时断开电源，才未发生触电坠落事故。

2. 故障查找及原因分析

经现场分析，确认为三相负荷严重不平衡，致使中性线有很大电流流过，而中性线截面又过小，阻抗太大，使中性线带有较高的对地电压，并因电流过大而烧断。当工人登上电杆进行处理时，电流经人体、水泥杆、大地形成回路而触电。

3. 事故对策

（1）严格执行《架空配电线路设计技术规程》的有关规定：三相四线制的零线截面不宜过小，应与相线截面相配；单相制的零线截面，应与相线截面相同。

（2）严格执行安全规程，带电作业应有完善的防护措施。

（四十二）用户内部 TV 爆炸，导致供电部门 10kV 弓字线烧断

1. 事故现象

一天，某 10kV 线路上的部分用户反映缺相运行。经供电部门进行线路巡视发现，10kV 线路分支线的弓字线被烧断一条，从而引起此分支线上的用户缺相运行。

2. 故障查找及原因分析

分支线上的弓字线为何被烧断，经线路巡视和用电监察部门对用户内部的检查，发现：

（1）××用户配电室因 10kV TV 爆炸，造成相间短路；

（2）分支线的弓字线有破股，加之用户短路，从而导致被烧断。

3. 事故对策

（1）加强对用户内部设备的检查管理，减少因用户内部设备故障而影响供电部门设备的安全运行；

（2）严格按照施工质量标准进行施工，用户进线侧应安装跌落式保险器，以减少因用户内部设备事故而影响供电部门设备的安全运行；

（3）加强线路巡视，确保设备的安全运行。

（四十三）树压线，造成导线断裂事故（见图 1-10 和图 1-11）

图 1-10　树压线

图 1-11　导线断裂

1. 事故现象

一天，某 10kV 线路速断掉闸重合未出。经线路巡视发现，这一天刮大风，大风将树枝刮断，树枝掉落下来又将导线砸断。

2. 故障查找及原因分析

（1）树木主管单位未及时将与电力线路发生矛盾的树木去掉，导致大风将树枝刮断，树枝掉落在导线上，又将导线砸断；

（2）线路巡视不够，未及时发现树、线矛盾，未

及时与园林部门联系去树枝事宜。

3. 事故对策

（1）园林部门应及时去树枝，减少树、线矛盾的发生；

（2）定期进行线路巡视，发现问题及时处理。

（四十四）变压器二次引线烧断引发的事故

1. 事故现象

一天某 10kV 线路出线开关速断掉闸，重合未出，手动发出。经线路巡视发现：某线路柱上变压器的二次引线烧断后甩搭在 10kV 立皮线上，造成 10kV 三相短路，从而引发此次事故。

2. 故障查找及原因分析

经现场检查分析发现：

（1）变压器二次引线接头处松动，导致发热而烧断；

（2）变压器二次引线施工过紧，造成烧断后甩搭在变压器 10kV 立皮线上。

3. 事故对策

（1）严格按照施工质量标准进行施工，变压器一、二次引线不得过松或过紧；引线接头应拧紧并涂以凡士林；

（2）定期进行线路巡视，发现问题及时处理。

（四十五）电缆被刨短路，造成 10kV 线路被烧断的事故

1. 事故现象

一天，某 10kV 线路速断掉闸重合未出。经线路巡视发现是某建筑部门施工未与供电部门联系，挖沟时将供电部门的电缆刨断，造成三相短路而引发事故。

2. 故障查找及原因分析

（1）建筑部门未与供电部门联系就进行施工，在挖到电缆上覆盖的红砖后，仍然下挖，从而将电缆刨断；

（2）供电部门宣传、巡视力度不够。

3. 事故对策

（1）施工部门应加强与供电部门的联系，避免刨断电缆的事故发生；

（2）供电部门加大宣传与巡视的力度，减少外力破坏事故的发生。

（四十六）柱上油开关的铜铝过渡卡子烧毁，弓字线掉下与另一相瞬间短接，造成线路速断掉闸重合成功

1. 事故现象

一天，某 10kV 线路速断掉闸，重合成功。经供电部门巡线检查发现，是一台柱上油开关边相铜铝过渡线夹被烧断，与过渡线夹相连的弓子线掉下与另一相瞬间短接，造成线路速断掉闸重合成功。

2. 故障查找及原因分析

（1）现场检查分析，此处负荷约 150A，导线为 LJ-150 型。事故原因为铜铝过渡线夹与导线连接不实所致。因接触不好，导致此处温升过高，时间一长，最终烧断了。因此把好施工质量关，是相当重要的环节。

（2）线路巡视不到位，是此次事故的另一原因。因为经过检查，此线夹更换时间不到一

年，烧断处是长时间过热造成的。

3. 事故对策

（1）场检查分析，事故原因为铜铝过渡线夹施工质量所致。线夹与导线接触不好，导致此处温升过高，时间一长，最终烧断了。因此把好施工质量关，是相当重要的环节。

（2）加强线路的巡视检查，发现隐患及时处理，确保线路的安全运行。

（四十七）柱上变压器高压磁头上落小动物，造成相间短路线路掉闸

1. 事故现象

一天，某 10kV 线路速断掉闸，重合未出。经线路巡视发现：某位号的柱上变压器，高压磁头上电死一只猫；此台变压器的跌落保险器有两相炸，跌落保险器的弓字线掉下相互搭连，因发整条 10kV 线路速断掉闸。

2. 故障查找及原因分析

经现场分析此次事故的主要原因为：

（1）此台柱上变压器离房较近，时值冬季，小猫欲到变压器上取暖，猫跳到变压器上时造成高压相间短路；

（2）经检查此台变压器的跌落保险器无生产厂，质量不能保证，变压器高压侧短路后，跌落保险器的熔丝应熔断，熔管应跌落。然而却是熔管炸，弓字线落下相互搭连，造成相间短路。

3. 事故对策

（1）变压器高、低压磁头处应安装绝缘护套，以避免小动物及其他异物落上造成相间短路；

（2）严把施工质量关，杜绝三无产品用在供电设备上；

（3）加大巡视检查力度，确保线路安全运行。

（四十八）雷击断线

1. 事故现象

夏日雨中的一天，雷声过后，某 10kV 线路速断掉闸重合出；另接老百姓电话，有一高压线掉在路面的水中直冒火，并将正在此行走的一路人电倒。

2. 故障查找及原因分析

从现场检查分析：

（1）此次雷击应为直击雷，不仅击断了导线，还将 P$_{20}$ 立瓶的下裙击碎，只剩喇叭铁柱，造成导线接地，对铁横担放电；

（2）导线被击断后，掉在雨水中，因导线仍然带电，导致一光脚在雨水中行走的民工触电身亡。

3. 事故对策

（1）在雷击多发区，应在每根电杆处安装避雷器，减少因雷击发生的事故；

（2）变电站内应加装零序保护，当导线接地时能及时掉闸，起到保护作用；

（3）加强电力安全的宣传，发现掉落在地面的导线，应避开绕行，以确保安全。

（四十九）10kV 线路拉闸限电后，再送电却送不出去

1. 事故现象

因电力紧张，某日，一 10kV 线路拉闸限电，待负荷允许再送电时，却过流动作，重合

未出，手动也未发送出去。经过全线路紧急查线，未发现任何问题；检查该线路上的用户也未发现问题。后将该线路分成几段，再送电就送出去了，然后再逐一将分段开关合上，整条线路送电成功。

2. 故障查找及原因分析

经过全线路紧急查线，未发现任何问题；检查该线路上的用户也未发现问题。联想到该线路平时负荷在 500A 左右，而变电站的出线 TA 变比是 400/5，该线路因拉闸限电停电再送电时，线路上的用户设备起动电流、励磁涌流瞬间叠加值很大，已大大超出该线路的过流保护定值，从而造成该线路停电后再送电送不出去的现象。

3. 事故对策

（1）更换变电站内的出线 TA，使其适合线路的负荷；

（2）改造 10kV 线路，使其负荷不过大；

（3）在以上两条未实现前，可以将线路的分段开关拉开，先将首端送电，再逐一将各段线路送电。

（五十）因跌落保险器操作不当，致使相间短路

1. 事故现象

某 10kV 线路速断动作，重合发出。经紧急修理班巡线发现：变压器班在××号柱上变压器工作，由于操作不当，引起跌落保险器弧光短路，致使高压断线，变电站内 10kV 线路出线掉闸。

2. 故障查找及原因分析

当日有风，变压器班在操作跌落保险器时，未按规程要求进行操作，致使跌落保险器相间短路，烧断高压线两条，并造成变电站内的 10kV 线路出线掉闸。

3. 事故对策

严格规程制度，杜绝违规现象发生。

（五十一）铜铝导线连接未使用铜铝过渡线夹，导致接头腐蚀，导线被烧断

1. 事故现象

某日，变电站内发现一条 10kV 线路发生接地。通知紧急修理班，经过沿线检查，发现此线路的××号柱上变压器的高压立皮线与导线结合处被烧断。导线烧断后掉落在横担上，造成 10kV 线路接地。

2. 故障查找及原因分析

此线路××号柱上变压器的高压立皮线（铜线）与导线（铝绞线）结合处是直接搭接在一起的，由于没有使用铜铝过渡线夹，导致接头严重腐蚀，并致使导线被烧断。

3. 事故对策

（1）严把施工质量关。应该使用铜铝过渡线夹的地方必须使用铜铝过渡线夹，不得偷工减料，埋下事故隐患。

（2）加强施工质量验收，发现问题及时解决。

（3）强化线路的巡视检查，做到责任到人，及时发现事故隐患。

（五十二）10kV 导线因未和瓷瓶进行绑扎，导致导线掉落在横担上，造成接地

1. 事故现象

一日，某 10kV 突然发生接地。经过紧急修理班的巡线检查，发现此线路××号杆处，

10kV 导线掉落在横担上，造成 10kV 线路接地。

2. 故障查找及原因分析

（1）该线路前一段时间进行了清扫，由于工作人员责任心不强，漏将此处导线和瓷瓶进行绑扎。当天，恰有大风，将导线刮落在横担上，导致线路接地。

（2）线路运行人员责任心不强，巡线时未发现此处的隐患，造成线路带隐患运行，遇刮大风将导线刮落在横担上，导致线路接地。

3. 事故对策

（1）严把施工检修质量关，杜绝遗留事故隐患；

（2）加强施工检修质量验收，发现问题及时解决；

（3）强化线路的巡视检查，做到责任到人，及时发现事故隐患。

（五十三）由于设计不合理，造成相间短路

1. 事故现象

一日，某 10kV 线路速断掉闸，重合未出，手动也未发出。经紧急修理班巡视线路发现：在联络刀闸的××号杆，高压中相弓子线与东西走向南边第二条高压线搭连，造成相间短路。

2. 故障查找及原因分析

经现场检查发现：线路设计不合理。此处的杆型是丁字形，直跑线路架设在下面，丁字形线路在上面，造成丁字形线路的弓子线跨越直跑线路导线。因弓子线施工时间太长，导致与直跑线路的距离过近。当日恰遇大风，过长的弓子线随风乱摆，与直跑线路的导线碰触，引发相间短路事故。

3. 事故对策

（1）合理设计、施工。此处的杆型为丁字形，应该将直跑线路设计在上面，丁字形线路设计在下面，从而避免丁字形线路的弓子线与直跑线路安全距离不好掌握。如果确因地形所限，必须丁字形线路设计在上面，那么，直跑线路应保证与丁字形线路弓子线的安全距离，确保在异常情况下不发生相间短路的情况。

（2）施工中发现此类问题，应及时向现场负责人反映，加大丁字形线路与直跑线路的安全距离，确保不发生遇大风造成相间短路的事故。

（3）严把施工验收关，及时发现事故隐患，及时处理解决。

（4）强化线路的巡视检查，做到责任到人，及时发现事故隐患。

（五十四）10kV 线路检修完后，忘拆除接地线，造成 10kV 线路接地事故

1. 事故现象

某 10kV 线路清扫后送电，却发现清扫后的线路接地。经紧急修理班和负责清扫的施工队伍的巡线检查发现，忘拆除一组接地线，致使该线路送电发生接地。

2. 故障查找及原因分析

10kV 线路清扫目的是为了确保线路的安全运行，然而却由于工作的不细心，导致工作结束后，忘记拆除一组接地线。现场安全员在核对拆回的接地线发现少一组时，虽然到现场进行了检查，但检查不仔细，片面的认为是领取接地线时数错了，从而导致了此次事故的发生。

3. 事故对策

（1）严格执行安全规程的规定，接地线拆除数量与领取数量核对无误后，方可交令送电；

（2）一旦发现接地线拆除数量与领取数量不符时，在未确认原因时，不得送电；

（3）加强工作的责任心，明确分工，责任到人。

（五十五）因10kV立瓶炸，造成线路接地

1. 事故现象

一天小雨中，某条10kV线路突然发生接地。经紧急修理班冒雨进行线路巡视，发现××号杆的边相瓷瓶炸裂散落在杆下，10kV裸铝线搭落在横担上，从而引发线路接地。

2. 故障查找及原因分析

经过对从现场捡拾回的碎裂瓷瓶进行检查分析，发现瓷瓶（P_{20}）有陈旧性裂痕，这是导致此次事故的主要原因。其次，当天下着小雨，雨水流入瓷瓶的旧裂痕，导致瓷瓶的爬距减小，泄漏电流增大，瓷瓶局部温度升高，达到一定程度，造成瓷瓶炸裂。

3. 事故对策

（1）加强线路的巡视质量，确保及时发现事故缺陷，防患于未然；

（2）将导线换为绝缘线，加强线路的绝缘水平，降低线路的事故率。

（五十六）因10kV悬式绝缘子（吊瓶）开口销子掉，致使线路停电处理

1. 事故现象

一天，线路运行人员在例行对10kV线路进行巡视检查时，发现××10kV线路11号杆北侧高压用户进线刀闸杆线路侧吊瓶开口销子掉，吊瓶随时有掉落的危险。经通知线路工区和调度室，该线路紧急停电对该处隐患进行了处理，避免了一次事故的发生。

2. 故障查找及原因分析

在现场召开了现场分析会，线路工区、生产技术科，工程科，总工程师等都参加了分析会。经现场分析研究认为，该事故隐患由以下原因造成：

（1）悬垂串上的弹簧销子、螺栓及穿钉未按有关规定施工。

（2）采用的闭口销或开口销可能有折断、裂纹等现象。当采用开口销时应对称开口，开口角度未达到30°～60°，甚至可能未开口。

（3）可能用线材或其他材料代替闭口销、开口销，导致线路受风力等因素影响而振动，因未使用开口销，导致受振动脱落。

3. 事故对策

严格执行GB 50173—1992《电气装置安装工程35kV及以下架空电力线路施工及验收规范》中悬式绝缘子安装的有关规定：

（1）与电杆、导线金具连接处，无卡压现象。

（2）耐张串上的弹簧销子、螺栓及穿钉应由上向下穿。当有特殊困难时，可由内向外或由左向右穿入。

（3）悬垂串上的弹簧销子、螺栓及穿钉应向受电测穿入。两边线应由内向外，中线应由左向右穿入。

（4）绝缘子裙边与带电部位的间隙不应小于50mm。

（5）采用的闭口销或开口销不应有折断、裂纹等现象。当采用开口销时应对称开口，开

口角度应为 $30°\sim60°$。

（6）严禁用线材或其他材料代替闭口销、开口销。

（7）工程完工后，应逐项进行验收，杜绝事故隐患。

（8）定时逐项巡视线路，及时发现线路缺陷，及时处理，防患于未然。

（五十七）因联络不畅，误锯线路的出线电缆，造成相间短路

1. 事故现象

一日，某 10kV 线路速断动作，重合未出，手动也未发出。

2. 故障查找及原因分析

某施工队伍，为将××单位的进线电缆改由另一电源供电，在附近欲将给此单位供电的电缆挖出，不想，一下挖出 5 条电缆。为确认哪条是给此单位供电的电缆，有两人在此单位发信号，其他人在挖出电缆处听信号，因附近较嘈杂，加之工作人员的责任心不强，将信号听错，误锯另一条带电的电缆，而此条电缆恰好是某 10kV 线路的出线电缆，从而造成该条线路相间短路。以上事故说明：

（1）工作人员的责任心不强，在未全试验完的情况下就想当然地确认是那条电缆，是造成此次事故的主要原因。

（2）施工现场条件恶劣，声音嘈杂，不宜监听信号。在这种情况下，未采取相应措施，仍然用老办法进行试验，是造成此次事故的次要原因。

3. 事故对策

（1）加强工作人员的责任心，工作时认真负责，在不好确定的情况下，宁可重复再试，也不可想当然地进行确定；

（2）在施工现场环境恶劣时，应采取相应防范措施，或采用其他方法，以确保试验的正确性。

（五十八）因用户内部电气设备故障，造成 10kV 线路掉闸

1. 事故现象

一日，某 10kV 线路速断掉闸，重合未出，手动也未发出。通知线路紧急修理班进行线路的巡视，未发现任何问题；通知用电监察对该线路上的用户进行检查，答复也未检查出任何问题。分段试发该线路，问题在线路的前面。紧急修理班将该线路前半段上的柱上变压器全部停下，试送该线路，仍然掉闸；让用电监察通知该线路的前半段用户全部停电检查，然后逐一送电，最后确认是一用户内部的电气设备故障，此用户的电工发现设备故障后，因害怕供电部门及单位处罚，所以做了手脚，将事故现场做了改变，使用电监察人员不能及时发现事故点。

2. 故障查找及原因分析

此次因用户内部电气设备故障导致供电部门的 10kV 线路速断掉闸，重合未出，手动也未发出的事故，是因为该用户的电工发现本单位的设备故障，同时越级造成供电部门的 10kV 线路速断掉闸后，因害怕本单位及供电部门的处罚，所以做了手脚，将事故现场做了改变，使用电监察人员不能及时发现事故点。另外，该单位设备老化，防范小动物的设施不完善，一只老鼠进入 10kV 开关柜内后，导致母线相间短路。

3. 事故对策

（1）加强对 10kV 电力用户的检查，严格执行安全规程的要求。开关设备间应加装挡鼠

板，防止小动物进入；

（2）严格执行安全规程的要求，加装相应的继电保护设备，避免因用户内部的故障越级引发供电部门的设备故障；

（3）严格执行安全规程的要求，事故发生后不得隐瞒不报。

（五十九）因用户拉合分界刀闸，导致 10kV 线路接地

1. 事故现象

一日，某 10kV 线路发生接地故障。经紧急修理班巡视线路发现，是一 10kV 用户未通知用电监察人员，私自拉合该线路上的分界刀闸。因操作不当，将一相分界刀闸的底座拉掉，搭落在低压线路的中性线上，造成 10kV 线路接地故障。

2. 故障查找及原因分析

（1）用电检查不力。用户未经用电监察同意，并在用电监察人员不在现场的情况下，私自拉合分界刀闸。因操作不当，造成分界刀闸的一相底座脱落。

（2）线路巡视不力。该分界刀闸的底座螺栓已松脱，却长时间没有发现，是造成此次事故的次要原因。

3. 事故对策

（1）加强对 10kV 电力用户的检查，严格执行安全规程的要求。10kV 用户内部停电，事先应通知用电监察。用户不得在用电监察人员不在现场并授权的情况下操作供电部门的设备。

（2）加大线路的巡视力度。定期巡视，确保巡视的质量，提前发现事故隐患。

（六十）因过街电缆被刨，造成 10kV 线路相间短路

1. 事故现象

一日，某 10kV 线路速断掉闸，重合未出，手动也未发出。经紧急修理班巡线发现：因马路扩宽，民工在挖刨路面时，不小心挖到埋设在路面下的过街电缆，将电缆的绝缘刨坏，造成电缆相间短路。

2. 故障查找及原因分析

（1）施工部门在施工前，未与供电部门联系，签订安全施工协议，就想当然地进行施工，致使挖坏供电部门的电缆，造成相间短路；

（2）施工部门对施工工人的安全教育不足，致使工人在挖到电缆时，不及时汇报，仍然继续刨挖，直到挖坏电缆，造成相间短路；

（3）供电部门线路巡视不力，没有及时发现道路施工，对施工部门进行指导，签订安全施工协议。

3. 事故对策

（1）大力宣传、贯彻"电力设施保护条例"，使施工部门都知道在进行施工前，一定要与供电部门取得联系，询问施工地段是否有电力电缆，如果有，一定要与供电部门签订安全施工协议，确保电力电缆的安全；

（2）施工部门应加强施工安全教育，使施工工人掌握挖到电缆、电缆管道、电缆保护盖板及电缆保护砖层时，一定要及时向有关领导汇报，及时与供电部门取得联系，确保电力电缆的安全运行；

（3）加强电力线路的巡视力度，提前发现事故隐患，及时进行处理解决。

（六十一）因电缆头炸，造成相间短路，线路停电

1. 事故现象

一日，某 10kV 线路速断掉闸，重合未出，手动也未发出。经紧急修理班巡线发现，该 10kV 线路出线电缆头炸，造成相间短路，致使该线路停电。

2. 故障查找及原因分析

（1）该线路的出线电缆位置恰好在一十字路口，环境较恶劣，污染较严重，当日雾气较大，致使相间短路，电缆头炸；

（2）线路巡视力度不够，未能及时发现电缆头的污染情况。

3. 事故对策

（1）加大线路巡视力度，提前发现事故隐患，及时进行处理；

（2）在环境恶劣，污染较严重的地区，应对电力设施进行相应的处理，确保电力设施的安全运行。

（六十二）路灯线断，掉落在 10kV 线路上，造成线路接地

1. 事故现象

一日，某 10kV 线路零序动作，重合未出。经紧急修理班线路巡视发现，××号柱上变压器的主杆上，长臂灯的路灯引线断，搭落在柱上变压器的高压母线上，造成变压器高压母线接地。

2. 故障查找及原因分析

经现场检查发现：路灯长臂灯的引线因连接不实，运行一段时间后，折断掉落在柱上变压器的高压母线上，从而引发 10kV 线路接地事故。

3. 事故对策

（1）加强线路的施工质量，严格按施工质量标准进行施工和验收，确保线路的安全运行。

（2）加强线路的运行巡视和维修管理。按规程规定按时进行线路巡视，定期打开接头线夹进行检查维修，消除氧化层，发现问题及时处理。

（六十三）因柱上变压器故障，导致 10kV 线路掉闸

1. 事故现象

一日，某 10kV 线路速断掉闸，重合未出，手动也未发出。经紧急修理班线路巡视发现，××号柱上变压器的跌落保险器的保险管跌落；柱上变压器磁头喷油；变压器的储油柜内有气体；喷出的变压器油油色为黑色，变压器油有异味。

2. 故障查找及原因分析

经现场检查，用绝缘摇表摇测变压器一、二次绕组对地的绝缘电阻为 300MΩ，一、二次绕组间的绝缘电阻为 300MΩ。分析初步认为：

（1）此台变压器运行时间较长，变压器磁头绝缘圈老化，没有及时进行更换，导致雨水进入变压器内部，变压器绝缘油的绝缘降低，发生相间短路。因变压器油中有水，绝缘和灭弧的能力已大大降低，相间发生短路时，产生很大弧光，更催化了变压器油质的变化，所以喷出的变压器油颜色较黑，变压器油有异味；变压器的储油柜内有气体溢出；跌落保险器的保险管跌落。

（2）变压器内部有故障，造成相间或匝间短路，产生很大弧光，使变压器油质发生了变

化，所以喷出的变压器油颜色较黑，变压器的储油柜内有气体溢出，变压器油有异味；跌落保险器的保险管跌落。

（3）经将此台变压器拆回解体检查分析发现，现场分析的两个原因均存在。

（4）换装新变压器后，测试了一下变压器的二次负荷，发现二次负荷大于原装变压器的额定容量。此台变压器安装于俗称的"浙江村"，大量的个体户，为了征求更大的利润，无视电力部门的有关规定，私自增容，致使原装变压器超容运行；乱搭乱接线路，经常发生短路事故，短路电流冲击变压器的一、二次绕组，加速了变压器绝缘的老化，这些是此台变压器事故发生的主要原因。

3. 事故对策

（1）加强线路的维护制度，定期进行设备的小修和大修，确保设备的安全运行；

（2）加强线路的巡视制度，及时发现设备的隐患，及时进行处理，防患于未然。

（六十四）线路压接质量不合格，导致线路断线

1. 事故现象

一日，某 10kV 线路发生接地。经紧急修理班线路巡视发现，×号杆与××号杆之间的中相高压线在导线压接管处断裂，高压线掉落在地面上，造成线路接地。

2. 故障查找及原因分析

（1）经现场检查发现导线压接管处导线烧毁，导线从压接管内抽出。当日风力较大，导线附近有大树的树枝因未及时剪除，随着风力撞碰导线，使导线经受的外力加大。

（2）将压接管纵向锯开发现，压接管内和管内的导线均未做清扫处理，压接管压接坑的坑深度不够，导致压接不实，导线接触电阻增大，有弧光放电。将压接管和导线烧伤，从而又导致导线从压接管内抽出。

（3）现场处理完后测试此处的负荷电流为 170A，而此处的导线截面是 LJ-35mm^2，电流已大大大于导线的载流量，这也是此次事故的一个原因。

3. 事故对策

（1）严格按施工质量标准进行施工和验收，确保线路的安全运行。加强对施工工人的培训教育，使其真正掌握各项施工的质量标准、施工工艺、施工步骤及检验方法。

（2）加强线路的巡视检查，负荷压接管因压接不实，已因温度过热而变色，如果线路巡视认真仔细，早应发现此处缺陷；导线附近树权较多，而巡视人员没有及时安排去树枝，导致树枝随着风力碰撞导线，加速了导线的断裂。

（3）线路的截面应与负荷相适应，当负荷增大，导线截面已不适应时，应及时更换大截面导线，或采取其他办法。这也是我们的线路巡视人员应该及时发现、及时汇报、及时处理，避免事故发生的很重要的一个环节。

（六十五）10kV 线路断线事故

1. 事故现象

一日，某 10kV 线路突然发生接地事故。经紧急修理班线路巡视发现，在××号分段油开关往北一档的高压线路，在距立瓶 500mm 处发生断线，所断导线的截面为 LJ-35mm^2 的铝绞裸导线。

2. 故障查找及原因分析

（1）此段线路架设时间较长，线路表面腐蚀现象较严重；又因为这段线路跨越马路，致

使档距较大（70m左右），线路又是裸铝线，不带钢芯，拉断力较带钢芯的导线差；位临十字路口，因过往车辆多，加之与无轨电车的助力线同杆架设，长期产生振动，造成机械强度下降，导线疲劳。

（2）在此断线的电杆西面，已将原导线更换为 LJ-150×3 型和 LJ-70×2 型的裸铝导线，而往东的导线没有更换，仍然是 LJ-120×3 型，LJ-35×2 型的裸铝导线，致使电杆两边受力不均，杆尖往西有所倾斜，导致 LJ-35 型北边相的导线在原有受腐蚀缺陷的情况下，又新增加外来拉力，从而导致导线断裂。

（3）线路巡视不力，未能及时发现此处的缺陷，及时进行处理，避免事故的发生。

3. 事故对策

（1）跨越公路及档距较大的线路，应采用带有钢芯的导线，或采取其他保护措施；

（2）线路改造应统筹兼顾，避免线路一侧改造为截面较大的导线，而另一侧却不加更换，致使导线两侧受力不均，埋下事故隐患；

（3）加大线路的巡视力度，及时发现线路的缺陷和隐患，及时进行处理，防患于未然。

（六十六）10kV 立瓶抱箍立铁与抱箍焊接处断，造成相间短路

1. 事故现象

一天，某 10kV 线路速断掉闸，重合未出，手动也未发出。经紧急修理班巡视线路发现，××号变压器西侧，84-5 号杆，10kV 立瓶抱箍立铁与抱箍焊接处旁边断成两截（抱箍断），造成中相导线与南边相导线短路，中边相导线被烧断。

2. 故障查找及原因分析

经现场检查发现：断裂的抱箍，以前有旧裂痕。由于运行时间较长，加之受风力影响，抱箍的裂痕越来越大，最终断裂，造成中边相导线掉落，滑向南边相导线，导致相间短路，变电站内速断掉闸，重合未出，并造成中边相导线被烧断。

3. 事故对策

（1）严格执行线路施工及验收质量标准，确保线路的安全运行；

（2）加强线路的巡视检查，保证尽早发现线路上的故障及隐患，及时处理，保证线路的安全运行。

（六十七）房屋拆迁，接户线剪断后未做处理，造成随风乱摆，导致相间短路

1. 事故现象

一天，某 10kV 线路速断掉闸，重合发出。经过紧急修理班线路巡视发现：一大片平房，根据市里的规划要拆迁。平房内的住户已全部搬走，根据拆迁办的通知，供电部门到此处将给平房供电的接户线从房屋处剪断，然后将剪断的接户线缠捆在电线杆上。未曾料到，这几日刮大风，大风将缠捆在电线杆上的接户线吹开，接户线随风乱摆，绑缠在 10kV 线路上，造成相间短路，变电站内速断掉闸。

2. 故障查找及原因分析

根据市里的规划要求，不少居民的平房需要拆迁。在平房内的居民搬迁走后，供电部门需要将原给居民供电的接户线拆除。然而，在此次拆除接户线的工作中，工作人员为了图省事，只是将接户线在房屋处剪断，并将剪断而仍然与电源连接的接户线，只是简单的缠绕在电线杆上。导致大风将缠绕的接户线吹开，随风乱摆，搭接在 10kV 线路上，从而造成 10kV 线路短路的事故。

3. 事故对策

严格执行供电部门制定的施工质量标准，拆除工作也不例外。工作应认真负责，不能偷懒耍滑。一时的懒惰，终将造成大祸。

（六十八）线路柱上变压器接地线断裂造成的事故

1. 事故现象

在某 10kV 线路柱上 50kVA 变压器的接地引线处，发生了一起触电事故。这天下午 17 点，几个学生到此台变压器旁的小河边游泳。18 点 15 分左右，一个学生上岸休息，她走到柱上变压器的接地引下线处，背靠电杆和变压器右边支架撑担休息，不料触电。

2. 故障查找及原因分析

现场检查该台变压器的接地引下线，发现接地引下线采用的是铝芯塑料线与接地极连接处的 7 股铝芯已全部暗中断裂，使接地引下线与接地极断开。现场测量，接地电阻为 2.7Ω，是符合规程要求的。三相合闸供电时，接地引下线对地电压接近 200V。接地引下线与接地极连通时电流可达到 3.4A。接地引下线是从变压器零线柱引到外壳螺栓接地处，然后引下连接地极的，而变压器是安装在支架上，支架撑担与变压器外壳连通。当这个学生游泳上岸后，因是赤脚站在地上，又将潮湿的裸露后背贴靠在撑担角钢和电杆时，因接地引下线断裂，电流就立即通过人体流入大地，造成该名学生的触电。

为什么接地引下线与接地极暗断时对地电压约有 200V，接地引下线与接地极连通电流有 3.4A 左右呢？这是因为，该变压器低压侧线路质量低劣，架设极不正规，有的绑扎固定在树枝上，有的固定在墙壁上，铝芯塑料线因日久天长、风吹日晒雨淋，绝缘老化，对地漏电；加之照明用户三相负荷又不平衡等原因，使变压器中性点位移严重。因此，当接地引下线与接地极断开时，就存在了高电位差，当接地引下线与接地极连通时，就有较大的电流流过。

3. 事故对策

经过对事故原因的分析，总结应采取的措施如下：

（1）变压器接地引下线应采用直径为 8mm 的圆钢线或 48mm×4mm 的扁钢，并在接地引下线外加装绝缘护罩，防止人体与接地线接触；

（2）运行中加强对变压器接地引下线的检查；

（3）在变压器接地引下线处悬挂"有电危险"的标示牌。

（六十九）因为绝缘子污闪造成的 10kV 线路事故

1. 事故现象

某变电站的一条 10kV 架空线路频繁掉闸，为查明原因，决定全线进行巡视检查，但是连续两次登杆检查均未发现问题。一天早晨，起了一场大雾，此条线路各段均有部分绝缘子闪络放电。在绝缘子的磁釉表面上，轻者出现了不规则的线状烧痕；稍重者有不规则的带状或片状烧痕；严重者悬式绝缘子的磁裙全部因弧光放电发热而爆炸碎裂。导致线路不能送电，被迫退出运行进行抢修。

2. 故障查找及原因分析

（1）思想上的麻痹大意。在电力生产中，10kV 架空线路从设计到安装大多按国家规定关于空气污秽地区分级标准去选定安装绝缘子的，并且绝缘子的泄漏比距也是按高值起用的。所以正常情况下，绝缘子绝缘击穿在线路运行中是少见的。也正因为如此，人们对绝缘子脏污问题不够重视，以为绝缘子上即使挂点污垢，遇到一场大雨也就冲洗干净了。

（2）防范措施没有到位。每年春秋两季登杆检修是供电部门的正常工作。而每次检修中都有清扫绝缘子这项工作，但由于部分领导与职工在思想上对绝缘子脏物危害缺乏认识，因此清扫措施落实不力。

（3）日积月累，从量变到质变。线路绝缘子从投入运行后，由于烟尘、雨雪、汽车尾气等有害气体的侵蚀，污秽物已逐渐从浮附在绝缘子上，发展到牢固的粘附在绝缘子上，由粉尘演变到固化物，有的甚至用刀具都难刮下来，日积月累的污秽物最终导致了闪络放电。

3. 事故对策

（1）主管生产的领导必须掌握线路绝缘子脏污的实际情况及程度，做到有的放矢，以利于反脏污工作的安排；反脏污工作应做到有布置、有检查，一丝不苟、认真负责。

（2）新建线路，从第一个检修季节开始就必须认真进行绝缘子的清扫工作，每年春、秋两季的清扫不得间断或跨季。

（3）对运行年限较短，污秽物在绝缘子表面还没有硬化的线路可以用水冲洗。

（4）对于绝缘子已脏污的，宜采用干软布或毛巾逐一进行擦拭。

（5）对于运行年限较长，表面污秽物已经硬化，则必须用清洁剂或洗衣粉兑水进行逐片擦拭。方法是先用浸水（指含清洁剂或洗衣粉的水）的湿布将污秽物擦拭干净，然后再以干布反复擦拭。

（七十）变压器磁套管破裂引起的事故

1. 事故现象

某日，一台 10kV，160kVA 的柱上变压器高压侧熔丝熔断，供电维修人员赴现场检查：各路负荷均无短路现象；保险器熔丝熔断一相；变压器低压侧 B 相磁套管有裂纹且高压三相绕组对地绝缘击穿。该变压器经吊芯检查，发现高压绕组匝间多处已烧断。

2. 故障查找及原因分析

据线路工区变压器班反映，低压侧 B 相磁套管破裂已有多日，由于当时没有套管配件采用绝缘带捆绑进行了应急处理。开始十来天天气气温持续偏高，空气干燥，对变压器磁头绝缘没有太大的影响；但后来气温又急剧下降，空气潮湿并伴有细雨，使套管裂纹中充满潮湿的空气并且介电常数较小，致使裂纹中电场强度增大。到达一定数值时，空气被游离，造成磁套局部放电，这样使瓷套管绝缘进一步损坏，最后导致全部击穿，造成短路，引起变压器绕组损坏，高压熔丝熔断。

3. 事故对策

（1）加强线路的巡视检查，及时发现事故隐患，及时进行处理，确保设备的安全运行。

（2）及时更换损坏的瓷套管。

（3）对烧坏的变压器高压绕组重新进行绕制，更换变压器油，试验合格后方可再投入运行。

（七十一）柱上变压器因肘形电缆终端头故障而造成的停电

1. 事故现象

95598 接用户电话，反映附近用户停电。

2. 故障查找及原因分析

接到报修电话后，事故抢修班的人员迅速赶到事故现场，经检查发现，该台变压器高压套管采用的是美式套管结构肘形电缆终端头，由于这种美式套管结构肘形电缆终端头由肘形头、单通套管和变压器底座套管井三部分组成，单通套管和变压器底座套管并存在交界面，这几天一直有较大的暴雨，水分有可能通过此交界面进入。再细检查发现单通套管没有旋紧、安装到位，导致单通套管和变压器底座套管密封不严。为什么会没有旋紧、安装到位呢？分析发现单通套管的紧固螺母是六角形的必须使用六角扳手才能拧紧。由于施工单位没有配置六角扳手，只能使用普通扳手紧固，导致没有旋紧、安装到位。

3. 事故对策

（1）施工时必须使用专用六角形扳手进行紧固，且紧固到位，避免水分进入。

（2）将美式套管结构肘形电缆终端头改为欧式套管结构肘形电缆终端头，因为欧式套管结构肘形电缆终端头只有一个和变压器套管之间的交界面，减少了水分进入的可能性。

（3）由于美式套管结构肘形电缆终端头和欧式套管结构肘形电缆终端头都存在户外运行的问题，而美式套管结构肘形电缆终端头和欧式套管结构肘形电缆终端头都是按室内设计的，老化问题突出，所以不应在柱上变压器上推广使用这两种肘形电缆终端头。

（七十二）10kV 线路瓷瓶损坏引起连续跳闸的事故

1. 事故现象

一天 5 点 36 分，天气晴朗。某变电站中控室警铃响，发出 A 相 10kV，B 相 0kV，C 相 10kV。值班员还没有反应过来，喇叭响，06 开关位置红灯闪光，过流跳闸。5 点 40 分喇叭又响，05 开关过流跳闸。然而，10kV 母线 B 相接地仍未消除，B 相电压仍然为零，其他两相电压升高，断开 05 开关后，接地消除。

经紧急修理班巡视线路发现：06 开关处线路的 C 相一处跳线烧断。紧急修理班将此处的跳线重新接好，检查未发现其他问题，向调度回令，调度令变电站试送此条线路，变电站试送成功。

仅过了几天，一日的 4 点 05 分，天气小雨，变电站中控室的警铃又响，B 相接地电压为零，其他两相电压升高。同时 10 开关过流掉闸；4 点 07 分 06 开关过流掉闸，10kV 母线接地仍然未消除，变电站运行正常。

紧急修理班经紧急巡视线路，没有发现异常情况，经请示调度，三条线路试送全部成功。

一个月后的某日，13 点 02 分，天气晴朗，变电站 I 号母线接地，B 相接地电压为零，同时 06、10 开关过流跳闸，B 相仍然接地，断开 05 开关后，接地消除。

经紧急修理班巡视线路发现：10 开关出线的架空线路在 36 号杆处的边相绝缘子爆炸一个，由 05 开关出线的架空线路针对 B 相绝缘进行了全线路登杆检查及摇测绝缘电阻的工作，发现了 43 号杆处 B 相有零值绝缘瓷瓶及其他部分绝缘差的绝缘子，全部进行了更换。经过如此处理，06 开关试送成功。05、10 开关经处理后试送成功。

2. 故障查找及原因分析

（1）上述三次相似的接地跳闸故障一次又一次的发生，在 06 开关出线的架空线路上发现跳线烧断，10 开关出线的架空线路上发现绝缘子爆炸，05 开关出线的架空线路上发现零值绝缘子，说明该故障是由于线路引起的复合性故障。而变电站三次事故共发生 6 次跳闸事故，三相接地障碍拉闸，变电站设备准确、及时地启动跳闸和发信号，说明变电设备没有问题。

（2）三次故障是由于 05 开关，B 相绝缘在临界状态，一有扰动造成 A、C 相电压升高使 10kV 系统 A、C 两相绝缘对地击穿，由于 10kV 线路 B 相没装 TA，造成 06、10 开关线路上 A、B 或 A、C 两相经大地短路，06、10 开关相继跳闸。由于 05 开关为 B 相接地，且 B 相没有保护 TA 不能起动跳闸，所以接地信号仍然存在，必须拉开 05 开关后，接地才能消除，当三台开关断开后，绝缘均自行恢复，当电网一有扰动，又发生连锁反应。

（3）三次故障是由于 05 开关线路 B 相有绝缘子绝缘在临界状态，电网扰动引起接地，诱发 10kV 系统谐振。谐振时由于三相电压同时大幅度升高，将 10kV 线路中遭受雷击或质量不好的绝缘子对地绝缘击穿，使 06、10 开关两相经大地短路。由于短路电流不大，或同时或不同时，造成 06、10 开关过流跳闸。跳闸后谐振停止，要等 05 开关拉开后，三条线绝缘都自行恢复。因接地不能启动跳闸，当电网发生扰动后，产生以上连锁反应。

3. 故障对策

（1）检查 TV 开口三角的阻尼电阻。现为 150W 灯泡，建议更换为 300W 灯泡，提出改造计划，加装 10kV 消弧线圈，防止谐振发生。

（2）提高线路维护质量。雷雨季节过后，要进行登杆检查，发现遭雷击的绝缘子要及时更换。

（3）加强线路通道的管理，对线下超高树要及时清理。

（4）根据季节特点，利用"三冬"机会，搞好变压器、保护器、避雷器的检查和校试，发现问题及时处理。

（5）当线路停电后，应加强变压器、避雷器及线路的巡视检查，发现问题及时处理。

（6）严格把关杜绝劣质绝缘子和材料进入电网。

（七十三）柱上变压器接地体连接固定螺栓被破坏引起的事故

1. 事故现象

一天，一位老人经过某台柱上配电变压器时，可能是感觉劳累，用一只手扶变压器台的电杆，不想正好摸到变压器外壳接地线和变压器中性线的接地线的引下线，随后，便倒在了电线杆上死亡。事故发生后，供电部门分管安全、生产的人员到现场进行了检查和分析，检查中发现，柱上变压器外壳接地线和中性线的接地线与接地体连接的固定螺栓被人偷去。

2. 故障查找及原因分析

（1）配电变压器的外壳接地线和中性线的接地线在人体接触时，一般不会发生触电。因为人与接地点处于同一电位，一般不会产生接触电压，如图 1-12 所示。

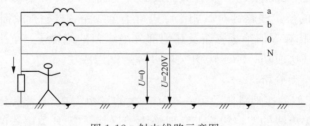

图 1-12　触电线路示意图

（2）老人手摸接地线造成触电，是因为接地线在靠近地面处的接地螺栓丢失，使接地引线和接地体脱离，当老人手碰触到接地线时，电流通过人体进入大地，造成触电，如图 1-13 所示。

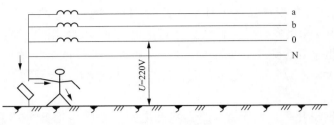

图 1-13 触电线路接线图

(3) 变压器接地引下线没有按照技术规程要求做防护套，在引下线发生问题时，失去了安全防护作用，造成触电事故的发生。

3. 事故对策

(1) 接地线上除靠近变压器处允许有螺栓连接外，变压器台以下地线接头必须用焊接连接；

(2) 在地面 2m 以上部分的地线段应套上硬塑料管；

(3) 对配电变压器应加强巡视检查，及时发现缺陷，迅速予以处理，确保设备的安全运行；

(4) 加强对保护电力设施条例的宣传教育工作，发现有破坏电力设施的现象和行为要及时处理

(七十四) 乱接照明线路引起的事故

1. 事故现象

某村内动力、照明线路与路灯线路同杆分上下两层架设，一天晚上，因大风雨，路灯的零线断线。风雨停后，电管站的工作人员到现场检查时发现，路灯仍然亮着，但距配电室较远的几个路灯发光较暗。检查发现，距电源不远处确实断线，电源侧的断头搭落在地上，另一断头因距电杆较近悬吊在空中。于是工作人员马上到配电室把路灯的开关拉开，但是距配电室不远的一盏路灯灯丝发红，而其余的路灯全熄灭了。当时因天黑，道路泥泞没有能仔细检查和分析原因。第二天派人去修复，在断线处用试电笔测试悬吊在空中的导线端有电。又到配电室检查路灯开关确实在断开的位置，其接线如图 1-14 所示。那么，断了的路灯线上又是从哪里来的电呢？经沿线检查发现，有两户的照明灯 5D、6D 跨接在路灯线路的零线与上层的相线之间，立即切断两处的引线，路灯线路才全没有电了。

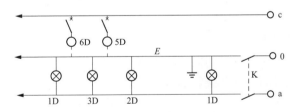

图 1-14 照明线路接线图

2. 故障查找及原因分析

由图 1-15 上可以看出，当路灯线的零线在 E 处断开后，一端接地，另一端在空中悬吊，路灯线路的开关 K 在合的位置，这时有两条通路并联。其一，电流由 a 相出发，中

途经路灯 1D 和零线回到变压器的中性点。此时 1D 仍受 220V 的相电压，故其发光度不弱。其二，电流由 a 相出发，经 a 相线、路灯 2D、3D、4D，用户照明灯 5D、6D 及 c 相线回到变压器，此回路承受线间电压即 380V，假设 2D～6D 都是功率一样大小的灯泡，那么灯泡 5D、6D 承受 3/5 的线电压，而路灯灯泡 2D、3D、4D 承受 2/5 的线电压，所以看起来灯光暗得多。

那么，开关 K 拉开后，为什么线路仍然有电？这是因为把开关拉开后，虽然灯全灭了，但断线处导线的一端仍然是接地的，而用户照明灯的开关又在合的位置，此时电流由电杆上层的动力线路的 c 相出发，经 c 相线，照明灯 5D、6D，路灯 2D、3D、4D，a 相线，路灯 1D，零线，接地点经大地回变压器的中性点，此串联回路承受的是相电压 220V（略去接地电阻及变压器中性点接地电阻的部分压降）。按串联电路分压的原则，路灯 1D 的电压大于路灯 2D、3D、4D 的电压。假设所有灯泡的功率大小都一样，那么路灯 1D 得到的电压为 120V，故灯丝发红而不亮；路灯 2D、3D、4D 得到电压为 40V，故灯丝不红不亮，照明灯的电压为 60V。关于断线的原因除因大风雨外，主要是相线导线的截面用的是 10mm^2，而零线导线的截面用的是 6mm^2，不符合规程要求的零线导线与相线导线同截面的要求。

3. 事故对策

（1）加强安全用电的宣传，定期检查，严格安装手续，严防不通过电管部门在其供电的线路上随意接通设备，更不允许把用电设备跨接在两条不同用途的线路上。

（2）照明线路的相线、中性线必须用同样的导线，并有足够的机械强度。

（3）工作人员工作前一定要验电，发现异常现象一定要查明原因，工作要完全彻底。如发现电线断落落地，必须采取安全措施，不能只是把断落的导线拨到一边就不管了，否则有人触及到此导线将会造成触电事故。

（七十五）错将用户照明线接到路灯相线上造成的事故

1. 事故现象

春节将至，为了使全村的老百姓亮亮堂堂地过好春节，电管站的工作人员组织村电工对村内的低压线路进行了整修，并对各户内的照明灯和村内的路灯分别做了试验，确认都正常发亮。未曾想到，当天晚上，村民们拉开家里的照明灯，却发现灯光只有香火头那么亮。正当人们议论纷纷，不得其解的时候，大约在 19 点左右，也就是电工将路灯开关合上（给路灯送电），各家似香火头样的照明灯却骤然一亮，有的灯泡炸毁了，正在使用的家用电器也冒烟烧毁了。

2. 故障查找及原因分析

事故发生后，村电工和电管站的同志都迅速赶到现场进行检查分析。经用万用表量测各户内的电压发现，被烧毁的设备所接收的电压不是 220V，而是 380V。也就是说，各家的家用电器是因为电压过高而被烧毁的。可是白天明明做了试验，没有发现任何问题，路灯与各户的照明灯亮度正常，而到了晚上却发生问题了。经仔细检查配电盘的接线，发现是因为路灯线接错，把路灯开关的相线和中性线调换了位置。因为路灯的相线与户内照明灯的相线不是同一相，所以开路灯时，各家户内的单相用电设备却承受了 380V 的线电压，而各户的家用电器设备的额定电压是 220V，由于 380V 超过了家用电器设备的额定电压，从而将家用电器设备烧毁。如图 1-15 所示。

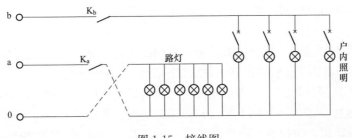

图 1-15　接线图

注：虚线是线路错接线图；晚上将 K_a、K_b 合闸，路灯承受 A-0，户内照明则承受的是 B-A 的 380V 相电压。

那么为什么在白天做试验时，一切都正常呢？分析后可知：K_b 断开，合 K_a 路灯亮，K_a 断开，合 K_b 电流通过 B 相线、照明灯、原零线、路灯和原 A 相线到零线构成回路。由于灯是一个一个试验的，因此在上述串联回路内是一个照明灯和 6 个路灯串联，其 220V 电压约为 190V 分配在照明灯上，故照明灯亮。而分配在路灯的电压只有 30V，当然不会发亮，且灯丝也不会发红，故未发现异常。在晚上，开关 K_a、K_b 全合上，户内照明用电的单相设备承受 380V 的线电压，所以户内的家用电器设备照明灯、家用电器等被烧坏。而路灯仍然承受 220V 的相电压，故正常发光。此事故是因电工粗心大意而造成的。

3. 事故对策

（1）加强对电工的安全教育，提高责任心。

（2）对低压线路的线序在转角引下线，进户线处应有明显的标志。工作人员在施工中，应该严格、细心，决不允许随意调换线序。

（3）不论新架或是大修、整改后的设备，都要在施工后进行认真检查、验收，以防止事故的发生。

（七十六）10kV 线路改接完后，漏搭弓字线，造成给用户晚送电的事故

1. 事故现象

一天，××10kV 线路计划检修，工作任务是新装柱上开关 2 台，换高压线 5 挡，高压改空线 2 处。班长工作交底时，分配工人××× 在 24 号处改低压线 4 条，高压改空线 1 处。当时西侧高压弓字线搭接在东侧高压支线上（东侧高压支线改空线）。××× 改完空线后，没有注意西侧高压线走向，班长也未检查出来。以致线路检修完交令送电后，西侧高压没有电，造成一个高压用户和一台柱上变压器没有电。直到用户服务中心接到用户反映后，紧急修理班到现场检查才发现此处的弓字线没有搭接上。立即与调度要令，拉开此处前的柱上开关，将弓字线搭接好，恢复了送电。

2. 故障查找及原因分析

（1）班长查活不细致，工作交底不清楚，工作后检查不认真、仔细。

（2）工作人员工作缺乏责任心，工作不细致，在未拆改前，没有仔细观察西侧高压线的走向。而且在存在疑问时，没有及时向班长提出疑问。

3. 事故对策

（1）施工前应认真查活，细致交底；

（2）施工完后，要认真落实三检制度，杜绝事故隐患的发生。

（七十七）10kV 立式瓷瓶因质量问题引发线路接地

1. 事故现象

某日，一整天不停的雨中，紧急修理班接到调度通知，某 10kV 架空线路接地，尽快找到接地点（该线路出线变电站为经消弧线圈接地系统）。急修班的人员进行了逐基电杆的查找，但是仍然没有找到故障点。眼看规程规定的接地运行时间就要到了，只得请示调度进行事故线路的分段试拉。接在该线路上的所有公用配电变压器被拉开，接地仍然存在；接在该线路上的所有 10kV 用户被拉开，接地仍然存在；只得申请将该 10kV 线路停电，在使用线路接地测试仪怀疑的路段逐级电杆登杆对绝缘子进行摇测绝缘电阻，经过一番努力，终于测试到××号杆中相立瓶绝缘电阻不稳定且阻值趋于零。

2. 故障查找及原因分析

检测合格的绝缘子瓷质细腻，表面涂釉均匀，耐压试验、干闪试验、湿闪试验、温差试验和绝缘电阻摇测试验等均合格。而将××号杆中相立瓶敲碎检查发现，铁、瓷黏合处的瓷部分有多条细小裂纹；瓷质粗糙，用墨水滴到瓷质上即行扩散，致使雨天吸潮，绝缘迅速降低，导致架空裸导线接地。立瓶质量不良是造成此次线路接地的直接原因。

3. 事故对策

（1）选用的架空配电线路各种设备、器材必须符合国标、行标，满足订货技术条件。

（2）为了防止因绝缘子质量不良引起的线路故障，绝缘子到货后应进行检查和试验，安装现场应对每只绝缘子进行摇测绝缘电阻合格后方可安装。

（3）将导线更换为绝缘线，加强线路的绝缘水平，降低线路的事故率。

（4）加强设备的巡视检查。线路巡视不能走过场，要认真细致。瓷绝缘子、避雷器、跌落式保险器等设备在内部出现故障时均不容易被发现，巡视时应重点予以检查，以便尽早发现原因给予处理，保证线路的安全运行。

（七十八）铜、铝导线绑扎连接引发的断线

1. 事故现象

某日，某变电站 10kV 母线发生线路接地故障，调度下令查找接地点并予以处理。经分析为 10kV××架空线路接地。

2. 故障查找及原因分析

紧急修理班人员对 10kV××架空线路进行沿线检查巡视。当巡视到××电杆时，发现此处中相导线掉落在地上，导线的断点是在 10kV 引下线与 10kV××架空线路干线连接处。10kV××架空线路干线为 LJ-70 型；10kV 引下线为 16mm² 铜芯绝缘线。连接方法是绑扎法。

规程明确规定不同金属导线不得直接连接，而要使用过渡线夹。但此处却为省事采用了绑扎的方法，并且中相与引下线的绑扎连接不紧密，导致电化学腐蚀加剧，腐蚀到一定程度，导线的强度较大降低而断裂。

3. 事故对策

（1）严格按照规程进行施工，铜铝导线需要连接时，必须按照规程规定采用铜铝过渡线夹进行连接，且过渡线夹必须是采用摩擦焊接工艺生产。

（2）强化工程验收程序，不符合施工工艺的一律不予验收合格。

（3）加强线路巡视检查，及时发现问题并予以处理，确保线路的安全运行。

(七十九) 导线弧垂过小引发的断线

1. 事故现象

某年冬天，某变电站10kV××出线开关速断保护动作，断路器跳闸；重合未出；手动合闸不成功。调度令事故抢修班的人员巡线查找故障点。

2. 故障查找及原因分析

事故抢修班的人员在查找到××河时，发现该条线路的三条导线断落在河面上。该线路的导线为LJ-120型；河面宽度约150m。抢修人员想把断落的导线连接起来，却发现无法实现。原来该条线路是在夏季施工，施工单位没有经验，把导线绷得过紧；加之寒冬深夜，气温很低，河间风力又很大，导致导线断裂。

3. 事故对策

（1）线路施工，导线弧垂必须符合设计要求。

（2）施工单位必须按图施工，不得随意进行更改。

（3）加强线路巡视检查，及时发现问题并予以处理，确保线路的安全运行。

(八十) 铜—铝压线卡子质量不良引发的断线

1. 事故现象

某日，95598接用户电话，反映10kV××线路缺相。事故抢修班的人员紧急巡线进行查找。

2. 故障查找及原因分析

经过事故抢修人员的查找，发现是在出线杆上边相的铜铝过渡卡子被烧毁，此弓子线搭落。登上电杆检查后发现，铜铝过渡卡子在铜板约1/2处上的铝板（工人俗称叫做贴面卡子）已与铜板分离；铜板和铝板腐蚀、烧损严重；导线腐蚀、烧损和破股。

此次事故的原因是因为铜铝过渡卡子质量不良，导致卡子、导线腐蚀、烧损，接触电阻增大，最终导致导线被烧断。

3. 事故对策

（1）铜铝过渡卡子必须使用摩擦焊接工艺制造，闪光焊接的接触不良，容易分层造成事故。

（2）强化工程验收管理，杜绝此类事故的再次发生。

（3）加强线路巡视检查，及时发现问题并予以处理，确保线路的安全运行。

(八十一) 导线被腐蚀引发的断线

1. 事故现象

某日，95598多个10kV接用户电话，反映缺相。

2. 故障查找及原因分析

抢修班紧急去往反映缺相的××10kV架空线路进行巡线查找故障点。沿线寻找发现，在一个镀锌厂旁导线断裂搭落在树上。

检查发现，导线为LJ-70型，导线表面腐蚀严重；导线位于镀锌厂围墙外，而围墙内是镀锌厂的酸洗车间，有多台风扇将酸洗车间内的污气向外排放，方向直指围墙外的架空线路；当天风力为5、6级，瞬间达到7级；铝导线长时间遭受酸气侵蚀表面腐蚀严重，已多处断股，在大风的吹拉下，破股的导线，因强度已降低被拉断。

3. 事故对策

（1）与镀锌厂商议，改变酸洗车间排风扇的排气方向，减少酸气对导线的腐蚀。

（2）将线路移位，尽量离镀锌厂距离远些，减少酸气对导线的腐蚀。

（3）如上述方案不好实施，只能将此段裸铝导线改为绝缘线，减少酸气对导线的腐蚀。

（4）加强线路巡视检查，及时发现问题并予以处理，确保线路的安全运行。

（八十二）低压导线连接方法不对引发的断线

1. 事故现象

95598 接用户电话，某台区内的低压动力用户缺相。

2. 故障查找及原因分析

抢修班人员迅速赶到事故现场，经检查发现，在距柱上变压器的第 5 号杆往北距针式绝缘子约 0.6m 处，导线搭落在地上。检查发现：

（1）低压干线为 LJ-70 型铝导线，断裂的导线处于一个三相四线用户接户线搭接处，搭接方式是缠绕；用户接户线为截面铝芯 16mm² 的橡皮绝缘线。

（2）接户线与干线缠绕的连接方式不正确，缠绕长度不够；力度不够。

（3）由于低压接户线与干线的连接方式不正确，缠绕长度不够；力度不够，造成接触电阻增大，在较大电流的作用下，接头长期处于过热状态，最终导致导线被烧断。

3. 事故对策

（1）同金属导线在采用绑扎连接方式时，绑线应采用与导线同金属的单股线，直径不得小于 2.00mm。

（2）采用绑扎连接，绑扎长度应符合规程规定，见表 1-12。

表 1-12 相同金属导线绑扎长度

导线截面（mm²）	绑扎长度（mm）
≤35	≥150
50	≥200
70	≥250

（3）绑线必须用钳子带紧，接触紧密，平顺均匀，没有硬弯。

（4）绑扎连接法只限使用在导线截面在 70mm² 及以下。

（5）当不同截面导线连接时，绑扎长度应以小截面导线为准。

（6）绑扎连接法只限使用在非承力连接，不得使用在承力连接处。

（7）加强施工人员的技术培训，提高业务素质。

（8）强化工程验收管理。

（9）加强线路巡视检查，及时发现问题并予以处理，确保线路的安全运行。

（八十三）低压三相四线制线路因相线断线致使零线断线

1. 事故现象

某日 95598 接同一片多个用户电话，有的反映日光灯光忽闪却打不亮；有的反映白炽灯泡发红不亮；有的反映一打开电视，电视就冒了烟；有的反映冰箱被烧坏。

2. 故障查找及原因分析

事故抢修班人员接到通知后迅速赶到事故现场，检查发现：

（1）这是一个大宿舍院，由配电室供电，该配电室比较老旧；院内的低压线路是架空线；低压主干线为 LJ-70 型，但中性线却是 LJ-35 型。

（2）由配电室送出的低压电缆线路在离配电室不远处的电杆上杆，改为架空线路。登杆检查发现此处电缆芯线与架空线弓子线连接处（靠近电杆即中性线）铜铝过渡线夹的紧固螺栓被烧断。

（3）查阅配电室低压负荷以前比较均衡，但自三个月前由于院内改造，物业电工私自将两个楼的负荷由 B 相改接到 A 相，致使 A 相负荷增加。由于三相负荷不均匀，致使中性线电流加大。而由于本小区是老旧小区，低压架空线中性线的截面只是相线的一半。在三相负荷比较均匀时，没有大的问题，但在三相负荷极不均匀时，中性线所流过的电流就大于 LJ-35 型导线所能承受的能力；加之铜铝过渡线夹紧固螺栓没有完全拧紧；当时又正是 8 月高温天气，诸多因素相加，导致电缆芯线与架空线弓子线连接处（靠近电杆即中性线）铜铝过渡线夹的紧固螺栓被烧断。

（4）由于中性线被烧断，造成部分用户日光灯光忽闪却打不亮；有的白炽灯泡发红不亮；有的一打开电视，电视就冒了烟；有的冰箱被烧坏。

3. 事故对策

（1）针对老旧小区中性线与相线不同截面的问题，应根据相关规程规定，逐步进行改造，使中性线截面与相线截面相同，杜绝因三相负荷不均匀使中性线负荷过大而烧毁的事故。

（2）加强施工人员的技术培训，提高业务素质。

（3）强化工程验收管理。

（4）加强线路巡视检查，及时发现问题并予以处理，确保线路的安全运行。

（八十四）低压三相四线制线路因某相线接地引发的故障

1. 事故现象

某日，95598 接用户电话反映：用户自管的住宅楼有的楼层供电不正常，但又找不到原因，请求供电部门协助处理。

2. 故障查找及原因分析

事故抢修班人员接到通知后迅速赶到事故现场，检查发现：

（1）该住宅楼共五层，照明采用 220/380V 三相四线制供电。一、二层由 A 相供电；三层由 B 相供电；四、五层由 C 相供电。电话求援当天一、二层和三层供电正常，但由 C 相供电的四、五层荧光灯却不能正常启动，白炽灯的灯丝只是发红；冰箱、彩电均不能正常运行。

（2）经检查干线中性线没有断开，三相电源正常；A、B、C 三相的熔丝完好，但熔丝选择偏大；A 相和 B 相两相的电压正常，C 相电压偏低，只有约 170V。

（3）分析认为，C 相有接地点。因为低压三相四线制供电时，中性点是接地的，当 C 相在某一点接地时，中性点的接地和 C 相的接地点形成了非金属短路。当这个短路电流没有大过熔丝的熔断电流时，故障将长时间的存在，但这个电流又大于负荷电流，将使压降增大，供电电压降低，从而发生上述情况。

3. 事故对策

（1）根据负荷选择合适的熔丝规格，确保安全供电。

（2）按时检查、摇测导线的绝缘电阻，保证安全供电。

（八十五）用户保护接地线带电致用户触电及原因分析

1. 事故现象

某年，95598 接用户电话，某县城一住宅楼内发生一起因保护接地线带电，导致用户触电的事故，请供电公司帮助分析事故原因及防范措施。

2. 故障查找及原因分析

接电话后，供电公司事故抢修人员立即赶到现场，对住户保护接地线进行了认真的检查：

（1）该住宅楼为六层的商住两用楼（即一楼为商业使用，2～6 层为居民住宅）。

（2）供电公司采用三相四线制供电，工作人员从低压导线上引入 3 根相线（火线）和 1 根中性线到该楼落地式低压总配电箱；再由低压总配电箱引出相线、中性线和保护接地线到商业用房和居民住宅的各楼层。

（3）该楼各单元的所有居民住户和商业用房只安装了单相空气断路器，而没有安装剩余电流动作保护器。

（4）将低压总配电箱内的 3 只三相空气断路器断开，保护接地线带电的现象消失。

（5）分别将 3 只三相空气断路器逐一断开，查明是哪只空气断路器供电的保护接地线带电。

（6）对保护接地线带电的供电线路所带的用户逐一进行断、送电检查，发现是一楼某商户保护接地线带电。断开该户的保护接地线，低压总配电箱保护接地线带电现象消失。

（7）触电用户使用的是强排式热水器，该热水器插头是带接地保护的三极插头。当保护接地线带电后，热水器外壳和水都会带电。据当时检测，外壳与中性线电压间的电压大于 220V。用户打开水龙头试水温准备洗澡，由于水淋湿了拖鞋，使人成为导体，造成人体触电。该用户虽然安装了剩余电流动作保护器，但由于剩余电流动作保护器运行在带电保护接地线另外的回路而不动作。因为一般的单相剩余电流动作保护器只检测接在其后的所有电器的相线和中性线间电流的差值，而并不检测保护接地线上有无电流及多少。

（8）检查发现低压总配电箱内的保护接地线没有接地。

3. 事故对策

（1）规范居民小区保护接地线的安装、检查和检测工作要求；

（2）要求所有用电用户都要安装剩余电流动作保护器；

（3）开展保护接地线的检查，确保保护接地线可靠接地；

（4）建议强排式热水器生产厂家加装隔离变压器，防止人身触电事故的发生。

三、柱上开关

（一）柱上油开关进水造成开关爆炸的事故

1. 事故现象

一天，天气晴好，突然某 10kV 线路的分段柱上油开关爆炸（型号为 FW4-10）。油开关筒皮四角崩裂约 200mm，绝缘油喷出起火；绝缘油喷到邻近的房顶上，又将房顶引着火；一居民爬到房顶灭火，不小心摔倒，造成两手被烧伤；喷出的绝缘油还将油开关下的两辆自行车烧坏；油开关爆炸产生的振动，将附近店面的玻璃窗振碎；同时造成相间短路。

2. 故障查找及原因分析

(1) 此柱上油开关已运行多年，磁头处的绝缘防水胶垫已老化，雨水从而进入箱内。

(2) 此柱上油开关呼吸器处漏油，又未得到及时补充，油少了，又渗入了水，从而造成绝缘降低，相间短路，而使油开关爆炸。

3. 事故对策

(1) 加强设备的巡视检查，确保设备的安全运行。

(2) 强化设备的运行年限，按时进行小修、大修和轮换；定期进行设备绝缘电阻的摇测。

(3) 采用新设备、新技术，确保设备的安全运行。

(二) 多油开关操作拉杆与主轴嵌固螺栓松动造成误没电的事故

1. 事故现象

某日，某供电公司对××10kV架空线路××××分段开关后线路进行检修，检修人员到达现场后，向调度要令，申请拉开××10kV架空线路××××分段开关。得到调度批准后，检修人员张×根据工作票登杆拉开了××××分段开关。在准备挂设接地线前验电时却发现，××××分段开关虽被拉开，但线路仍然带电。检修工作被迫停止，转为查找×××分段开关拉开后为何线路还带电的问题。

2. 故障查找及原因分析

经过分析，认为问题只能出在××××分段开关上。经申请将××10kV架空线路停电，将××××分段开关予以更换并予以解体后发现，操作拉杆嵌固螺栓松动，从开关主轴"凹槽"中掉出，从而造成开关在进行拉开的操作中，操作杆空转而没有带动主轴转动，形成开关已拉开应该没电但线路却有电的现象。

3. 事故对策

(1) 多油负荷开关安装前应进行检查，尤其要检查操作拉杆嵌固螺栓是否已拧紧，如若松动必须拧紧。

(2) 经此信息反馈给生产厂，改进操作杆与主轴的固定方式，杜绝因操作拉杆嵌固螺栓松动，从开关主轴"凹槽"中掉出的隐患。

(3) 在安装有此类开关的线路，停电检修时应布置检查、紧固操作拉杆嵌固螺栓，防患于未然。

(4) 强化"停电、验电、挂设接地线"的工作流程，确保设备与人身的安全。

(三) 真空负荷开关 SF$_6$ 气体泄漏导致开关爆炸事故

1. 事故现象

某日，某供电公司对××10kV架空线路××段进行计划检修，为减少停电用户数，将××××分段开关拉开，被拉开××××分段开关后线路上的用户由与之联络的另一条10kV线路供电，需将××××联络开关合上。经调度批准，一系列操作完成后，检修工作顺利完成。停电线路恢复送电后，将××××分段开关合上，将××××联络开关拉开。检修人员正在收拾工具时，突然××××分段开关发生爆炸，检修人员又投入到事故抢修和原因查找的工作中。

2. 故障查找及原因分析

将××××分段开关更换后送电一切正常。

（1）将××××分段开关解体后发现，真空灭弧室三相均已碎裂；内置隔离开关静触头局部熔化；B 相上的电流互感器炸裂；相间绝缘隔板烧损严重；密封胶条老化，失去弹性，且未压正；箱体内壁由底部向上约 50mm 部分锈蚀严重；箱体底部有积水。

（2）针对密封胶条老化、失去弹性问题分析发现，由于该生产厂安装密封胶条时使用了劣质的润滑剂。该润滑剂对密封胶条有腐蚀，致使密封胶条过早老化、失去弹性，导致 SF_6 气体泄漏和水分的侵入。

（3）密封胶条没有压正，也是造成 SF_6 气体泄漏和水分侵入的一个不可忽略的因素。

（4）由于密封胶条没有压正及劣质润滑剂对密封胶条有腐蚀，致使密封胶条过早老化、失去弹性，导致 SF_6 气体泄漏和水分的侵入，使该开关绝缘水平下降，最终导致开关内部相间短路，引发开关爆炸。

3. 事故对策

（1）生产厂应严格执行合同条款及订货技术条件的要求，不得擅自修改使用未经检验合格的润滑剂等产品。

（2）生产厂应加强工艺过程管理，提高产品的质量；使用单位在条件具备时可以到厂家进行监造，确保产品的质量。

（四）真空负荷开关瓷套固定螺母松动造成开关爆炸的事故

1. 事故现象

某日，××10kV 架空线路速断掉闸，重合未出，手动未出。调度命令事故抢修班人员查找事故点并及时予以处理。

2. 故障查找及原因分析

经过巡线和 95598 接用户反映电话，事故抢修班很快找到故障点，××××分段开关爆炸所致。通过对该开关外观检查和解体发现：

（1）开关电源侧 B 相瓷套管松动，用手可以使其晃动；紧固瓷套管的螺栓有一条螺母松动，在外引线重力的拉引下，瓷套管底部的密封胶圈与箱体间出现微小的缝隙，使得箱内的 SF_6 气体泄漏，且使水气进入箱体内，使该开关绝缘水平降低，灭弧能力减弱。

（2）开关解体后发现开关 A 相内软铜线（软铜丝编织带）与连接板（真空泡端）的焊接有虚焊，软铜丝编织带只有约 1/3 部分被焊接，而其他约 2/3 部分没有被焊接上。这就造成导电的截面大大减小，电阻增大，温升增高，最终导致软铜丝编织带被烧断。烧断中产生的弧光又引发开关相间短路，开关爆炸，变电站出线开关掉闸。

3. 事故对策

（1）生产厂应严把质量关，确保开关的质量。

（2）使用单位在条件具备时可以到厂家进行监造，确保产品的质量。

（3）施工单位应严格执行施工工艺标准，确保设备的安全运行。

（4）强化验收管理，保证设备的安全运行。

（五）系统过电压导致用户分界负荷开关烧毁的事故

1. 事故现象

某日，××变电站内××10kV 出线开关速断动作，重合发出。经巡线查找发现是××用户新装分界开关有故障。因该分界开关上级开闭器自动隔离，所以该分界开关的故障只影响该用户。运行人员拉开该分界开关电源侧的隔离开关，对分界开关进行绝缘检测，发现 B

（中相）相对地绝缘很低。为了保证安全供电，研究决定将该开关退出运行做整体测试，该用户采用临时搭通的方式予以供电。

2. 故障查找及原因分析

（1）故障查找：

1）对该分界负荷开关外观检查，外观整体完好，没有发现异常。

2）对该开关进行密封检测，没有发现 SF$_6$ 气体泄漏。

3）摇测绝缘结果为 A 相 2000MΩ，B 相为 25MΩ，C 相为 50MΩ。

4）将该开关解体检查发现箱体内置零序电流互感器及两侧连接处被熏黑；隔弧板有灼痕；电压互感器上表面炸裂。将电压互感器解体检查发现二次绕组完好，即故障不可能发生在二次；一次绕组击穿，绕组层间和匝间绝缘已烧损熔化；浇注在环氧树脂中的电压互感器一次侧保险熔断；环氧树脂绝缘和一次绕组之间有明显的烧灼点和击穿点，环氧树脂中有明显的放电通道。通过以上的检查分析可以得出该开关是因内置电压互感器一次绕组和层间绝缘损坏，导致电压互感器炸裂，进而引发开关爆炸。但电压互感器一次绕组和层间绝缘为何会损坏，导致电压互感器炸裂，进而引发开关爆炸，从解体的开关不能找到原因。

（2）原因分析：

1）查看××变电站运行记录，在××变电站内××10kV 出线开关速断动作，重合发出前 1min，另一条××10kV 出线发生单相接地后发展为相间短路，致使该路开关跳闸。

2）根据以上情况，因为在短时间内多次给电缆充电，导致线路产生电弧重燃过电压，这个过电压造成开关内置的电压互感器绝缘损伤；又由于该变电站同一母线的另一回出线在同一时间发生单相接地继而发展为相间短路，产生的弧光接地过电压导致分界开关相间短路。

3. 事故对策

（1）要求生产厂改进用户分界负荷开关的结构，增加阻容吸收部分以增强操作过电压和雷电过电压影响的能力。此要求写入订货技术条件中。

（2）建议设计单位取消用户分界负荷开关负荷侧安装的隔离开关，因为此隔离开关不起作用。对于已安装的隔离开关在未拆除前，应严格执行送电时：先合隔离开关，后合用户分界负荷开关；停电时先拉开用户分界负荷开关，后拉隔离开关的规定。以减少隔离开关的分合闸引起的操作过电压对设备绝缘的危害。

（六）用户分界负荷开关因内置电压互感器质量不良导致开关爆炸的事故

1. 事故现象

某日，某供电公司××变电站××10kV 出线开关速断掉闸，重合未出，手动未出。调度令事故抢修班查找故障点并予以处理。

2. 故障查找及原因分析

事故抢修班经过巡线，查找到是××号杆上的用户分界负荷开关炸，开关上盖炸裂。经过现场检查以及运回单位后解体检查发现：

（1）开关箱体被炸裂，盖板密封油熔解，由一侧的密封条没有压正。

（2）开关内置零序电流互感器电源侧及负荷侧三相软连接均有烧痕；单片有断裂，螺栓烧蚀。

（3）开关内置电压互感器外壳炸裂，引线烧断；绝缘损坏、匝间短路；外屏蔽变形脱落，绝缘纸被烧毁。

（4）开关内真空泡和隔离转轴被熏黑。

（5）C 相进线套管炸裂。

（6）相间隔弧板烧蚀并脱落（云母片脱落）。

（7）A、B 相电流互感器被熏黑、烧灼。

（8）控制器内有明显的尘土。

（9）机构罩打开后有异味。

（10）结合以上检查问题可以得出由于开关箱体密封压条没有压正，导致箱体内 SF_6 气体泄漏，使箱体内的绝缘随之下降；开关内置的电压互感器由于制造工艺欠佳使绝缘强度下降，导致电压互感器一次绕组匝间短路，继而发生相间短路，使电压互感器外壳炸裂，引线烧断；绝缘损坏匝间短路；外屏蔽变形脱落，绝缘纸被烧毁。从而引发开关爆炸，××变电站××10kV 出线开关速断掉闸，重合未出，手动未出。

3. 事故对策

（1）开关生产厂应严把质量关，确保生产出的设备各项指标符合要求。

（2）如有条件，运行单位派人进驻生产厂进行监造，监督各项工艺符合订货技术条件的要求。

（3）加强对该厂生产并已安装、运行开关监督，发现异常及时处理。

（4）强化设备交接验收的试验，根据上级要求对所购置的设备进行抽样解体的检验工作，杜绝不合格产品挂网运行。

（七）10kV 隔离开关因载流部件过热引发的事故

1. 事故现象

某日，95598 接到用户电话，反映××街边电线杆上的刀闸发红，好像被烧红似的，这根电线杆挂的牌子上有××路××号杆。95598 对用户反映问题如此认真、仔细，并表示感谢。事故抢修班人员迅速赶到问题现场，发现问题确实严重，经请示调度将该线路停电予以处理。

2. 故障查找及原因分析

事故抢修班人员登杆检查发现：

（1）隔离开关的触头接触不良，刀片压紧弹簧没有压紧，导致触头接触电阻过大，从而引发隔离开关载流元件发热。

（2）隔离开关的刀片没有合到位，导致静、动触头接触面积过小，接触电阻增大，从而引发隔离开关载流元件发热。

（3）电缆鼻子与隔离开关连接处不平整、有毛刺，导致电缆鼻子与隔离开关连接处不是全接触，接触电阻增大，从而引发此处元件发热。

3. 事故对策

（1）加强施工人员的培训，工作认真负责，确保施工质量。

（2）强化验收管理，杜绝设备带病运行。

（3）加强设备的运行管理，保证巡视质量，及时发现设备隐患予以处理，保证线路的安全运行。

（八）10kV 隔离开关因误分闸导致线路缺相

1. 事故现象

某年秋天狂风大作，95598 接到用户电话，××线路上搭上了一棵被大风吹倒的树，请供电赶紧处理以免发生事故。与此同时，95598 又接多个用户打来的电话，反映他们单位缺一相电源，而缺相的正好是大树搭载的线路。

2. 故障查找及原因分析

事故抢修班的工作人员赶到现场检查发现：大树倒在××线路××分支线杆上，此处分支线杆上的隔离开关南边相脱落。事故抢修班报调度批准将此处上级线路分段开关拉开，将倒在线路上的大树挪开；检查脱落开的南边相，发现动、静触头有烧伤的痕迹。用锉刀和砂纸将烧伤处打磨平整；检查闭锁挂钩和弹簧没有问题，将脱落开的隔离开关南边相合上，并检查中相和北边相无问题，合上刚拉开的分段负荷开关，线路恢复正常。

隔离开关的南边相为什么会自行脱落那？检查中发现，动触头插入静触头的深度不多，造成闭锁挂钩不能闭锁，大树倒在线路上造成很大的振动力，致使没有闭锁的隔离开关南边相动触头从静触头中脱落。

3. 事故对策

（1）加强施工人员的培训，工作认真负责，确保施工质量，认真检查隔离开关动、静触头的结合是否紧密，杜绝此类事故的发生。

（2）强化验收管理，杜绝设备在不正常状态运行。

（3）加强设备的运行管理，保证巡视质量，及时发现设备隐患予以处理，保证线路的安全运行。

（九）10kV 隔离开关支柱瓷瓶断裂引发的事故

1. 事故现象

某日，某 10kV 用户给供电公司打来电话反映：供、用电双方产权分界处的分界刀闸支持瓷瓶断裂，请尽快派人处理。

2. 故障查找及原因分析

事故抢修班的人员赶到现场检查发现：断裂下来的半截瓷瓶悬在空中，把弓子线坠得紧紧的，且在大风的吹动下来回晃动。抢修班长向调度汇报后，调度命令拉开该线路的分段负荷开关，处理该故障。

抢修人员登杆拆下损坏刀闸，更换为新刀闸后，该线路恢复正常供电。

（1）检查隔离开关刀闸与刀片连接紧密，刀闸闭锁挂钩挂接良好。所以虽然支持瓷瓶断裂，但没有影响供电。

（2）检查瓷瓶断裂处约有 4/5 部分呈现陈旧性裂痕；从断裂下来的瓷瓶断面处可以看到铁脚的基部锈蚀严重；铁脚周围浇注的黏合剂（水泥）已经酥松。将该瓷瓶打碎检查瓷质呈灰白色较粗糙，不符合规程要求的"细腻、洁白"的要求。

（3）从以上分析可以得出该瓷瓶在运输、装卸或安装过程中曾受过损伤，以致产生裂纹；运行中，雨水、潮气从裂纹中进入铁脚深入瓷瓶的腔部，引发了铁脚的锈蚀，铁脚锈蚀的过程，也是产生膨胀力的过程，使瓷瓶裂纹进一步扩大；再有我们已知的瓷质、铁脚、黏合剂的膨胀系数不同，在炎炎夏日和寒冷的冬季，由于膨胀系数的不同，导致瓷瓶裂纹更大最终断裂开掉落。

3. 事故对策

（1）生产厂应严把设备的材质关，确保设备的各项指标符合"订货技术条件的要求"。

（2）如条件具备，购置单位可派人到厂家进行监造。

（3）设备在运输、装卸和安装过程中应加强防护，保证设备不受损伤。

（4）加强设备的运行管理，保证巡视质量，及时发现设备隐患予以处理，保证线路的安全运行。

（十）因 10kV 隔离开关安装不合格引发的事故

1. 事故现象

××年××月××日××供电所××10kV 线路速断跳闸重合成功后，调度发现该条 10kV 线路 C 相没有电流，于是马上通知改供电所值班人员进行故障查找。

2. 故障查找及原因分析

经过抢修人员巡线后发现是××号杆上的隔离开关 C 相动触头自行脱落，脱落中引起弧光，弧光使相间短路，致使速断掉闸。分析隔离开关 C 相动触头为什么会自行脱落呢：

（1）隔离开关安装后没有对触头进行调整，没有进行分、合闸操作试验，也没有检查动、静触头的结合情况，导致 C 相动触头与静触头结合不紧密，运行中自行脱落并引起弧光。

（2）隔离开关安装不符合规程规定，B 相与 C 相隔离开关安装距离过近，致使 C 相隔离开关动触头自行脱落时产生的弧光与 B 相发生短路。

3. 事故对策

（1）隔离开关的安装应严格执行规程规定，各相间的中心距离应不小于 600mm。

（2）隔离开关安装好后，应调整触头弹簧及锁扣弹簧，使其松紧合适。动触头与静触头应接触良好，并有足够的接触面积。

（3）隔离开关调整好后应进行 3～5 次分、合闸操作，检查有、无卡涩等情况。机械摩擦部分应涂有电力复合脂或工业用凡士林。

（4）加强设备的运行管理，保证巡视质量，及时发现设备隐患予以处理，保证线路的安全运行。

（十一）低压刀熔式隔离开关因熔片质量不良引发的事故

1. 事故现象

某年夏季，某供电公司××号柱上变压器的低压熔丝数次熔断被更换，测量变压器的二次负荷没有超过额定电流，但为什么低压熔丝屡屡被烧断？

2. 故障查找及原因分析

（1）该台变压器的低压出线开关为改良型刀熔式隔离开关，即在双刀片隔离开关上将刀片中间截断，形成断口，再用绝缘板将断开的刀片联为一体，且在这个断口处安装熔片，熔片用元宝形螺母固定在刀片上。从理论上讲，每个刀片应分担一半的负荷电流，但是由于两个熔片的四个压点压力不可能完全相同，造成接触电阻也不会相同，则流过两个熔片的电流也不相同。如果有一片熔片连接不好，则接触电阻会更大，流过的电流会更小，反之另一片熔片则要承担更多的电流，致使这个熔片因过负荷而熔断，另一片也随之熔断。

（2）熔片的质量不过关，同一规格的熔片做试验发现允许通过的电流值不一样，这也是造成熔片反复熔断的一个原因。

3. 事故对策

（1）不得再使用改良型刀熔式隔离开关。

（2）柱上变压器低压出线开关应按规程规定使用低压空气断路器。

（十二）10kV 柱上真空断路器真空泡泄漏故障

1. 事故现象

××年××月××日，10kV××路××支线发生故障跳闸。抢修人员到达现场后，按照调度命令，拉开该支线柱上断路器，登杆检查验电时发现该断路器受电侧边相仍然有电。

2. 故障查找及原因分析

抢修人员立即对该断路器前段线路及用户等处进行验电检查，均未发现问题，确定是该断路器的问题。请示调度扩大停电范围以更换该台断路器，将该台断路器拆下后进行检查发现，边相处的真空泡损坏死接，导致断路器拉开后，线路变相仍然带点。

将该台断路器运回单位解体检查发现真空泡材料和制造工艺存在问题，真空泡本体有沙眼；真空泡内的波纹管的材质和装配工艺有问题，致使随着真空灭弧室使用时间和开断次数的增多，真空度逐步下降。

3. 事故对策

（1）选用知名度高的生产厂的产品，保证产品的质量。

（2）如条件许可，派人到厂进行监造。

（3）加强购入设备的试验和验收。

（十三）10kV 柱上真空断路器操动机构故障

1. 事故现象

××年××月××日，10kV××路××支线发生故障跳闸。抢修人员赶到事故现场，检查发现是因为小孩放风筝，风筝线搭落在两相导线上，导致相间短路柱上断路器跳闸。将风筝线挑开准备合上该柱上断路器时却发现因操动机构无法合闸。经请示调度扩大停电范围，更换此台断路器后，送电正常。

2. 故障查找及原因分析

将该台断路器运回单位解体检查发现，短路气分、合闸顶杆变形，导致断路器不能正常分、合。分闸挚子扣入量过多，顶杆调整不当，致使顶杆变形。

3. 事故对策

（1）选用知名度高的生产厂的产品，保证产品的质量。

（2）如条件许可，派人到厂进行监造。

（3）加强购入设备的试验和验收。

（十四）柱上分段用空气开关一相死接

1. 事故现象

为了减少柱上油开关的事故几率，减少因充油设备渗漏对环境的污染，供电部门逐步将柱上油开关更换为柱上空气开关。更换后的一次线路检修中，为了检修一段支线，当将柱上分段空气开关拉开后，经验电，却发现有一相仍然带电，百思不得其解。最后只有将全线路停下电来对柱上分段用空气开关进行检查。检查后发现此台空气开关有一相死接，是造成拉开开关后有一相仍然带电的原因。

2. 故障查找及原因分析

经现场分析并将此台开关拉回进行解体分析发现：

（1）此台空气开关质量存在问题。作为拉、合用的真空泡有一只无法拉开，是造成此次事故的主要原因。

（2）经检查开关到货后的试验报告，缺少拉、合实验一项，是导致此次事故的次要原因。

3. 事故对策

（1）严把进货质量关，确保产品的质量；

（2）严格执行施工质量标准，设备在安装前，必须按规定进行相关试验，待试验合格后方可进行安装。

（十五）柱上用空气开关一相"常开"

1. 事故现象

无独有偶，在发现柱上分段用的空气开关有死接的现象后，一次当将柱上油开关更换为空气开关送电后，却发现有一相没有电。经各处检查无问题后，很自然就联想到是否又是此空气开关的问题。果不其然，经检查，确认是此台开关有一相"常开"。

2. 故障查找及原因分析

经现场分析并将此台开关拉回进行解体分析发现：

（1）此台空气开关质量存在问题。作为拉、合用的真空泡有一只无法合上，是造成此次事故的主要原因。

（2）开关到货后的试验报告，缺少拉、合实验一项，是导致此次事故的次要原因。

3. 事故对策

（1）严把进货质量关，确保产品的质量；

（2）严格执行施工质量标准，设备在安装前，必须按规定进行相关试验，待试验合格后方可进行安装。

（十六）联络开关落小动物引发的事故

1. 事故现象

一日，10kV×××路与××路同时从变电站的出现开关侧掉闸，并分别重合发出和手动发出。紧急修理班紧急检查线路发现，在××××号联络开关下方掉落一只鸽子，用望远镜检查联络开关发现：开关的出线与开关的外壳有放电的痕迹。

2. 故障查找及原因分析

×××路与××路是经××××号联络开关进行联络，开关两侧均带电。虽然两侧导线已换为绝缘线，但开关两侧出线与导线连接的线夹仍然是裸露的，这就对事故的出现埋下了隐患。开关附近的居民饲养有鸽子，而鸽子很喜欢落在开关上休息，并用嘴啄落翅膀上的异物，当鸽子的翅膀张开时，恰好使导线与开关外壳连接，导致线路接地，这是一种可能性；另一种可能性是当鸽子张开翅膀，导致开关处的两相短路，并使×××路与××路同时掉闸，鸽子被电死，掉落到地面，因此这两路重合发出。

3. 事故对策

通过以上事故分析，像柱上开关、柱上变压器、跌落式保险器等设备，均应该在裸露处装设绝缘罩，避免类似的事故发生，确保线路的安全运行。

（十七）因跌落保险器磁件裂纹所造成的事故

1. 事故现象

10kV××线路速断掉闸，重合未出。经紧急修理班人员巡视线路发现，该线路××号柱上变压器的跌落保险器磁件有两相炸断，导致相间发生短路，如图 1-16 所示。经现场检查发现，该线路柱上变压器的跌落保险器磁件的中、西两相磁件上有旧裂纹，而且裂纹较深，以前线路巡视没有发现。当日有小雨，雨水渗入到保险器磁件的裂纹中，因裂纹较深，导致保险器磁件的绝缘不良，两相接地，这两相保险器的磁件运行温度在雨水、接地、接地电流的作用下，温度越来越高，最后导致保险器的磁件发生炸裂，保险器的引线在磁件爆炸后乱晃，两相引线搭接在一起，又造成相间短路，使变电站该线路出线速断动作，重合未出。经紧急修理班人员更换三相跌落保险器，并将烧伤的引线更换后，通知调度，全线路发出正常。

2. 故障查找及原因分析

经现场检查发现，该线路柱上变压器的跌落保险器磁件的中、西两相磁件上有旧裂纹，而且裂纹较深。以前线路巡视没有发现，当日有小雨，雨水渗入到保险器磁件的裂纹中，因裂纹较深，导致保险器磁件的绝缘不良，两相接地，这两相保险器的磁件运行温度在雨水、接地、接地电流的作用下，温度越来越高，最后导致保险器的磁件发生炸裂，保险器的引线在磁件爆炸后乱晃，两相引线搭接在一起，又形成相间短路，使变电站该线路出线速断动作，重合未出。

3. 事故对策

该事故是明显的线路巡视不到位造成的。因此，严格要求线路巡视人员，加强责任心，按时进行巡视，巡视时认真仔细，不放过任何一个可疑的地方，是确保线路安全运行的重要环节。另外及时更换老型号跌落保险器，避免因温度变化，铁件与磁件受温度影响变化不同，膨胀率也不同，而使跌落保险器产生裂纹的事故隐患。

（十八）因跌落保险器操作不当所造成的事故

1. 事故现象

一天，某10kV线路速段动作，重合发出。为了查明事故原因，紧急修理班人员对线路进行了巡视检查，检查发现，线路变压器班为了检修该线路的柱上变压器，在未停运低压负荷的情况下，就将跌落保险器的保险管挑落下来（是典型的带负荷操作跌落保险器），恰好当日又刮风，而操作人员又未按跌落保险器操作规定进行操作，站在上风口，现将最左侧的保险管挑落。由于是带负荷操作，保险管跌落时，形成较大弧光，弧光被风吹到中相保险管上，引发相间短路，致使变电站内的10kV线路出线开关掉闸，重合发出。弧光并将保险管和操作杆烧伤。

2. 故障查找及原因分析

经检查发现，线路变压器班为了检修该线路的柱上变压器，在未停运低压负荷的情况下，就将跌落保险器的保险管挑落下来（是典型的带负荷操作跌落保险器），恰好当日又刮风，而操作人员又未按跌落保险器操作规定进行操作，站在上风口，先将最左侧的保险管挑落。由于是带负荷操作，保险管跌落时，形成较大弧光，弧光被风吹到中相保险管上，引发相间短路，致使变电站内的10kV线路出线开关掉闸，重合发出。弧光并将保险管和操作杆烧伤。

3. 事故对策

事故发生后，紧急修理班在巡视线路后发现了事故地点和事故原因。单位安全科、生产技术科，线路工区的有关人员在现场进行了现场事故分析会。对事故责任人明知故犯，不严格执行安全规程的有关规定，在不停低压负荷就进行跌落保险器的操作，进行了严肃的批评教育。同时对责任人违反操作跌落保险器的顺序，站在上风口，先挑落边相保险管的情况进行了批评教育。现场分析会再次强调：

（1）操作跌落保险器前必须将低压负荷停运，不得带负荷进行操作。

（2）操作时，应戴上防护眼镜，以免故障拉、合时发生弧光灼伤眼睛；同时站好位置，操作时要果断迅速，用力适度，防止冲击力损伤磁体。

（3）要严格执行操作顺序：拉开时，应先拉中间相的保险管，后拉两边相的保险管；合上时，应先合两边相的保险管，后合中相的保险管。

（十九）10kV 跌落保险器经常掉管原因分析

1. 事故现象

在供电分析中，发现某地柱上公用变压器全年发生跌落保险器跌落（俗称掉管）故障共69 起，每百台变压器全年发生掉管故障 15.1 台次。这对安全供电构成一定的威胁。

2. 故障查找及原因分析

通过对 69 起掉管故障的分析，发现了两个规律：

（1）时间规律。在 69 起掉管故障中，有 46 起发生在 4～7 月，占总数的 66.7%。根据检修规律，每年 3 月开始，对供电设备进行检修，到 6 月末检修完毕。检修内容包括对跌落式保险器的检修及全部更换保险器熔丝。上述掉管高峰期，发生在开始检修后一个月至检修完后一个月，说明掉管故障与检修工作密切相关。进一步分析又发现，在上述掉管故障的高峰期，有的班组并未发生或仅发生一次掉管故障，而有的班组却发生多次，最多的达到 7 次，占本组分管的变压器台数的 17.1%。经过实地考察得知，前者把跌落式保险器的检修和更换熔丝工作落实到专人负责，后者却未做到。据此判断，事故与检修人员的技术素质和检修质量密切相关。变压器容量小，跌落式保险器的熔丝容量亦很小，机械强度较低。熔丝在跌落式保险器上使用时，长期处于受力状态。更换熔丝时，如使其拉力过紧，会造成拉伤或拉断而掉管；如过松，又会造成熔丝两端的动触头改变角度而自动脱落，熔丝不断也会掉管。特别是经过一段时间运行后，由于自然条件影响、机械力振动或长时间受力，都会使熔丝较初更换时松动或拉长，导致掉管故障发生。所以，更换熔丝时如不能适度调整拉力，上得过松或过紧，都会发生掉管故障，这就是检修后的一段时间容易发生掉管故障的原因。

（2）气候规律。掉管故障中另有 12 起发生在阴雨天气，占总数的 17.4%。这些掉管故障从直观上看又表现为两种形式，一种是熔丝管被烧损或烧断；另一种是只断熔丝，不烧熔丝管。前一种故障都发生在雨后较短的一段时间，不分主供变压器和备供变压器；后一种是发生空气湿度过大或雨后较长的一段时间，但都发生在无负载的备供变压器上。

经过进一步分析发现，前一种烧损熔丝管故障是因为保险器内装的消弧管材质粗糙，渗水性强，雨水从无遮盖的消弧管上部渗入，造成熔丝管导电烧损。经用 1000V 兆欧表对熔丝管进行摇测，在干燥时两端的绝缘电阻为无限大；当雨淋后，绝缘电阻急剧下降，数分钟后绝缘电阻降至 10MΩ 以下并继续降低，最后导致烧损熔丝管。

后一种故障是因穿入的低压绝缘线绝缘不良。经检测，这种导线在气候干燥时绝缘良好，当阴雨天气空气湿度增大时，绝缘电阻大幅度下降，有的甚至降到 1MΩ 以下或接近于零，导线间漏电，电流增大，致使熔丝熔断。此类故障只发生在备供变压器上，因为备供变压器无负载，与主供变压器比较，其导线的温度相对要低，湿度相对要大，线间绝缘也相对低于主供变压器。所以，在同等条件下，备供变压器会发生掉管故障，而主供变压器则不会发生。

3. 事故对策

通过对这 69 起掉管故障的分析，把按"时间规律"发生的掉管故障归纳为"检修"问题，把按"气候规律"发生的熔丝烧损归纳为"熔丝管材质"问题，把备供变压器掉管故障归纳为"导线材质"问题。针对以上三个问题制定出以下预防措施：

（1）建立检修管理制度。在检修工作中实行检修人员记名制，把检修跌落式保险器和更换熔丝落实到专人。选出工作经验丰富，责任心强，技术素质高的人员承担此项工作，是经过检修的跌落式保险器熔丝受力适度，避免过松或过紧，杜绝因检修不良发生的掉管故障。

（2）弥补熔体管材质缺陷。在熔体管内装消弧管的上排气孔加装透气防雨罩，防止雨水从消弧管上部渗入。小型变压器熔丝烧断时产生的电弧较小，加装透气防雨罩后不会影响消弧效果。这样就避免了雨水浸湿消弧管而烧损熔丝管故障的发生。

（3）跌落式保险器的转动轴由于粗糙而转动不灵，应用粗砂纸将转动轴严磨光滑。

（4）跌落式保险器的熔体管在安装时被异物堵塞，造成熔体管转动卡阻，应清除熔体管内的杂物。

（5）跌落式保险器的上、下转动轴由于安装不正和俯角不合适，造成熔体熔断后，在熔体管自重作用下不能迅速跌落，应及时调整俯角使转动轴与地面的垂直角保持在 15°～35°。

（6）跌落式保险器的熔体配件选择不当，若熔体管配件太粗，熔体管太细，将会出现卡阻现象，应及时更换配套的熔体管配件。

（7）应根据短路电流的大小合理选择熔断体的规格：

1）容量在 125kVA 以下的变压器，高压保险器熔体的额定电流应为变压器高压侧额定值的 2～3 倍；

2）容量在 125～400kVA 的变压器，高压保险器熔体的额定电流应为变压器高压侧额定值的 1.5～2 倍；

3）容量大于 400kVA 的变压器，高压保险器熔体的额定电流应为变压器高压侧额定值的 1.5 倍。

（8）更换绝缘不良的导线。针对穿管绝缘线绝缘不良的情况，对管内有关绝缘线进行全面的检查和绝缘测试，发现材质不好，绝缘不良的则全部进行更换，从而保证在阴雨天气，湿度大的条件下导线绝缘良好，防止因导线绝缘不良发生的备供变压器掉管故障。

（二十）10kV 跌落保险器一相断保险原因分析

1. 事故现象

一天，某低压用户来电话反映，一相电压为零，另两相电压各约为 190V。经紧急修理班人员巡视线路发现，××10kV××号变压器的跌落式保险器一次 B 相保险管跌落，经检查变压器及低压线路未发现问题，更换 B 相保险管熔丝送电后，检查电压正常。

2. 故障查找及原因分析

经现场检查分析，该跌落式保险器是 RW3 型，制造质量较粗糙，这是造成断保险管的原因之一；第二，更换 B 相保险管送电后，经测量三相低压负荷，负荷很不均匀，B 相负荷比其他相负荷都高，零相上的电流超过相线额定电流的 25%，这是造成 B 相跌落保险器跌落的另一原因。从原理上分析，如图 1-16 所示。

（1）高压侧 B 相断电。此时，A 相高压绕组与 C 相高压绕组共同承担线电压 U_{AC}。当二次侧 a、c 两相负载完全对称时，A、C 两铁芯柱中负载产生的磁通相等，故这两铁芯柱中的合成磁通数值相等，方向是一个朝上，一个朝下。因此，中间铁芯柱中的磁通为零。根据公式 $E=4.44fW\Phi_m$ 知，A、C 两相绕组各承受电压 U_{AC} 的一半。所以，低压侧 a、c 两相负载上的电压相等并且都低于 200V（当线电压为 380V，此电压为 190V），灯泡发光不足，b 相电压为零。

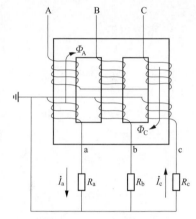

图 1-16　跌落保险器一相断保险原理图

（2）当二次侧 a、c 两相负载不对称时，如 $I_a > I_c$，则会造成 A 相铁芯柱的合成磁通 Φ_A 小于 C 相铁芯柱中的磁通 Φ_C。同样，由（1）中的公式 $E=4.44fW\Phi_m$ 可知，A 相电压将小于 C 相电压，两相上的灯泡亮度差别较大，甚至家用电器不能工作。同时，由于 $\Phi_A < \Phi_C$，将有磁通从中间 B 相铁芯柱中流过，进而在 b 相绕组上产生数值不大的电压（一般有 10V 至数十伏，随负载不对称的程度而变化）。若 b 相接有灯泡的话，则可见到灯丝发红。

（3）低压侧缺相。假设变压器 b 相断线。由于三柱式变压器零序磁通的磁阻很大，因此，负载不对称而引起的一次侧绕组中性点位移并不显著，所以此处为一次侧三相电压不受负载不对称影响的地方。当 b 相断线时，因为零线的存在，a、c 两相自成回路，互不干扰，电压也基本不变。

（4）高、低压侧缺相的判断。从上面的分析可以看到，由于一般变压器带的都是混合负荷，家用电器、照明、动力都有，大部分是负载不对称的情况，所以可以总结出判断高、低压侧缺相的一般方法：

高压侧缺相：①缺电相对地有很低的电压（可从灯丝发红判断）；②两相有电，相电压之和为线电压（有电相的灯泡亮度差别较大或都发光不足）。

低压侧缺相：缺电相对地电压为 0，有电相灯泡发光正常（即电压正常）。

3. 事故对策

（1）建立跌落保险器检修管理制度。在检修工作中实行检修人员记名制，把检修跌落式保险器和更换熔丝落实到专人。选出工作经验丰富，责任心强，技术素质高的人员承担此项工作，是经过检修的跌落式保险器熔丝受力适度，避免过松或过紧，杜绝因检修不良发生的掉管故障。

（2）补熔丝管材质缺陷。在熔丝管内装消弧管的上排气孔加装透气防雨罩，防止雨水从消弧管上部渗入。小型变压器熔丝烧断时产生的电弧较小，加装透气防雨罩后不会影响消弧效果。这样就避免了雨水浸湿消弧管而烧损熔丝管故障的发生。

（3）严把购置质量关，采用品质优良的跌落式保险器，确保设备的安全运行。

（4）负责变压器运行的班组应定期测量变压器低压侧的负荷，发现负荷不均衡时，应及时调整三相负荷，尽量保证三相负荷的平衡。

（二十一）新更换的跌落式保险器因为没有做耐压试验而引起的故障

1. 事故现象

一天中午，一台郊区柱上变压器的跌落式保险器突然烧坏了，而电管站又恰恰没有了库存。当时抗旱正紧张，为了能及时恢复供电，只好就近买了一组跌落式保险器，没有进行试验就进行了安装。跌落式保险器安装完毕，检查没有问题，就将接地线拆除。正准备合上跌落式保险器的保险管时，忽然发现变压器 C 相高压侧的接线柱螺栓有松动现象。于是放下绝缘操作棒，用活动扳手紧固变压器高压侧的螺栓。在扳手离螺栓还有一定距离时，忽然觉得浑身有麻电的感觉。赶紧用验电笔进行验电，当验电笔距离变压器高压侧螺栓约 1cm 左右时，就听到有吱吱的响声并伴有蓝色的火苗。仔细检查，高压跌落式保险器还未合上，电是从哪里来的呢？

2. 故障查找及原因分析

经过现场反复检查分析，最后怀疑新安装上的跌落式保险器有问题。立即将跌落式保险器拆下，做了耐压试验。不出所料，原因就是跌落式保险器的磁件耐压不够导致泄漏电流通过所致。

3. 事故对策

（1）严把产品质量关，从正规渠道购置合格的产品，确保设备的安全运行；

（2）购置回来的产品应严格按照规程做相关的试验，待试验合格后方可安装使用。

（二十二）跌落式保险器引发的柱上变压器假故障

1. 事故现象

某年夏天，当线路工区的工人对线路和柱上变压器进行例行巡视时发现一台柱上变压器声音异常。此台变压器容量为 100kVA，经现场测试低压侧的负荷电流为 150A，当时的气温为 32℃。

2. 故障查找及原因分析

此台变压器容量为 100kVA，经现场测试低压侧的负荷电流为 150A，当时的气温为 32℃，根据以上情况，变压器班的同志初步判断是由于天气太热，加之变压器又过负荷，从而引发变压器内部出现故障。因此立即将该台变压器做了停运处理。停运后用绝缘摇表对变压器高压—低压、高压—地（变压器外壳）、低压—地（变压器外壳）进行了摇测，摇测结果：绝缘电阻值良好。用电桥测试高压各相间、低压各相间的直流电阻，均平衡。又在不接低压出线的情况下，做变压器的空载试验，发现仍然有异常的杂声。怀疑是变压器的铁芯有松动，或部分铁芯芯片有变位，或有轻微的绕组匝间短路。因现场无法做吊芯检查，恰好库房又无备品，只能暂时停电，将此台变压器运回修试处做吊芯检查并作进一步的测试。

在修试处吊芯后，经检查变压器铁芯无松动，变压器油无炭黑。颜色正常，线圈完好；又做了变比和空载试验均合格，通过试验确认此台变压器没有故障。将试验完无问题的变压器重新安装回原位，送电前，认真仔细地检查了变台处的各个设备，发现变压器上的跌落式保险器有一只上触头松动，接触不良。经分析是因为多次操作不当所致。触头松动引起触头间放电，使该相电流不稳，励磁断续冲击，因此出现声音异常。在修试处吊芯后，经检查变压器铁芯无松动，变压器油无炭黑。颜色正常，线圈完好；又做了变比和空载试验均合格。通过试验确认此台变压器没有故障。

将试验完无问题的变压器重新安装回原位，送电前，认真仔细地检查了变台处的各个设备，发现变压器上的跌落式保险器有一只上触头松动，接触不良。经分析是因为多次操作不当所致。触头松动引起触头间放电，使该相电流不稳，励磁断续冲击，因此出现声音异常。

3. 事故对策

对事故的原因分析切记要全面，否则将是事倍功半。上面的案例就是一个突出的事例。其实只是一个简单的跌落式保险器接触不良引发的故障，由于检查不全面，导致将变压器进行了吊芯检查，使用户较长时间停电。

（二十三）由于跌落式保险器熔丝选择不当造成的事故

1. 事故现象

一个阴雨天，某变电站 10kV 线路出线开关过流保护动作跳闸。由于当时该断路器重合闸未投运，值班人员按照运行规程对该线路强行试送电一次，结果断路器再次动作跳闸，据此判断为永久性短路故障。为此要求紧急修理班人员对该线路进行紧急巡线检查。经过反复巡视检查，未发现线路有问题，据此判断应该是用户的问题。经用电监察人员对高低压用户进行检查，发现某厂低压配电屏上 HD$_{13}$ 型隔离开关因雨水渗入低压配电盘，使刀闸底板受潮，造成短路而烧毁。断开为该厂供电的柱上变压器上的跌落式保险器（型号为 RW3-10/100A），再试送，一切正常。该台柱上变压器容量为 200kVA，但检查跌落式保险器使用的是 50A 熔丝元件，三根熔丝全部完好，即柱上变压器的低压侧发生短路时，高压侧跌落式保险器根本没有起到保护的作用。

2. 故障查找及原因分析

经过分析判断，这是一起技术管理有缺陷，跌落式保险器的熔丝选择不当造成的事故。通过计算，发现在 HD$_{13}$ 型刀闸处三相短路时，三相短路电流起始值可过 7kA，折算到 10kV 高压侧为 280A。该 10kV 线路在变电站出线断路器过流保护整定值为 250A，时限为 0.3s，而下一级的该厂支路上的柱上变压器上的跌落式保险器的 50A 高压熔丝，在 280A 时最小熔断时间为 1.5s，由此可见，在此级柱上变压器的跌落式保险器的熔丝还未熔断时，上一级的断路器已动作跳闸，从而造成整条 10kV 线路停电。

3. 事故对策

加强配变电的技术管理，适当选择高压跌落式保险器的熔丝，禁止使用铝丝、铁丝、铜丝等物体替代熔丝。对 100kVA 以下的配电变压器的跌落式保险器的熔丝，按配电变压器高压侧额定电流的 2～3 倍选择；对 100kVA 及以上的配电变压器的跌落式保险器的熔丝，按配电变压器高压侧额定电流的 1.5～2 倍选择。采取以上措施后，低压配电线路及配电设备发生故障，跌落式保险器都能可靠的动作。

（二十四）跌落式保险器引起的事故

1. 事故现象

因为有柱上变压器的工作，需要将此台柱上变压器的跌落保险器挑落停电。然而，进行跌落保险器挑落停电的同志，通知将在柱上变压器上工作的同志，跌落保险器已挑落停电，在对柱上变压器进行验电时，却发现柱上变压器仍然带电。经紧急检查发现，跌落保险器有两相已被挑落，另一相因磁件折断，被用铝线钩绑在保险器上。负责跌落保险器挑落停电的人，因大意未发现钩绑的铝线，只挑落了两相保险管，致使柱上变压器仍然带电。

2. 故障查找及原因分析

（1）跌落保险器磁件折断后，为了尽快恢复送电，而 10kV 线路又不便停电的情况下，采用了用铝线钩绑保险器的方法。处理后未立即将此情况向线路工区汇报，致使此隐患一直未得到安排处理；

（2）运行人员巡线不到位，巡线未发现用铝线钩绑跌落保险器的隐患；

（3）负责跌落保险器挑落停电的人员，工作责任心不强，在只挑落两相保险管，未发现另一相是用铝线钩绑的情况下，就通知负责变压器维修的同志已将跌落保险器挑停，险些造成人员的触电伤亡事故。

3. 事故对策

（1）跌落保险器磁件折断后，不得用铝线钩绑的方法进行处理，而应立即停电或带电进行处理；

（2）如因特殊原因，不能停电或带电处理，而需用铝线钩绑法进行处理时，应及时向线路工区汇报，并登记在册，以便及时安排修复，并使大家都知道此处的现状；

（3）线路运行人员要加强责任心，及时发现线路中的各种缺陷。

四、柱上变压器故障

（一）柱上变压器铁芯局部短路引发变压器过热事故及原因分析

1. 事故现象

某农村排灌用 100kVA 变压器，在农忙前例行进行检查，检查到变压器上层油温，发现油温竟已达到 75℃，而当时室外气温只有 23℃，现场决定更换此台变压器。

2. 故障查找及原因分析

将变压器拉回后进行吊芯检查，发现以下问题：

（1）穿心螺杆的绝缘破裂，导致铁芯局部短路和过热。

（2）铁芯上有电焊渣烧熔在铁芯上，造成铁芯局部短路和过热。

（3）接地铜片过长，触及另一部分铁芯叠片，形成两点接地和短路，导致铁芯局部过热。

（4）铁质夹件夹紧位置偏斜，铁质夹件碰触到铁芯，导致铁芯局部短路和过热。

3. 事故对策

（1）加强设备监造和验收，确保设备质量。

（2）加强设备巡视检查，确保设备的安全运行。

（二）柱上公用变压器噪声突然变大及原因分析

1. 事故现象

某台柱上公用变压器，居民反映该变压器噪声突然增大，影响居民睡眠和休息。

2. 故障查找及原因分析

将该变压器撤回后进行空载试验，空载损耗和空载电流都较出厂试验数值增大，但未超标。吊芯检查发现变压器芯柱第一、二级铁芯对应的铁轭颜色发黑，铁芯穿芯螺杆绝缘管炭化，螺杆也有过热变色迹象，铁轭比芯柱的叠厚小，铁芯四角能夹紧，但中部夹不紧。经测量铁芯钢片薄厚不均，芯柱厚度为 0.34～0.36mm，铁轭钢片的长片厚度为 0.29～0.31mm。核算铁轭主级磁通密度高达 21000GS 已饱和。分析此台变压器噪声大的原因：

①铁轭主级磁通密度过高；②铁轭长片硅钢片薄于芯柱钢片，夹件的夹紧螺栓旋紧后，仍不能将铁轭夹紧。由于硅钢片振动，从而产生噪声。

3. 事故对策

1）将该台变压器的上、下铁轭主级及第二级适当加插 20 片厚度为 0.35mm 的硅钢片。装配后装入油箱，注油做空载实验，空载损耗及空载电流均下降，噪声小多了。

2）加强对所采购的变压器的监造和验收试验，确保设备质量。

3）经调查运行中同厂家、同一时期购置在运的变压器有 6 台，为了保证安全运行撤回做了同样处理，空载损耗及空载电流均下降，噪声得到改善。

（三）某台柱上 100kVA 变压器油温偏高及原因分析

1. 事故现象

某供电公司线路工区在进行例行巡视检查中发现××线路××号柱上变压器油温偏高，因为找不到油温偏高的原因。为了避免事故的发生，及时更换了此台变压器，并将其拉回做实验进行分析。

2. 故障查找及原因分析

（1）给此台变压器做空载试验，测得空载损耗为 1710W，而此台变压器验收试验报告中的空载实验报告值是 700W，高出 1010W。

（2）按单相分相试验：

ao 短路，bc 通电，加电压 460V，测得电流 5.4A，功率 50W。

bo 短路，ac 通电，加电压 460V，测得电流 8.1A，功率 330W。

co 短路，ab 通电，加电压 460V，测得电流 6.15A，功率 1350W。

从试验数据看与 a 相有关的空载电流及损耗数值都较大，且 a 相低压引线根部发热。拆开低压线圈一匝一匝地找到第一层至第二层的升层处，发现有短路点。

（3）分析引起损耗增大的原因就是因为升层处导线绝缘损伤，绕组匝间短路所致，从而导致油温升高。

3. 事故对策

（1）生产厂加强工艺制造水平，要注意保护好导线的绝缘。

（2）运行单位应加强设备的年检、试验工作，提前发现杜绝事故的发生。

（3）购置单位如可能可到变压器生产厂进行监造。

（四）某供电公司架空配电线路柱上变压器烧损及原因分析

1. 事故现象

某日大风天气，95598 接用户电话，附近住户没电了。紧急修理班接到任务后及时赶到现场经检查发现：××线路××号 200kVA 柱上变压器低压熔丝熔断，换上新低压熔丝后，低压仍然没电。用绝缘摇表摇测高、低压三相绝缘，低压三相绝缘为零，将该台变压器予以更换后，恢复送电成功。

2. 故障查找及原因分析

（1）经查阅相关资料，该台变压器已运行近 8 年，运行基本正常，但负荷较高，晚高峰时，经常过负荷。原计划当年予以更换，没想到会烧毁。

（2）吊芯检查发现 BC 相下部铁芯上有铜珠，高压绕组外面较好，解体检查低压绕组烧了一个洞，引线外包白布带有一处黑糊，剥开看铜线发现在焊接点处发黑，用手一拉焊点脱开。

（3）经分析认为低压导线焊接材料为磷铜，质量较差，经过几年运行焊接点因过热变色，此次又遇到大风天气低压线路搭连，短路电流较大，使低压绕组内焊接点过热，烧毁层间绝缘，造成层间短路。

（4）变压器低压侧熔丝为300A，但做试验发现，400A都不熔断，这也是变压器长期过负荷的一个原因。

3. 事故对策

（1）变压器生产厂不得使用磷铜焊料焊接变压器的铜导线，而应使用银焊，确保焊接点处的动热稳定符合规程要求。

（2）购置单位如可能可到变压器生产厂进行监造。

（3）变压器低压熔丝要购置正规厂的，使用前应做试验确认是否合格。

（五）10kV架空配电线路柱上变压器烧毁及原因分析

1. 事故现象

某日，95598接用户电话，附近住户没电了。紧急修理班人员接到任务后及时赶到现场经检查发现：变压器附近烧糊味很大，用绝缘摇表摇测一次对地电阻500MΩ，二次对地及对一次均为零。确认变压器已烧毁，予以更换。

2. 故障查找及原因分析

（1）经查阅相关资料，该台变压器刚运行2年，运行基本正常。

（2）检测绝缘电阻一次对地500MΩ，二次对地及一次二次绝缘电阻为零，说明二次与铁芯连通、一、二次间绝缘也击穿了。

（3）吊芯检查发现变压器有糊味，C相高压绕组下面有烧熔的铜珠。C相低压引线根部绝缘烧焦。拆下绕组检查见到C相引线外层收头折弯处与相邻区间导线烧穿，把高压绕组里层烧了一个洞，低压绕组对铁芯也烧了一片，硅钢片熔焊在一起，铁轭斜接缝中柱尖端与铁轭硅钢片有烧痕，铁芯接地片烧断。

（4）分析认为故障起因是上夹件对低压引线根部压得太紧，将引线折弯处与相邻匝间所垫绝缘压破留下隐患，运行中受电动力的作用，振动摩擦使损伤处扩大，发展到匝间短路，强大的短路电流产生的电弧烧坏了一、二次间主绝缘及对铁芯的绝缘。

3. 事故对策

（1）生产厂加强工艺制造水平，要注意保护好导线的绝缘。

（2）运行单位应加强设备的进场验收试验工作，提前发现杜绝事故的发生。

（3）购置单位如可能可到变压器生产厂进行监造。

（六）某供电公司10kV架空线路新装变压器掉闸后合不上及原因分析

1. 事故现象

某供电公司10kV架空线路新分装一台S9M200/10型变压器，运行仅两个多月，跌落保险器突然自动跌落，95598接用户电话后通知急修班人员处理。急修班人员到现场后，试合跌落保险器不成功。

2. 故障查找及原因分析

（1）经查阅负荷记录，该台变压器负荷只有容量的1/3，运行仅两个多月。

（2）吊芯检查发现A相高压绕组第二层上部有铜珠，将高压绕组拆开发现导线被烧断并且向内烧毁 3 层；C 相绕组由外向内第十层中，下部有局部短路点，导线粘连在一起，导线漆皮变黑色。

（3）分析故障原因是因为导线有毛刺损伤了导线漆包绝缘，造成绕组匝间短路过热引起层间绝缘热击穿，属于漆包线的质量问题。

3. 事故对策

（1）生产厂加强工艺制造水平，要注意保护好导线的绝缘。

（2）运行单位应加强设备的进场验收试验工作，提前发现杜绝事故的发生。

（3）购置单位如可能可到变压器生产厂进行监造。

（七）变压器长期过负荷致使烧毁及原因分析

1. 事故现象

某供电公司一台柱上 315kVA 变压器安装于城乡接合部，近期负荷大增，直至被烧毁。

2. 故障查找及原因分析

该台变压器位于城乡结合部，外来人口激增，私搭、乱接电源情况严重，该处原安装的是一台 100kVA 的变压器，由于负荷迅猛增长，供电部门将 100kVA 的变压器更换为 315kVA，但仍然经常烧断低压保险丝。此次变压器被烧毁，抢修人员到达现场发现：

（1）低压保险丝被人私自更换为铜板，致使变压器过负荷时，不能起到保护的作用。

（2）将该台变压器拆回吊芯检查，变压器油颜色变为黑色；绕组绝缘已炭化。严重的过负荷使变压器被烧毁。

3. 事故对策

（1）在优质服务的基础上，加强用电管理，不得私搭、乱接电源。

（2）加强过负荷变压器的巡视、检查、测试，杜绝变压器因过负荷而被烧毁的事故。

（八）新换装配电变压器高压两相保险器熔断及原因分析

1. 事故现象

某供电公司一台换装时间不久的变压器高压保险器断 A、B 两相。

2. 故障查找及原因分析

（1）该台变压器型号为 S11-M-315/10，于 2010 年 10 月生产，2011 年 10 月 28 日投运。

（2）现场检查配电变压器 A、B 相高压侧直流电阻异常，吊芯检查发现 A、B 相高压绕组有匝间短路。

（3）原因分析：该配电变压器绕组的匝间绝缘没有处理好，受电压波动冲击，引起配电变压器薄弱处绝缘击穿。

3. 事故对策

（1）督促供应商加强绕组匝间绝缘的工艺控制，加强对电磁线检测，保证足够的绝缘强度。

（2）加强对配电变压器的抽检力度，将隐患杜绝在投运前。

（3）购置单位如可能可到变压器生产厂进行监造。

（九）柱上变压器因制造质量问题引发的事故

1. 事故现象

某年 8 月 95598 接用户电话，反映××胡同的柱上变压器发生爆炸，他们这一带停电。

2. 故障查找及原因分析

事故抢修班人员赶到现场发现该台变压器箱体下部炸裂，已无法使用，及时予以更换。

将该台变压器运回检查空载损耗、空载电流、负载损耗、阻抗电压均超标；A、C 两相绕组烧毁，有明显过热现象，外观看油箱下部爆裂；器身质量粗糙，油箱散热管细，储油柜管细，出气孔小，致使变压器运行中温升较高。当遇到雷击过电压绕组烧毁时产生的热量使油急剧膨胀，使油箱爆炸。

烧损的变压器见图 1-17。

3. 事故对策

（1）督促制造厂家提高变压器的制造质量，必须符合技术条件要求。有条件可以派人到厂进行监造。

（2）严格执行对所购置的设备进行例行试验验收的规定。

总结高压绕组故障分析情况，对新购入的变压器和检修中重缠绕组的变压器，应提出预防措施和工艺要求，要点是：

图 1-17 烧损的变压器

1）导线使用 QQ-2 或 ZB 型电磁线，要符合国家标准，若有局部绝缘破损或厚度不够时应予以处理。

2）使用瓦楞纸板厚度不小于 1.5mm，搭接 1～1.5 个节距，峰谷要吻合。

3）圆筒式线圈应加纸板端绝缘，层间电压 1kV 以下，端绝缘宽度不小于 5mm，1kV 及以上不小于 8mm。应平整紧实不大于辐向尺寸。

4）层间绝缘在首末层间及油道外侧第一个层间，另加一层 0.08mm 纸。

5）高压绕组起完头包蜡绸压半叠一层，长度不小于 100mm。分接线抽头绝缘厚度为 0.12mm 纸 2 层，0.1mm 蜡绸 3 层，外面套线管一层。

6）绕组端部必须平整紧实，绕组浸漆能加强机械强度，但无助于绝缘强度的提高，采用不浸漆工艺时层间绝缘必须用点胶纸，低压绕组外面用无纬半干粘带加强包扎一层，高压绕组外面绕紧缩带压半叠一层，以满足机械强度的要求。

（十）某边区农村小厂因采用两相一地运行方式变压器烧毁原因分析

1. 事故现象

某厂 SJ1-20/10-0.4kV，Yyn12 连接组变压器，厂号 1716，1976 年 1 月出厂，9 月投入运行。1979 年 9 月 14 日夜里 11 时许发生故障变压器烧毁。

2. 故障查找及原因分析

事故调查情况：该变压器高压为两线一地运行，A、C 相为相线 B 相为大地，低压三相四线中性点接地。防雷保护高压为 FS-10 型阀式避雷器，A、C 两相各接一支高压跌落保险器。熔丝 A 相 5A，C 相 15A 已断，低压保险片电流 a 相、b 相为 50A，c 相为 75A。变压器发生事故的当天白天曾进行过小修，变压器及避雷器的绝缘电阻全是 1500MΩ，地线接地电阻 43Ω，地线截面积为 35mm²，转设线长 50m，天气：晴。

晚上 11 时左右，在距表箱 30～40m 处，玩扑克牌的电工，见白炽灯泡特别亮随后熄灭,他没穿鞋急忙跑到表箱处,打开木箱门见到表尾冒火,用右手试拉胶盖闸时,手背距离电线 100mm 左右放电,被击倒不省人事。

另一家四个男人刚要睡觉,看见西屋起火,其中一人起来(赤身)去开灯,拉灯绳时,头触电倒地。一老人去救他也被电击倒昏迷不醒。

还有一家台灯过亮,主人去关灯手还没触到开关,距离约 100mm 左右放电被击。该自然村有 30 多户人家,80% 的白炽灯泡烧坏灯口击穿,多家接户线冒绿火,单相电能表表尾烧坏,地线端子胶木烧焦。三相电能表零线烧断,10A 胶盖闸烧毁。

将事故变压器拉至修配厂进行分析,先摇测绝缘电阻,一次对地 0MΩ,二次对地 450MΩ,一、二次间 120MΩ,油耐压 15kV。

(1)吊芯检查发现:

1)储油柜内、器身上及箱底,均有少量水迹。

2)C 相绕组外侧透孔木垫块,孔内有烧痕,高压绕组上端烧了一个洞,沿木垫块孔内对钢夹件上的定位钉放电,电弧将定位钉烧秃。

3)油中有碳素及水珠,耐压不合格。

(2)原因分析:

1)变压器 C 相绝缘受潮,木垫块透孔内表面有杂质,绝缘降低,造成 C 相高压绕组端部层间绝缘击穿后,沿木垫块孔内表面对钢夹件定位钉断续放电。

2)高压两线一地供电方式地线接地电阻过大,C 相高压绕组对地放电构成 BC 相接地短路。由于变压器接线是 Y/Y_0 接线,低压 Y_0 接线处,零线接地,当高压绕组对地放电时零线电压升高,因此产生以上事故。

3. 事故对策

(1)农村供电高压不得再采用两相一地。

(2)变压器地线接地电阻值必须符合规程要求。

(3)变压器的木垫块不做成通孔,对已有的通孔木垫块,检修时将木垫块靠绕组侧,垫以厚度不小于 1mm 的绝缘纸板。

(4)有储油柜的变压器运行中小修时,应先将储油柜下部排污塞打开,进行放水排污,防止变压器晃动时污油及水进入箱内,引起绕组绝缘降低烧毁变压器。

(十一)某厂变压器因低压出口短路引发的事故

1. 事故现象

某厂 S7-500/10 型变压器运行中突然发生巨响,吸湿器喷出黑色变压器油,煳味特浓,从外观看油箱膨胀鼓肚子,箱沿及加强筋严重变形。

2. 故障查找及原因分析

测试绝缘电阻一次对地,二次对地及一、二次间都为零值。

吊芯检查器身毁坏严重:

(1)绕组烧毁变形严重,低压绕组上窜很多,高压绕组导线崩散脱落堆积。

(2)铁芯芯柱与铁轭接缝脱开 5mm 以上。铁芯拉带及 U 形螺杆崩断脱落。

(3)压紧绝缘垫铁块多组跑掉。

(4)上夹件上移将低压引线拉起。

(5)油箱内变压器油碳素满视野黑煳黏稠。

故障分析：①变压器二次出口电缆短路。②变压器绕组为不浸漆工艺，加强机械强度的措施不得力，承受不住短路电流所产生的电动力。③钢夹件夹紧力不够，铁芯拉带及 U 形轴杆强度差，铁芯斜接缝搭接面积小、摩擦力小。④二次回路过电流速断保护装置配合欠佳，没能起到有效的保护作用。

3. 事故对策

（1）加强运行管理严防电缆短路。

（2）调整变压器的保护装置，使之动作灵敏保护有效。

（3）严格执行不浸漆工艺的各项技术措施，使绕组能满足动热稳定的技术要求。

（4）制造厂针对变压器结构弱点改进设计，提高变压器运行的可靠性。

（十二）某厂变压器因引线及分接线焊接质量不良引发的事故

1. 事故现象

××变压器厂生产的 SJL-320/10 型铝线变压器 004 号，某年出厂运行两年，因漏油严重直流电阻不平衡撤出现场，送修配厂处理缺陷，试验直流电阻不稳定，检查器身发现焊接处绝缘黑煳，剥开 B 相高压第一分接检查焊接点锡焊已开焊。

2. 故障查找及原因分析

又将全部引线及分接线的焊点剥开绝缘检查，发现 9 个焊接点断开，3 个焊接点虚焊。分析原因是焊接材料及工艺都存在问题，必须将所有焊接点重新焊好。

3. 事故对策

（1）严把验收关，杜绝不合格产品的购入。

（2）可派人员赴厂进行监造，不让不合格产品流入市场。

（十三）某厂变压器运行中发生低压内部断线故障及原因分析

1. 事故现象

某厂生产 S7-315/10 型变压器运行中发生低压内部断线故障。

2. 故障查找及原因分析

吊芯检查发现低压引线在焊接点处断开，分析断线原因是采用黄铜对接乙炔焊的工艺，焊点较脆弱、机械强度差、电阻大，运行中焊接处温度过高，外包白纱带已变黑褐色，振动及冲击电流造成开断。

3. 事故对策

（1）严把验收关，杜绝不合格产品的购入。

（2）可派人员赴厂进行监造，不让不合格产品流入市场。

（3）加强运行人员的责任感，及时发现事故隐患，及时处理。

（十四）某用户变压器因分接开关接触不良引发的事故

1. 事故现象

某用户 3 相 50kVA 变压器一台，某年 12 月装出，1986 年 5 月 8 日夜间刮大风，树碰低压线有烧痕，变压器喷油换回吊芯，查器身分接开关第一分接动、静触头间有烧痕，其中一相烧了一个坑，将分接开关去掉后各项试验全部正常，查器身其他部分未见异常。

2. 故障查找及原因分析

分析原因是分接开关弹簧压力小接触不良，当线路短路时过电流烧毁开关。SWX-10/120 型分接开关旋转轴中间绝缘部分，是用酚醛电木压塑，运行中发生高压断电故障。吊芯检查发现绝缘轴裂断，动触头脱落，又检查同类型分接开关发现一些绝缘与金属件塑压处有裂纹。分析原因是两种材料膨胀系数相差较大，金属受热膨胀体积增大，酚醛塑料膨胀系数小，因而被胀裂，倒动分接开关时弹簧压力和扭力的作用使绝缘轴裂断，动触头脱落。

3. 事故对策

（1）严把验收关，杜绝不合格产品的购入。

（2）可派人员赴厂进行监造，不让不合格产品流入市场。

（3）对此型分接开关轴，检修中一律更换为环氧玻璃布管代替，可以防止同类故障重演。

（十五）变压器因分接开关切换不到位引发的事故

1. 事故现象

某日，95598 接用户电话反映，屋内电灯忽明忽暗。

2. 故障查找及原因分析

事故抢修班人员赶到现场检查发现用万用表两侧低压侧电压表指针摇摆不定，听变压器声音异常，于是更换了变压器。

更换回的变压器进行吊芯检查。吊芯后发现高压绕组 C 相 2～3 分接间烧毁，分接开关 C 相 2～3 分接间有烧痕，动触头接在 2～3 分接中间静触头有烧痕。

分析原因是倒动分接开关分接不到位，动触头错接在 2～3 分接中间，但并未完全短路，而是似短路又开路，接触不好，运行中电压不稳、接触不良放弧造成故障。

3. 事故对策

此类故障时有发生，检修人员在倒动分接开关时应准确定位，分接后必须再测一次直流电阻，确认无误后方可送电运行。

（十六）变压器分接开关接触不良造成绕组匝间短路事故

1. 事故现象

某供电公司架空配电线路新换装 315kVA 变压器一台，投运不久的一天 95598 接多个用户来电话反映：有的家里的电灯不亮，有的家里的电灯灯光变暗；有一个小厂来电话则是三相电动机单相保护动作后不能再启动。供电公司派出事故抢修人员检查后发现，变压器的一次侧 C 相跌落保险器跌落，经更换一次熔丝，合上保险器后，一次熔丝即刻烧断，并能嗅到异常气味。

2. 故障查找及原因分析

将该变压器停运更换，运回进行了吊芯检查发现，C 相导线外层 I 档抽头接线处多股导线被烧断，导线层间绝缘也被烧坏；箱体内绝缘油油色变黑，有异常气味；测量直流电阻不合格。由于 C 相导线外层 I 档抽头接线处焊接不好，致使这一部位长期发热，绝缘因此受到破坏，从而造成匝间短路，使得 C 相跌落式保险器熔丝烧断，用户电压发生异常。

3. 事故对策

（1）供电部门应对所购置的变压器进行监制，严把质量关；

（2）变压器运到供电部门后，应进行严格的质量检查和试验，杜绝缺陷变压器入网运行。

（十七）变压器调整分接开关后，出现"吱吱"声原因分析

1. 事故现象

95598 接用户电话反映，离他家不远处的柱上变压器最近老发出"吱吱"声，吵得人休息不好。

2. 故障查找及原因分析

事故抢修人员到达现场检查后发现："吱吱"声主要发自变压器电压分接开关；

此台变压器之前刚刚调整过电压分接开关；

用单臂电桥或直阻测试仪测试高压绕组的直流电阻值，超过该台变压器出厂时直流电阻值的 2%。拧开分接开关的风雨罩，卸下锁紧螺栓检查发现由于分接开关触头有污垢，导致接触不良所致。

用扳手将分接开关的轴左右往复旋转 10～15 次，使分接开关触头接触良好后再次测试直流电阻合格。

3. 事故对策

分接开关调整后，一定要用单臂电桥或直阻测试仪测试高压绕组的直流电阻值，合格后方可锁紧螺栓，拧上分接开关的风雨罩。如不合格，必须处理合格后方可使用。

（十八）柱上变压器因缺油导致异常声响故障分析

1. 事故现象

95598 接用户电话反映，路边的柱上变压器最近老发出"噼啪"的清脆击铁声音。

2. 故障查找及原因分析

接用户电话后，事故抢修班人员迅速到达事故现场，经过检查发现，该台变压器不是全封闭型的，油标显示变压器缺油。

挑落跌落开关，检验无电后，用清洁干燥的漏斗从注油孔插入储油柜中，加入经试验合格的同标号变压器油，加至油标 20℃油面线为宜，拧紧注油孔螺栓。

3. 事故对策

（1）供电部门应对所购置的变压器进行监制，严把质量关；

（2）变压器运到供电部门后，应进行严格的质量检查和试验，杜绝缺陷变压器入网运行。

（3）强化线路的巡视检查，发现缺陷及时进行处理。

（十九）变压器低压套管中的导电杆烧断事故

1. 事故现象

95598 接用户电话，反映××胡同的变压器往下流油。

2. 故障查找及原因分析

（1）事故抢修班人员迅速赶到事故现场，检查发现变压器低压 b 相导电杆烧断，接线卡子及引线搭落在变压器的大盖上；变压器油从低压 b 相套管处往外流出。

抢修人员拆卸接线卡子时发现，该接线卡子为螺栓型，其铜板端开孔过大（直径约 25mm），使铜板套在直径为 20mm 的导电杆上时间隙过大；所开孔的边缘毛刺没有挫平，使平板垫圈无法与铜板完全接触，接触面减小，接触电阻增大；接线卡子的压接引线端连接片螺栓拧紧不牢固，造成导电杆处与引线压接处接触电阻过大，从而使温升增高，进一步加大了接触电阻；加之该地区负荷较大最终导致导电杆被烧断。

（2）相套管处的密封胶垫在长期高温条件下运行，逐渐老化，产生龟裂，致使变压器油从此处向外泄漏。

3. 事故对策

（1）变压器低压套管的导电杆应加装抱杆式设备线夹。

（2）变压器低压引线与抱杆式设备线夹连接时应使用压缩型接线端子；压缩型接线端子的平板端应开两个孔（与抱杆式设备线夹上的铜板的两个孔距相同），避免单孔螺栓压接不实，在外力下扭动、松动，造成接触不好，增大接触电阻。

（3）压缩型接线端子的平板端所开孔的孔径应与抱杆式设备线夹的铜板上的孔径相一致，平板端开孔后应去掉毛刺，打磨平整并去除氧化膜涂以导电膏后方可进行连接。

（4）加强变压器的负荷管理，使变压器在经济负荷运行。

（5）强化工程验收，保证设备不带病运行。

（6）加强线路的巡视质量，及时发现缺陷，及时处理，保证设备的安全运行。

（二十）柱上变压器因补油不当引发的事故

1. 事故现象

某日，某供电公司检修班人员根据巡视中发现某台柱上变压器缺油的问题，在现场对该台变压器进行补油。当日天气晴朗，无风。补油工作进行得很顺利，游标指示油位达到正常位置后，检修人员将注油孔拧紧后恢复送电。但正在收拾工具时，听到该台变压器发出一声巨响，随即从储油柜处喷出带有焦糊气味的变压器油，跌落式保险器也随之跌落。

2. 故障查找及原因分析

所加变压器油标号与变压器内原充油标号一致；补油天气正常符合加油规定；但是却忽略了加油前应将变压器储油柜底部的脏油放出的规定。我们知道，变压器储油柜底部设有集沉器，它的作用是用来收集变压器运行中沉积的杂质、水分等。规程规定变压器补油前应将集沉器的油堵打开，将混有杂质和水分的脏油放干净后方可进行补油。而检修人员没有按照规定办事，等于将变压器中沉积的脏油进行了一个大搅拌，使变压器油的绝缘特性大大降低，杂质和水分进入绕组，造成变压器绕组匝间短路。

3. 事故对策

（1）严格执行规程规定，必须在补油前将储油柜中的脏油放净，方可进行补油。

（2）补入的油应试验合格，并与变压器内原充油标号一致。

（3）禁止从变压器下部截门处进行补油，以防止变压器底部杂质进入油道或线圈中。

（4）补油应适量不可过多或过少。

（二十一）变压器因缺油而烧毁事故分析

1. 事故现象

95598 接用户电话，反映××胡同没电了，并反映柱上变压器着火了。

2. 故障查找及原因分析

事故抢修班人员到达现场检查发现：该台变压器为三相 200kVA 变压器，已运行三年。曾做过现场小修，情况良好，小修人员放油取样做试验，一切正常。

从外体看变压器油箱靠 C 相 250～340mm 油箱烧变色，吊芯检查 C 相高压绕组全部烧毁，桶内无油底漆起皮，B 相绕组烤糊，A 相绕组较轻，桶内有水，储油柜内有水。

原因分析是变压器油门的胶垫已腐蚀裂纹，原因是小修放油取样后拧得太紧，将胶垫挤歪漏油，没有及时消除缺陷直到将油漏至箱底 190mm 处，绕组已完全暴露在空气中，再加上储油柜内积存凝结水过多，由枕管流下落在 C 相绕组上，引起 C 相绝缘受潮层间短路烧毁。

3. 事故对策

（1）加强运行管理及时消除缺陷；

（2）改进油门结构加工密封槽防止胶垫挤出，对运行中变压器小修时检查油门胶垫有裂纹的更换，拧得不要过紧。

（二十二）某单相路灯变压器因漏油故障造成大面积路灯灭及原因分析

1. 事故现象

某单相 20kVA 路灯变压器。厂号 800569，1982 年 1 月 11 日装，1982 年 10 月 27 日发生故障造成大面积路灯灭。

2. 故障查找及原因分析

查现场情况过电压保护、过电流保护，地线接地电阻全部合格，负荷带 125W 汞灯 43 盏，变压器绝缘电阻一次对地 1000MΩ，二次对地 1500MΩ，一、二次之间 2000MΩ，避雷器 2000MΩ。外体看变压器干净没渗漏油痕，储油柜无油。吊芯后发现变压器缺油，油位在箱沿下 80mm，铁芯上有大量灰白色水泥状物质，做油化验酸价 0.53mgKOH/g，高压绕组为聚酯漆包线两柱全烧，轴向变形。辐向鼓胀。

原因分析：变压器运行半年多一点，油酸价太高，缺油的原因不清楚，实属异常。这些情况却很重要，绝缘油酸价高可产生大量油泥，并腐蚀绝缘。缺油较多影响变压器油循环散热，这两个条件可使绕组绝缘受到损害，造成绕组匝间短路扩大到层间直至烧毁。

3. 事故对策

防止对策：加强入网验收把关和运行管理。

（二十三）某单位变压器发生故障及原因分析

1. 事故现象

某厂三相 200kVA 变压器厂号 282-10，1982 年 9 月出厂，同年 11 月装好投入运行，1986 年 1 月 23 日现场小修发现低压瓷套管渗油做了现场处理，1986 年 7 月 4 日发生故障。运行人员到现场发现高压 B 相保险丝熔断，变压器低压 b 相胶珠烧毁瓷套管松动。

2. 故障查找及原因分析

撤回修配厂 1987 年 1 月 24 日吊芯检查，发现 b 相瓷管严重松动，铁芯上有直径 50mm 和 30mm×60mm 的冰块，B 相高压绕组烧毁。分析认为故障原因是 b 相低压套管渗油，小修人员处理不当，造成 b 相低压套管进水，变压器 B 相绕组受潮而损坏。

3. 事故对策

防止对策：加强运行管理，提高小修人员检修技术水平。

多年来由凝结水和进水造成的配电变压器故障很多，教训是很深刻的，为杜绝此类故障我们采取了一系列的措施。

（1）对有储油柜的变压器，运行中要定期小修维护要打开储油柜底部塞子排污放水。没有储油柜有手孔者检查手孔严密程度涂刷铅油，并检查出气门位置。

（2）大修中对 100kVA 及以上的变压器加装储油柜，并装有带油封的吸湿器。储油柜管应伸入柜底 15~25mm，不可太高以免造成油标出现假油面。无湿器的储油柜应有带芯的出气门，出气门位置应与储油管错开 50mm 以上，出气门罩不得进水。

（3）无储油柜又不是全密封的变压器要有出气门，位置设在箱盖边角处，不得对着绕组，否则在出气门下孔箱盖里面加焊导水板。

（4）原有手孔结构的变压器改进设计，加工圆形铸铁深槽手孔盖，手孔圈立墙加高，加工密封平面并采用耐油橡胶圈，用不少于 3 条直径不小于 M12 的螺栓压紧手孔盖，密封后达到不进水无凝结水。大修后逐台做静压油柱密封试验

（5）全密封变压器高低压套管在箱盖上密封处要有经过表面加工密封槽的法兰，套管密封垫应放在凹槽内。器身经真空干燥，真空注油或浸油，注油温度为 25℃±5℃，注油管顶部密封塞应有板口，并加防雨罩，油位应高于高压套管。按国标要求进行密封试验。

（二十四）新装变压器，送电运行后变压器二次电压三相不平衡原因分析

1. 事故现象

某公园新装 S7-250/10 型变压器，送电运行后用户反映变压器二次电压三相不平衡，要求查找原因。

2. 故障查找及原因分析

现场停电对变压器进行电压比及电流电阻试验，实例数据正常说明变压器没有故障，合上高压跌落保险，测量变压器二次电压 ao 为 278V，bo 为 230V，co 为 230V，拉开保险器，取下保险管，检查保险丝，无断路及接触不良。接上高压互感器测试高压电源电缆端高压 U_{AB}10000V，U_{AC}10000V，U_{BC}无电压。查找高压线路至距离变压器 50m 以外处，此变压器为支线与 10kV 干线 T 接，A 相支线连接线正确，C 相支线接在 C 相干线上正确，只有 B 相支线错接在 C 相干线上。实际形成 C 相电源接在变压器 B 相和 C 相上，等于变压器 BC 两相高压绕组并联和 A 相绕组串联，也就是 AC 两相线电压输入三相变压器 10kV。二次三相四线输出。实际接线见图 1-18。

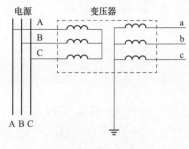

图 1-18　实际接线

3. 事故对策

（1）将 B 相支线纠正接至 B 相干线上。

（2）对安装单位施工人员及现场负责人加强教育，提高责任心确保施工的质量。

发电验收人员应加强严细作风，发电时仔细审核图纸及技术文件，对照实际检查验收，严把施工质量关。

（二十五）柱上变压器被雷击损坏的处理与分析

1. 事故现象

为了解决农村的用电问题，××供电公司特地在大山的一个山凹处安装了一台 50kVA 的配电变压器为某村供电。但没想到变压器安装不到三个月，在一场雷电大雨中被雷击中烧毁。

2. 故障查找及原因分析

（1）检查变压器，没有发现绝缘有问题；变压器为 Yyn12 接线。

（2）对变压器进行吊芯检查发现三相高压绕组尾端最外层线匝绝缘严重烧损，从烧损绕组的位置看，初步判断是因"反变换"过电压原因致使。

（3）检查防雷接地装置。垂直接地极有 3 根，是使用等边角钢打入地下。角钢顶端距地

面 0.3m。接地极之间距离约 2.5m，用 16mm² （7 芯）裸铝线连接接地极从地下引出地面。检查发现在与地面相平处 7 芯铝线已断了 5 芯，剩下的两芯线与 2.5mm² 塑铜线连接，塑铜线的另一端与避雷器连接。摇测接地电阻值为 43Ω，大于规程规定的 10Ω 的标准。

（4）检查避雷器。避雷器为阀型避雷器，避雷器外表面没有闪络和破损；避雷器与变压器之间的连接线约 3.7m；低压侧没有安装避雷器。

（5）变压器处安装的高压避雷器，在雷电冲击电压下，避雷器被击穿放电会有大量的雷电流经过接地装置流入大地。由于接电装置的接电电阻而产生电压降，压降电势的大小与接电电阻成正比。即 $U = I \times R$（U 接电装置上的电压降；I 雷电流；R 冲击电流下的接地电阻）接地装置上的压降电势，将从低压中性点侵入加到变压器低压绕组上，并将通过电磁感应在变压器高压侧产生高电压。对星形接线的变压器高压中性点将会出现对绕组有危险的高电压。这个高电压叫做"反变换"过电压。

容量在 10~560kVA 的变压器一般均为圆筒式线圈结构；高压绕组最外层尾头线通过电压分接开关的活动触头，把三相绕组连接成星形中性点。这个星形中性点最外层线圈，也就是变压器吊芯检查中发现的高压绕组被烧损的地方。由于接地电阻为 43Ω，是形成"反变换"过电压烧毁变压器的主要原因。

3. 事故对策

（1）严格按照规程规定的要求进行施工。垂直接地极的长度应为 2.5m；接地极间的距离应为 5m（如果接地极的间距过小，当雷电流流经各单根接地极流入大地时，各接地极分配电流就会受到限制，妨碍电流的流散）；接地极打入地下后，应遵守顶端应距地面 0.5~0.8m 的规定，这时为了减少因气候变化影响接地装置的接地电阻的变动；接地极的引接线应使用铜线。

（2）重新安装接地装置，使接地电阻符合规定。

（3）尽量缩短变压器与避雷器之间的距离，使避雷器保护好变压器。

（4）选用适合山区使用的阀型避雷器，变压器低压侧也需安装避雷器。

五、柱上电容器事故

（一）电容器因运行电压过高而发生的事故

1. 事故现象

线路运行人员对××架空线路进行例行检查时发现，××号柱上变压器旁的柱上电容器箱内的三相保险器已熔断，控制电容器的接触器触头有两相触头已被熔接在一起。

2. 故障查找及原因分析

（1）运行人员用绝缘摇表对电容器进行摇测，发现有一只电容器三相对地绝缘电阻为零；相与相之间的绝缘电阻也为零，证明此只电容器相间短路，相对地短路。

（2）检查变压器出口电压为 430V。

（3）检查未发现电容器箱内有电容器过电压保护装置。

（4）根据以上原因可以得出，电容器由于长时间在高电压下运行，电容器箱内又没有装设过电压保护，致使电容器相间及对地短路，电容器用保险器烧毁，控制电容器的接触器触头焊死。

3. 事故对策

（1）电容器不得在高电压下运行，因此电容器箱内必须装设过电压保护。

（2）电容器分闸后需间隔 5min 方可再次合闸，避免操作过电压。

（3）电容器放电回路应正常。

（4）选配性能合格的保险器与接触器。

（5）线路运行人员要加强责任心，及时发现线路中的各种缺陷。

（二）电容器运行温度过高而发生的事故

1. 事故现象

××年 8 月，95598 接用户电话反映××街有一台柱上变压器旁的小箱子炸，往外冒烟。抢修人员接报后立即赶到现场，经检查发现是无功补偿箱发生故障。

2. 故障查找及原因分析

抢修人员打开无功补偿箱时，一股热浪喷了出来。检查发现，电容器总开关掉闸，有一只电容器炸裂。

（1）经查询，当天最高气温达到 38℃（事后在其他无功补偿箱内设置温度计测试，无功补偿箱内温度达到 67℃），无功补偿箱百叶窗通风面积过小，是造成电容器炸裂的主要原因。

（2）经查询，该台无功补偿箱已运行 8 年，加之箱内温度过高，使电容器电介质老化，是造成电容器炸裂的又一个原因。

3. 事故对策

（1）无功补偿箱在运行中，应加强环境温度的监视和控制，保证电容器在允许的温度内运行。

（2）改进无功补偿箱的通风结构，增强通风散热的能力，保证电容器在允许的温度内运行。

（3）根据规程要求按时对电容器进行预防性试验，防患于未然。

六、低压集表箱事故

（一）低压集表箱烧毁事故分析

1. 事故现象

供电公司 95598 接用户反映，为用户新换装的低压集表箱内冒烟并有火苗喷出。抢修人员接报后，立即赶到现场，对集表箱进行电气隔绝后，将箱内燃火扑灭。经检查箱内电能表、出线开关以及配线被烧毁。

2. 故障查找及原因分析

为了实施台区用电信息采集和低压配套设施改造，供电公司对台区内的低压线路、电能表箱和电能表箱的出线全部进行了更换，因此不存在设备老化的问题，而且在此之前，已有两台此类集表箱被烧毁。经仔细检查发现：

（1）集表箱内的电能表进、出线开关的螺栓未拧紧，造成各级电源线和开关接触不良，接触电阻增大，接触点长期发热最终导致出线开关过热燃烧，是发生此类事故的直接原因。

（2）集表箱存在质量问题。经过检查发现此次换装的集表箱出线开关主体材料耐高温性能不好，易燃，开关灵敏度低、保护性能差，箱内导线绝缘外层没有使用阻燃材料，是此次事故的主要原因。

（3）集表箱在结构设计上存在问题。箱体底部没有进风口，箱体上部和四周的出风口面积不够，使箱内的温度不能通过箱体的自然通风散发，是此次事故的另一主要原因。

（4）集表箱虽然是通过招标进行的采购，但把关不严，没有进行严格的验收试验，使得没有按照设计进行制造的集表箱顺利入库、安装，是此次事故的又一主要原因。

3. 事故对策

（1）严把施工质量关，集表箱安装完毕后，要进行验收检查，合格后方可通入运行使用；

（2）集表箱要严格按照设计图纸进行制造，不能为了美观而随意将进、出通风口的面积进行改变，保证箱体自然通风畅通，散热效果好；

（3）集表箱内的导线应选用阻燃导线，开关主体材料应选用阻燃材料，开关的热灵敏度和保护性能应满足相关技术规范要求；

（4）严格执行物资招标和入库的标准规范，按产品技术规范进行采购，加强物资入库的质量检验、测试和试验，确保设备合格入库。

（二）低压集表箱电压升高故障分析

1. 事故现象

某日，供电公司 95598 接到用户电话反映，多家用户灯泡和电视等家用电器被烧毁。抢修班人员到达现场检查发现集表箱进线电压正常，但电器设备烧毁的这几户的电能表出现电压高，达到 290～310V。

2. 故障查找及原因分析

把电压最高的这块电能表的出线断开，再次测量那几户电能表出线电压，电压正常。据此判断问题出在用户端，但是从该户电能表出线起，检查了接户线、进户线、刀闸、家用剩余电流动作保护器，室内线路均未找到问题，室内电压和在集表箱处所测电压接近。只能再检查家用电器，当时只有电动车电瓶正在充电，其他电器都没有使用。请用户将电动车充电器停用，测量室内电压以及集表箱处该户及烧毁电器户电能表出线电压都正常了，证明问题出在电动车充电器上。将电动车充电器拆开检查发现，充电器内部隔离变压器和过载保护装置已被击穿，形成短路，从而造成充电器内的桥式整流电路输出电压经高压滤波电容电路逆向充放电，导致电压升高，且从该用户反送至集表箱，造成该集表箱电压升高，也就使该户和其他用户家中的灯泡及其他家用电器因电压过高而烧毁。

3. 事故对策

（1）建议对电动自行车充电最好使用专用的一条低压线路；

（2）经常检查电动自行车充电器的好坏，以免事故发生。

（三）电能表箱进水事故分析

1. 事故现象

某日，供电公司 95598 接到用户电话反映，自己家和邻居家都没电了。抢修班到达现场检查发现表箱内总开关烧毁，开关进线端上有水珠，进表箱电缆没有做防水弯，而是直接接入表箱，当日正在下雨。

2. 故障查找及原因分析

（1）在现场进行检查发现进表箱电缆没有做防水弯，而是直接接入表箱，当日正在下雨，致使雨水随电缆进入表箱开关内，开关内短路将开关烧毁；

（2）表箱门关闭不严，导致下雨时雨水进入表箱和开关内，开关短路将开关烧毁；

（3）开关进、出线端子压接不牢，螺栓松动，造成接触不良而发热。

3. 事故对策

（1）进表箱电缆做防水弯，防止水流进入表箱内；

（2）表箱门上应安装有防水胶圈，避免雨水进入表箱内；

（3）严把施工质量关，开关进、出线端子压紧，螺栓拧紧；

（4）加强对设备的巡视检查，及时发现和处理隐患。

小 经 验

（一）保险器常见故障及排除方法

1. 保险器过热

（1）现象：保险器规格过小，负荷过大。

处置办法：应按规程该规定，配置与负荷相适应规格的保险器。

（2）现象：环境温度过高。

处置办法：应改善运行环境，使保险器安装在规程规定的环境内。

（3）现象：接头松动，导线连接处接触不良，或接线螺丝锈蚀。

处置办法：将紧固螺钉拧紧，导线连接牢靠；更换锈蚀的螺钉、垫圈。

（4）现象：铜铝连接接触不良。

处置办法：检查铜铝连接处，杜绝接触不良现象的发生，尽量使用摩擦焊作为铜铝连接方式。

（5）现象：刀片与刀口接触不紧密或有锈蚀。

处置办法：去除氧化层，调整刀片与刀口的间隙，使之接触紧密。若弹性过差，则需予以更换；

（6）现象：熔体与触刀接触不良。

处置办法：调整接触间隙，使之接触良好。

2. 保险器熔体熔断

（1）现象：线路发生短路故障。

处置办法：查明故障原因，排除短路故障点后，更换新熔体投入使用。

（2）现象：熔体选择过细。

处置办法：应按规程该规定，配置与负荷相适应规格的保险器。

（3）现象：负荷变大。

处置办法：调整负荷，使运行负荷符合额定值。

（4）现象：熔体安装不当，如将熔体损伤、压伤或拉得太紧，螺钉未压紧或锈蚀。

处置办法：正确安装熔体，防止划伤、碰伤、压伤，安装时用力得当，使之既牢靠又不压伤熔体。

3. 瓷器件损坏

（1）现象：外力损坏。

处置办法：应按图纸设计要求安装在一定高度，避免外力伤害。加强巡视，发现有意外损坏时，及时更换；

（2）现象：操作时用力过猛导致损坏。

处置办法：操作时注意方法，角度、力度适当，避免损伤。

4. 跌落式保险器误跌落

（1）现象：跌落式保险器质量差、装配不良，遇有震动即自行脱落。

处置办法：选用质量好的跌落式保险器，并装配调整适当。

（2）现象：熔丝管未合到位，放弧或自行跌落。

处置办法：熔丝管合到位后，用绝缘杆端的勾头检查是否到位。

（3）现象：上部触头弹簧压力过小，熔丝管在鸭嘴内的直角突起处被烧伤。

处置办法：更换弹簧或鸭嘴，或将跌落式保险器整体更换。

（二）变压器高、低压侧缺相判别方法

当变压器高压侧断一相时，低压侧如果三相负荷均衡，则对应相的对地电压为零，另两相有电，但对地电压只有正常时的 0.866 倍，即 189V；低压侧如果三相负荷不均，则对应相有电，但对地电压接近零（约数十伏），另两相有电，但对地电压不同，负荷较大相的对地电压较小，负荷较小相的对地电压较大。

（三）检测电能表接线

用相位伏安表检测电能表接线是否有误。

相位伏安表是供电职工经常使用来测量任意两相电压、电流及任意两相电压与电流之间的相位角（θ）的便携式双通道测量仪表。但我们也可以使用它来判断电能表安装完毕后接线是否正确。方法如下：

（1）三相四线带电流互感器的电能表接线判断（$0° < \theta \leqslant 30°$）

以 U_{L1} 为基准电压，第一步用相位伏安表的钳口卡测 L_1 的相电流，读数应在 $0° \sim 30°$ 之间；第二步用钳口卡测 L_2 的相电流，读数应在 $120° \sim 150°$ 之间；第三步用钳口卡测 L_3 的相电流，读数应在 $240° \sim 270°$ 之间。这三项卡测的结果如果均在相应的度数之间，则证明电能表接线没有问题；如果不在相应的度数之间，则证明电能表接线有误，应进行纠正。

注意事项：相位伏安表的钳口在进行卡钳时，钳口的电流流入方向不得反相。

（2）三相三线带电压、电流互感器的电能表接线判断（$0° < \theta \leqslant 30°$）

以 U_{L1L2} 为基准电压，用相位伏安表的钳口卡测 L_1 的相电流，此时读数应在 $0° \sim 60°$ 之间；以 U_{L3L1} 为基准电压，用钳口卡测 L_3 的相电流，此时读数也应在 $0° \sim 60°$ 之间；如果不在此之间，则证明电能表接线有误。这个方法是巧妙地应用了线电压与相电压之间的关系。

（四）ADSS 光缆

1. ADSS 光缆的结构特点

（1）专为电力部门设计，是一种全绝缘介质的自承式架空光缆，它的结构中不含任何金属材料。

（2）全绝缘结构和较高的耐压指标，有利于在带电运行的架空电力线路上架设施工。

（3）采用抗拉强度高的材料。既能承受较强张力，满足架空电力线路的大跨距要求，又能防止鸟啄和人为损坏。

2. 影响 ADSS 光缆使用寿命的因素

ADSS 光缆架设在高压输电线路上，一般寿命在 25 年以上，影响其寿命的主要因素有：

（1）杆塔附近的高压感应电场梯度变化较大，高压感应电场对光缆有较强的电腐蚀。所以一般 110kV 及以下架空线路用 PE 型，110kV 及以上使用 AT 型。

（2）对双回路的杆塔，由于线路的一回路停电或线路改造，在选择挂点时要加以考虑。

（3）线路经过有盐雾酸气的工作地带时，化学物质会腐蚀光缆外皮，使其耐电保护套受损，容易受到电弧的伤害。

（4）施工不当造成外皮伤害或磨损等，在长期的高压电场中运行，其表面容易腐蚀，而外护套平整、光滑的光缆能有效地减少电腐蚀而延长光缆的寿命。

第二章

电 力 电 缆 线 路

第一节 基 本 要 求

一、电缆的运行电压

电缆的运行电压应不超过其额定电压的 115%，备用及不使用的电缆线路，应连接在电网上，加以充电，以防受潮而降低绝缘强度。在中性点不接地系统中，当发生单相接地时，要求运行时间不超过 2h。

二、电缆的运行温度

当电缆在运行中超过允许温度时，将加速纸绝缘老化；另外由于温度过高，电缆中的油膨胀，产生很大的热膨胀油压，致使铅包伸展，使电缆内部产生空隙。这些空隙在电场的作用下极易发生游离，使绝缘性能降低，导致电缆的损坏而引起事故，因此对缆芯导体的允许温度必须加以限制。例如，110kV 充油电缆的缆芯温度允许 75℃。由于电缆芯的温度不能直接测量，因此可以测量电缆的表面温度，电缆芯与电缆的表面温度差一般为 20～15℃，当电缆的表面温度超过允许温度时，应采取限制负荷措施。检查直接埋在地下的电缆温度，应选择电缆排列最密处或散热情况最差处。

三、电缆的运行负荷

电缆的过负荷。不同形式、不同额定电压、不同截面、在不同环境下运行的电缆有不同的最长期运行电流值。当经常性负荷电流小于最长期运行电流时，电缆允许短时少量过负荷。

运行中对电缆的最高允许过负荷电流，可按下述公式来确定

$$I_{pr} = I_N \sqrt{\frac{t_{pr} - t_0}{t - t_0}}$$

式中　t_{pr}——电缆芯导体允许温度（℃）；

t_0——周围环境温度（℃）；

t——电缆过负荷前电缆芯的温度（℃）；

I_N——电缆额定负荷电流（A）。

一般规定 6～10kV 电缆，最高允许过负荷电流应不超过其额定电流的 110％，且时间不超过 2h。

四、电缆的运行其他要求

（1）全线敷设电缆的线路一般不装设重合闸，因此当断路器跳闸后不允许试送电，这是因为电缆线路故障多系永久性的。

（2）电缆接入时，应核对相位正确。

（3）电缆温度的测量应在夏季或电缆最大负荷时进行。

（4）运行中的电缆头、电缆中间接线盒不允许带电移动。

（5）发现电缆或电缆头冒烟时，必须先切断电源，再立即进行灭火。

第二节　运　行　维　护

一、电力电缆投入运行前的检查

（1）新装电缆线路，必须经过验收检查合格，并办理验收手续方可投入运行。

（2）停止运行 48h 以上的电缆线路，再次投入运行前应摇测绝缘电阻，与上次比较，换算到同一温度时，阻值不得低于 30％，否则应做直流耐压试验。停止运行一个月以上，一年以下的电缆线路，再次投入运行前，则必须做直流耐压试验。

（3）重做的电缆终端头、中间头及新做电缆终端中间头，运行前应做耐压试验合格，还必须核对相位，摇测绝缘电阻全部无误后，才允许恢复运行。

二、电缆运行中的巡视检查

电缆线路的运行和维护，主要是线路巡视、维护，负荷及温度的监视，预防性试验及缺陷故障处理等。

（一）巡视检查周期

对电缆线路一般要求每季进行一次巡视检查，对户外终端头每月应检查一次。如遇大雨、洪水等特殊情况及发生故障时，还应增加巡视次数。

发电厂、变电站内的电缆，敷设在土中、隧道、电缆桥架及沿桥梁架设的电缆，至少每三个月巡回检查一次。电缆竖井内的电缆，每半年至少检查一次。水底电缆每年检查一次水底路线情况。在潜水条件允许的情况下，在派遣潜水人员检查电缆情况，当潜水条件不允许时，可测量河床的变化情况。对敷设在土中的直埋电缆，根据季节及基建工程的特点，必要时应增加巡查次数。对于挖掘暴露的电缆，应根据工程的具体情况，酌情加强巡查。

电缆终端头，根据现场及运行情况，一般每 1～3 年停电检查一次。装有油位指示的电缆终端头，每年夏、冬应监视油位高度。污秽地区的电缆终端头的巡查与清扫期限，可根据当地的污秽程度予以决定。

技术管理人员必须定期进行有重点的监督性检查。

（二）巡视检查内容

1. 直埋电缆线路

（1）沿线路地面上有无堆放的瓦砾、矿渣、建筑材料、笨重物体及其他临时建筑物等，靠近地面有无挖掘取土，进行土建施工。

（2）线路附近有无酸、碱等腐蚀性排泄物及堆放石灰等。

（3）对于室外露天地面电缆的保护钢管支架有无锈蚀移位现象，固定是否牢固可靠。

（4）引入室内的电缆穿管处是否封堵严密。

（5）沿线路面是否正常，路线标桩是否完整无缺。

2. 敷设在沟道内的电缆线路

（1）沟道的盖板是否完整无缺。

（2）沟内有无积水、渗水现象，是否堆有易燃易爆物品。

（3）电缆铠装有无锈蚀，涂料是否脱落，裸铅皮电缆的铅皮有无龟裂、腐蚀现象。

（4）全塑电缆有无被"咬伤"的痕迹。

（5）沟道内电缆位置是否正常，接头有无变形漏油，温度是否正常，构件是无失落，通风、排水、照明、消防等设施是否完整。

（6）线路铭牌、相位颜色和标志牌有无脱落。

（7）支架是否牢固，有无腐蚀现象。

（8）管口和挂钩的电缆铅皮包是否损坏，铅衬有无失落。

（9）接地是否良好，必要时可测量接地电阻。

3. 电缆终端头和中间接头

（1）终端头的绝缘套管有无破损及放电现象，对填充有电缆胶（油）的终端头有无漏油溢胶现象。

（2）引线与接线端子的接触是否良好，有无发热现象。

（3）接地线是否良好，有无松动、断股现象。

（4）电缆中间接头有无变形，温度是否正常。

4. 其他

（1）对明敷电缆应检查沿线挂钩或支架是否牢固，电缆外表有无锈蚀、损伤；线路附近有无堆放易燃、易爆及强腐蚀性物体。

（2）洪水期间及暴雨过后，应检查线路附近有无严重冲刷、塌陷现象；室外电缆沟道中泄水是否畅通；室内电缆沟道有无进水等。

（三）电缆运行中的监视

（1）负荷的监视。电缆过负荷运行，将会使电缆温度超过规定，加速绝缘的老化，降低绝缘的抗电强度。当电缆过负荷时，电缆内部内过热而膨胀，使内护层相对胀大。当负荷减轻，电缆温度下降时，内护层往往不能像电缆内部其他组成部分那样恢复到原来的体积。因此会在绝缘层与内护层之间形成空隙，空隙在电场作用下很容易发生游离，促使绝缘老化，结果使电缆耐压强度降低。因此，DL/T 1253—2013 电力电缆线路运行规程规定，电缆原则上不允许过负荷，即使在处理事故时出现过负荷，也应迅速恢复其正常电流。运行部门必须经常测量和监视电缆的负荷电流，使之不超过规定的数值。

电缆负荷电流的测量，可用配电盘式电流表或钳形电流表等，测量的时间及次数应按现场运行规程执行，一般应选择最有代表性的日期和负荷在最特殊的时间进行。发电厂或变电站引出的电缆负荷测量由值班人员执行，每条线中的电流表上应画出控制红线，用以标志该线路的最大允许负荷。当电流超过红线时，值班人员应立即通知调度部门采取减负措施。

（2）测试的监视。由于电缆线中的设计人员在选择电缆截面时，可能缺少整个线路敷设条件和周围环境的充分资料，也常常会有一些改建工程和新建装置靠近热力管路或电力电缆，对原敷设电缆的周围环境和散热条件产生影响，因此运行部门除测量电缆负荷电流外，还必须不定期测量电缆的实际温度，监视电缆有无过热现象。

测量电缆温度应在夏季或电缆负荷最大时进行，应选择排列最密处或散热条件最差处及有外界热源影响的线段。测量直埋电缆温度时，应有该地段的土壤温度。测量土壤温度热电偶温度计的装置点与电缆间的距离，不小于 3m 半径范围内应无其他热源。电缆与地下热力管道交叉或接敷设时，电缆的土壤温度在任何时候不应超过本地段其他地方同样深度的土壤温度 10℃。

电缆导体的温度应不超过最高允许温度。一般每月检查一次电缆表面温度及周围温度，确定电缆有无过热现象。测量电缆温度应在最大负荷时进行，对直埋电缆应选择电缆排列最密处或散热条件最差处。

（3）电缆接地电阻监视。电缆金属护层对地电阻每年测量一次。单芯电缆护层一端接地时，应每季测量一次金属护层对地的电压。测量单芯电缆金属护层电流及电压，应在电缆最大负荷时进行。

（4）电压监视。电缆线路的正常工作电压，一般不应超过额定电压的 15％，以防电缆绝缘过早老化，确保电缆线路的安全运行。如要升压运行，必须经过试验，并报上级技术主管部门批准。

（5）在紧急事故时，电缆允许短时间内过负荷，但应满足下列条件：

1）3kV 及以下电缆只允许过负荷 10％，并不得超过 2h。

2）3～6kV 电缆只允许过负荷 15％，不得超过 2h。

（6）直埋电缆表面温度，一般不宜超过表 2-1 所列值。

表 2-1　　　　　　　　　　　　　直埋电缆表面温度上限值

电缆额定电压（kV）	3 及以下	6	10	35
电缆表面最高允许温度（℃）	60	50	45	35

（7）电缆导体最高允许温度，不宜超过表 2-2 所列值。

表 2-2　　　　　　　　　　　　　电缆导体最高允许温度

额定电压（kV）	3 及以下		6		10		35
电缆种类	油纸绝缘	橡胶或聚氯乙烯绝缘	油纸或聚氯乙烯绝缘	交联聚乙烯绝缘	油纸绝缘	交联聚乙烯绝缘	油纸绝缘
线芯最高允许温度（℃）	80	65	65	90	60	90	50

（8）电缆同地下热力管交叉或接近敷设时，电缆周围的土壤温度，在任何情况下不应高于本地段其他地方同样深度的 10℃ 以上。

（9）电缆纸端头的引出线连接点，在长期负载下的易导致过热，最终会烧坏接点，特别是在发生故障时，在接点处流过较大的故障电流，更会烧坏接点。因此，运行时对接点的温度监测是非常重要。一般可用红外线测温仪进行测量，使用测温笔是带电测量，在操作中应注意安全。

（10）在运行中发生短路故障时，通过的电流将突然增加很多倍，短路情况下的电缆导体允许温度不超过表 2-3 所列值。

表 2-3 电缆导体在短路时允许温度

电缆种类		短路时电缆导体允许温度（℃）	电缆种类	短路时电缆导体允许温度（℃）
纸绝缘电缆	10kV 及以下	220	聚氯乙烯绝缘电缆	120
	20～35kV	175	聚乙烯绝缘电缆	140
充油电缆		160	天然橡皮绝缘电缆	140
交联聚乙烯绝缘电缆	铜导体	230		
	铝导体	200		

电缆线路中有中间接头者，其短路容许温度为：

焊锡接头：120℃；

压接接头：150℃。

（11）对于敷设在地下的电缆，应查看路面是否正常，有无挖掘痕迹，查看路线标桩是否完整无缺等。电缆线路上不应堆置瓦砾、矿渣、建筑材料、笨重物件及酸碱性排泄物等。

对于通过桥梁的电缆，应检查桥两端电缆是否拖拉过紧，保护管和保护槽有无脱开或锈烂现象。对于排管敷设的电缆，备用排管应用专用工具疏通，检查其有无断裂现象。人井内电缆包在排管口及挂钩处不应有磨损现象，需检查衬铅是否失落。

户外与架空线相连接的电缆和终端头，应检查终端头是否完整，引出线的接点有无发热现象，电缆铅包有无龟裂漏油，靠近地面一段电缆是否被车辆撞等。

隧道内的电缆要检查电缆位置是否正常，接头有无变形漏油，温度是否正常，构件是否失落，通风、排水、照明等设施是否完整。特别要注意防火设施是否完善。

充油电缆不论其投入运行与否，都要检查油压是否正常，油压系统的压力箱、管道、阀门、压力表是否完善，并注意与构件绝缘部分的零件有无放电现象。

（四）巡查结果的处理

巡线人员应将巡查结果记入巡线记录簿内，运行部门应根据巡查结果采取对策，消除缺陷。

在巡视检查电缆线路中，如发现有零星缺陷，应记入缺陷记录簿内，检修人员据以编制月份或季度的维修计划。如发现有普遍性的缺陷，应立即报告运行管理人员，并做好记录，填写重要缺陷通知单。运行管理人员接到报告后应及时采取措施，消除缺陷。

三、电缆线路的维护

巡视检查出来的缺陷，运行中发生的故障，预防性试验中发现的问题都应及时排除。

（一）电缆线路的维护

（1）电缆线路发生故障后，应立即进行修理，以免水分大量侵入，扩大损坏范围。对受潮气侵入的部分应割除，绝缘剂有炭化现象者要全部更换。

（2）当电缆线路上的局部土壤含有损害电缆钢包的化学物质时，应将该段电缆装于管子内，并在电缆上涂以沥青。

（3）当发现土壤中有腐蚀电缆铅包的溶液时，应采取措施进行防护。

（二）户内电缆终端头的维护

（1）清扫终端头，检查有无电晕放电痕迹及漏油现象，对漏油的终端头采取有效措施，消除漏油现象。

（2）检查终端头引出线接触是否良好。

（3）核对线路名称及相位颜色。

（4）支架及电缆铠装涂刷油漆防腐。

（5）检查接地情况是否符合要求。

（三）户外电缆终端头的维护

（1）清扫终端头及瓷套管，检查盒体及瓷套管有无裂纹，瓷套管表面有无放电痕迹。

（2）检查终端头引出线接触是否良好，注意铜、铝接头有无腐蚀现象。

（3）核对线路名称及相位颜色。

（4）修理保护管及油漆锈烂铠装，更换锈烂支架。

（5）检查铅包龟裂和铅包腐蚀情况。

（6）检查接地是否符合要求。

（7）检查终端头有无漏胶、漏油现象，盒内绝缘胶（油）有无水分，绝缘胶（油）不满应及时补充。

（四）隧道、电缆沟、人井、排管的维护

（1）检查门锁开闭是否正常，门缝是否严密，各进出口、通风口防小动物进入的设施是否齐全，出入通道是否畅通。

（2）检查隧道、人井内有无渗水、积水。有积水要排除，并修复渗漏处。

（3）检查隧道、人井内电缆在支架上有无碰伤或蛇行擦伤，支架有无脱落现象。

（4）检查隧道、人井内电缆及接头有无漏油、接地是否良好，必要时测量接地电阻和电缆的电位，以防电蚀。

（5）清扫电缆沟和隧道，抽除井内积水，消除污泥。

（6）检查人井内井盖和井内通风情况，井体有无沉降和裂缝。

（7）检查隧道内防水设备，通风设备是还完善，室温是否正常。

（8）检查隧道照明情况。

（9）疏通备用电缆排管，核对线路名称及相位颜色。

四、事故预防

电缆线路的故障分为运行中故障和试验中故障。运行中故障是指电缆在运行中因绝缘击穿或导线烧断而突然断电的故障；试验中故障是指在预防性试验中绝缘击穿或绝缘不良，并须检修后才能恢复供电的故障。

为了确保电缆线路的安全运行，要做好运行的技术管理，加强巡视和监护，严格控制电缆的负荷电流及温度，严格执行工艺规程，确保检修质量，电缆线路的绝大部分故障是完全可以杜绝发生的。

（一）外力损坏的防止

电缆线路的事故很大一部分是由于外力的机械损伤造成的，为了防止电缆的外力损伤，应做好以下几方面的工作。

1. 建立制度，加强宣传

对于厂矿企业，应制定厂内的挖土制度，规定厂内挖土必有办理"挖土许可证"，经电缆运行部门审批后方可施工。同时，还应加强宣传教育，促使广大群众注意，对肇事单位加强教育，并进行严格的惩罚。

2. 加强线路的巡查工作

电缆运行部门必须十分重视电缆线路的巡查工作。电缆线路的巡查应有专人负责。根据 DL/T 1253—2013 的规定，结合本单位的具体情况，制订电缆巡查周期和检查项目。穿越河道、铁路的电缆线路以及装置在杆塔上、桥梁上的电缆，都较易受到外力的损伤，应特别注意。一些单位在电缆线路上面堆放重物，既容易压伤电缆，又妨碍紧急抢修，而且在采用简单起吊工具装卸重物须打桩时，也极易损伤电缆，巡查人员应会同有关部门加以劝阻。

3. 加强电缆的防护和施工监护工作

在厂矿企业内，为数不少的电缆采用沿厂房墙壁安装支架敷设。对于这种敷设方式，应安装由玻璃钢瓦构成的遮阳棚，一方面起遮阳作用，另一方面可防止高处坠落物体砸伤电缆，施工区域的电缆更应做好临时的保护措施。对于施工中挖出的电缆应加以保护，并在其附近设立警告标志，以提醒施工人员注意及防止外人误伤。

在电缆线路附近进行机械化挖掘土方工程时，必须采取有效的保安措施，或者先用人工将电缆挖出并加以保护后，再根据操作机械及人员的条件，在保证安全距离的条件下进行施工，并加强监护。施工过程中专业监护人员不得离开现场。对施工中挖出来的电缆和中间接头要进行保护，并在附近设立警告标志，以提醒施工人员注意及防止外人误伤。

（二）电缆腐蚀的预防

电缆腐蚀一般指的是电线金属铅包或铝包皮的腐蚀，可以分为化学腐蚀和电解腐蚀两种。

化学腐蚀的原因一般是电缆线路附近的土壤中含有酸或碱的溶液、氯化物、有机物腐蚀质及炼铁炉灰渣等。硝酸离子和醋酸离子是铅的烈性溶剂，氯化物和硫酸对铝包极易腐蚀。氨水对铅没有大的腐蚀，但对铝体腐蚀较为严重。化工厂内腐蚀性介质较多，易引起电线的化学腐蚀，必须严密注意。通风不良，干湿变化较大的地方，电缆容易受到腐蚀，例如穿在保护管内的电缆。

埋设在地下的铝包电线的中间接头，是铝包电线腐蚀最严重的部位。一般情况下，电缆制造厂对铝包电线已有较充分的防腐结构，只要在施工中不损坏防扩层，腐蚀情况就不存在。但在电线中间接头处，在接头套管与电线铝包层焊接的部位，由于两种不同金属的连接所形成的腐蚀电池作用，以及周围土壤、水等媒介的作用，对铝包的腐蚀性很大。铝在电化学中是属于较活泼的一种金属，其标准电极电位比中间接头现用的其他金属材料要低，因此当构成腐蚀电池时，铝成了阳极，受到强烈的腐蚀。

1. 防止化学腐蚀的方法

（1）在设计电缆线路时，要做充分的调查，收集线路经过地区的土壤资料，进行化学分析，以判断土壤和地下水的侵蚀程度。必要时应采取措施，如更改路径，部分更换不良土壤，或是增加外层防护，将电线穿在耐腐蚀的管道中等。

（2）在已运行的电缆线路上，较难随时了解电缆的腐蚀程度，只能在已发现电缆有腐蚀，或发现电线线路上有化学物品渗漏时，掘开泥土检查电缆，并对附近土壤做化学分析，根据表 2-4 所列标准，确定其损坏程度。

表 2-4 土壤和地下水的侵蚀程度

土壤和地下水的侵蚀程度		不侵蚀的	中等侵蚀程度的	侵蚀的
侵蚀指标	氢离子浓度（pH）	6.8～7.2	6.8～6 和 7.2～8	6 以下 8 以上
	一般酸性或碱性（mg/L）KOH	0.05 以下	0.05～1	1 以上
	土壤里有机物（%）	2 以下	2～5	5 以上
	一般硬度用硬度数表示	15 以上	14～9	8 以上
	硫酸离子数量（mg/L）	100 以上	60～100	60 以下
	碳酸气体数量（mg/L）	以下	30～80	80 以上
	硝酸离子数量（mg/L）	不计算	0.05 以下	0.05 以上

注 1. pH 值用 pH 计来确定。
　　2. 有机物的数量用焙烧试量（约 50g）的方法来确定。

（3）对于室内外架空敷设的电缆，每隔 2～3 年（化工厂内 1～2 年）涂刷一遍沥青防腐漆，对保护电缆外护层有良好的作用。

2. 防止电解腐蚀的方法

（1）提高电车轨道与大地间的接触电阻。

（2）加强电缆包皮与附近巨大金属物体间的绝缘。

（3）装置排流或强制排流、极性排流设备，设置阴极站等。

（4）加装遮蔽管。

（三）电缆的防火

电缆防火方法是用防火材料来阻燃，防止延燃。现有的防火材料有涂料和堵、填料两大类。

1. 防火涂料

电缆用防火涂料有氨基膨胀型防火涂料以及防火包带。

膨胀型防火涂料的主要特点是，以较薄的覆盖层起到较好的防火、阻燃效果，几乎不影响电缆的载流量。由于涂料在高温下比常温时膨胀许多倍，因此能充分发挥其隔热作用，更有利于防火阻燃，却不至于妨碍电缆的正常散热。

防火包带的主要特点在于弥补涂料的缺点，适合于大截面的高压电缆，具有加强机械强度的保护作用。施工上比涂料简便，能准确把握缠绕厚度，质量易得到保证。其缺点是缠绕时需要有一定的活动空间，在密集的电缆架上施工时不方便，又因包带不具有膨胀性能，故较膨胀防火涂料的覆盖厚度为厚，对电缆的正常载流能力有影响。

2. 防火堵、填料

电缆贯穿墙壁或楼板的孔洞未封堵时所产生的严重后果，在电缆火势蔓延下，波及控制室或开关室的设备，造成盘、柜严重受损。变电站盘、柜受损后修复极耗时间，造成长时间的停电，即使火灾直接损失有限，但停电带来的经济损失巨大。

（四）预防终端头污闪

（1）在停电检修时做好清扫工作，也可在运行中用带绝缘棒刷子进行带电清扫。

（2）在终端头套管表面涂一层有机硅防污涂料，安全有效期可达一年之久。

（3）对严重污秽地区，可将较高电压等级的套管用于低压系统上。

（五）预防虫害

我国南方亚热带地区，气候潮湿白蚁较多，将会损坏电缆铅皮，造成铅皮穿孔，绝缘浸潮击穿。防蚁灭蚁的化学药剂配方如下：

（1）轻柴油＋狄氏剂：浓度为 $0.5\% \sim 2\%$。

（2）轻柴油＋氯丹原油：浓度为 $2\% \sim 5\%$。

（3）轻柴油＋林丹：浓度为 $5\% \sim 2\%$。

将配制好的农药，喷洒在电缆周围，使电缆周围 50mm 土壤渗湿即可。

第三节 故 障 处 理

一、电缆头故障的处理

（一）电缆头漏油的原因

（1）在敷设时，违反敷设的规定，将电缆铅包折伤或机械碰伤，应在敷设电缆时，按规定施工，注意不要把电缆头碰伤。如地下埋有电缆，动土时必须采取有效措施。

（2）制作电缆头、中间接线盒时扎锁不紧，不符合工艺，封焊不好。应在制作电缆头、中间接线盒时，严格遵守工艺要求，使扎锁处或三岔口处的封焊符合要求。

（3）注油的电缆头套管裂纹或垫片没有垫好，应使充油的电缆头、接线盒垫片垫好。

（4）电缆由于过负荷运行，温度太高产生很大油压，使电缆油膨胀。当发生短路时，由于短路电流的冲击使电缆油产生冲击油压；当电缆垂直安装时，由于高差的原因产生静油压。若电缆密封不良或存在薄弱环节，上述情况的发生将使电缆油沿着芯线或铅包内壁缝隙流淌到电缆外部来。应在运行中防止过负荷，在敷设时应避免高差过大或垂直安装。

（5）电缆头漏油后，部分电缆头由于缺油使电缆的绝缘水平有所降低，还会由于漏油缺陷不断扩大，使外部潮气及水分很容易侵入电缆内部，从而导致绝缘状况进一步恶化，造成电缆在运行中发生击穿事故，可尽量采取环氧树脂电缆头。

（二）户内电缆终端头漏油的处理

1. 环氧树脂电缆头

如漏油部位是壳体，可将漏油点环氧凿去一部分，将污油清洗干净，再绕包防漏橡胶带，然后再浇注环氧树脂。如果是环氧杯杯口三芯边漏油，则将三芯绝缘在杯口绕包环氧带后，将杯口接高一段，再灌注环氧树脂。

2. 尼龙头

尼龙头三芯手指口是用橡胶手指套包扎的，此橡胶手指套设计时虽已考虑到电缆头内油压的变化，但实际运行中这部分包扎处较易漏油，橡胶也较易老化破裂。因此，可在手指套外用塑料带、尼龙绳加固扎牢。另外，一种行之有效的方法是将尼龙头壳体上盖拆开，将电缆芯导体在适当位置锯断；增添一只塞止连接管，压接后，用事先准备好的加高了手指的上盖替换原来的上盖，复装后在上盖手指加高部位灌注环氧树脂，使电缆芯油路全部堵死。

3. 干包头

这类电缆头主要在三芯分叉口漏油的较多，处理时可先剥去几层塑料带，然后再压"风车"。包绕塑料绝缘带要分层涂胶，在外面用尼龙绳扎紧。

(三) 电缆户外终端没有铸铁匣胀裂的处理

户外终端头铸铁匣由于铸铁本身质量较差，安装时各部分受力不均匀以及灌注沥青绝缘胶较满，在满负荷过负荷情况下往往会发生铸铁匣胀裂的现象，而且多半发生在下半只匣体的上部紧螺丝部分。一般采用切割除缺陷终端头后重新制作，但运行经验证明，这类缺陷是由内压力过大造成的，缺陷形成后，匣体内绝缘胶从裂缝中向外挤出，裂纹部分一般在壳体最大直径部分向下，一般不至于大量潮气或水侵入，可采取修补壳体的措施来解决。修补前，先做一次直流耐压试验，鉴定电气性能是否合格，证实绝缘强度合格，然后修补外壳。如耐压击穿或不合格，说明已有水侵入，则更换终端头。

修补铸铁匣外壳胀裂的方法如下：

(1) 先将由裂缝挤出的绝缘胶刮去，用汽油清洗裂缝。

(2) 用钢丝刷将裂缝及两侧铁垢刷清，再用汽油清洗。

(3) 用环氧泥嵌填满裂缝。

(4) 用薄铝皮按修补范围筑好外模，再用环氧泥嵌满模缝。

(5) 用环氧树脂灌注。

(6) 待环氧树脂固化，检查质量合格后即可。

(四) 电缆户外终端头瓷套管碎裂的处理

户外电缆终端头瓷套管。由外力损伤或雷击闪络等往往会造成损坏，如果三相瓷套管有1~2只损坏，可用更换瓷套管的办法处理，不必将电缆头割去更换。有时候即使三相套管全部损坏，但杆塔下没有多余电缆可利用时，也可采取更换瓷套管的办法。更换的方法如下：

(1) 将终端头出线连接部分夹头和尾线全部拆除。

(2) 用石棉布包孔完好的瓷套管。

(3) 将损坏的瓷套管用小锤敲碎，取去。

(4) 用喷灯加热电缆头外壳上半部，使沥青胶全部熔化。

(5) 用管扳子等工具将壳体内残留瓷套管取出。

(6) 将壳体内绝缘胶清除，并疏通至灌注孔的通道。

(7) 清洗线芯上污物、碎片，并加清洁绝缘带。

(8) 套上新的瓷套管。

(9) 在灌注孔上装高漏斗，并灌注绝缘胶。

(10) 待绝缘胶冷却后，装上出线部分。

(五) 终端下部铅包龟裂的处理

这类缺陷多半发生在垂直装置较高的电缆头下面，一般在杆塔上的电缆比较多见。如发现此类缺陷，则需先鉴定其缺陷程度，如果尚未达到全部裂开致漏时，可采用以下两种处理办法：

（1）用封铅加厚一层。

（2）用环氧带包扎密封。

采用环氧带包扎密封，工作人员操作时保持对有电设备有足够的安全距离即可。包扎时用无碱玻璃丝带，涂刷环氧涂料，操作简便，较为实用。此法也可用来处理电缆线路上发生的类似缺陷。例如电缆铜包局部损伤、终端头封铅不良面漏油等。缺陷处理结束后应进行耐压试验，以做最后绝缘鉴定。

（六）电缆中间接头腐蚀的处理

制作电缆中间接头时，一般要把金属护套外的沥青和塑料带防腐层剥去一部分，制作后外露的部分励磁和整个中间接头的外壳都应进行防腐处理，其方法如下：

（1）对铅包电缆可涂沥青与桑皮纸组合（沥青层与桑皮纸间隔各两层）作为防腐层。

（2）对铝包电缆，在铝包电缆钢带锯口处，可保留 40mm 长的电缆本体塑料带沥青防腐层。铝包表面用汽油揩擦干净后，从接头盒铅封处起至钢带锯口处，热涂沥青一层，用聚氯乙烯塑料带以半重叠方式绕包两层，自黏性塑料带一层，再加上沥青、桑皮纸以组合防腐层。

（七）终端头击穿的处理

（1）铅封不严密，使水分和潮气侵入盒内，引起绝缘受潮而击穿。

（2）终端头有沙眼或细小裂纹，使水分和潮气侵入，引起绝缘受潮而击穿。

（3）引出线接触不良，造成过热，使绝缘破坏而击穿。

（4）电缆头分支处距离小或所包绝缘物不清洁，在长期电场作用下使这些薄弱环节的绝缘逐渐破坏，使电缆头爆炸。

（5）电缆头引出不当，如电缆芯直接引出盒外，使外界潮气沿芯绝缘入内，造成绝缘击穿。

应根据故障原因，采取相应方法进行处理。

（八）终端头电晕放电的处理

（1）三芯分支处距离小，在电场作用下空气发生引起电晕放电，应增大绝缘距离。

（2）电缆头距离电缆沟太近，且电缆沟较潮或有积水，电缆头周围温度升高而引起电晕放电，应排除积水，加强通风，保持干燥。

（3）由于芯与芯之间绝缘介质的变化，使电场分布不均匀，某些尖端或棱角处的电场比较集中，当其电场强度大于临界电场强度时，就会使空气发生游离而产生电晕放电。应将各芯的绝缘表面包一段金属带并将各个金属带相互连接在一起（称为屏蔽），即可改善电场分布而消除电晕。

（九）电缆终端盒爆炸起火的处理

电缆末端与断路器、变压器、电动机等电气设备连接时，一般都将接头置于终端盒内，以保证绝缘良好、连接可靠、安全运行。当终端盒出现故障时，使绝缘击穿，造成短路，发生爆炸，燃烧的绝缘胶向外喷出而引起火灾，导致设备损坏，甚至发生人身伤亡事故。

（1）电缆负荷或外界温度发生变化时，盒内的绝缘胶热胀冷缩，产生"呼吸"作用，内外空气交流，潮气侵入盒内，凝结在盒的内壁上和空隙部分，绝缘由于受潮，使绝缘电阻下降而被击穿。应在制作、安装终端盒时，确保施工质量、密封性能良好，防止潮气侵入。

（2）终端盒内的绝缘胶遇到电缆油就溶解，在盒的底部和电缆周围形空隙，绝缘电阻下降而被空气击穿。应加强对终端盒的巡视检查，当发现盒内漏油，要立即进行处理，防止泄漏油造成爆炸事故。

（3）电缆两端的高差过大，低的一端的终端盒受到电缆油的压力，严重时密封破坏，绝缘由于电阻降低而被击穿。

（4）线路上发生短路时，在很大的短路电流作用下，绝缘胶开裂，密封破坏，潮气侵入后，凝固在盒的内壁上和空隙部分，绝缘受潮，电阻下降而被击穿。

二、电缆其他故障处理

（一）纸绝缘电缆受潮处理

纸绝缘电缆在运输、储存和施工中，由于端部密封不严、浸水等原因，使电缆端部的绝缘受潮。若将受潮的纸绝缘电缆接入电网，由于绝缘强度下降，容易造成绝缘击穿。若发现电缆受潮，应从受潮部分起一小段一小段切除，至试验合格为止。其检查方法如下：将电缆芯松开，使绝缘纸处于自然状态，然后将其浸入 150～160℃ 的电缆油中，若产生"哗啪"爆破声，说明绝缘受潮，也可以用清洁干燥的工具剥开铅包，撕开几条绝缘纸，用火柴点燃，若发出"嘶嘶"声并出现白泡沫，说明电缆受潮。

（二）充油电缆的电缆油不合格处理

充油电缆由于制造质量不好或经过多次搬运，出现电缆油介质不符合要求。可采取经脱气处理的合格油进行冲洗置换。冲洗油量应小于 2 倍油道的油容量，冲洗后隔五昼夜取油样进行化验。如果仍不合格，需要再次冲洗，直至合格为止。

若电缆接头的油质不合格，可先用油冲洗电缆两端，然后在上油嘴接压力箱下油嘴放油冲洗，冲洗油量约为 2～3 倍电缆头内的油量。若电缆终端头的油质不合格，由于油量较大，不宜采用冲洗处理，可将终端头内的油放尽，重新进行真空注油。

（三）电缆绝缘击穿处理

（1）机械损伤。由于重物由高处掉下砸伤电缆，挖土不慎误伤电缆；在敷设时电缆弯曲过大使绝缘受伤，装运时电缆被严重挤压而使绝缘和保护层损坏；直埋电缆由于地层沉陷而受拉力过大，导致绝缘受损，甚至会拉断电缆，可采用架空电缆。尤其是沿墙敷设的电缆应予以遮盖，并及时制止在电缆线路附近挖土、取土行为。

（2）由于施工方法不良和使用的材料质量较差，使电缆头和中间接头的薄弱环节发生故障而导致绝缘击穿。应提高电缆头的施工质量，在电缆制作、安装过程中，绝缘包缠要紧密，不得出现空隙；环氧树脂和石英粉使用前，应进行严格干燥的处理，使气泡和水分不能进入电缆头内，并加强铅套边缘处理。

（3）绝缘受潮。由于电缆头施工不良，水分侵入电缆内部或电缆内护层破损而使水分浸入；铅包电缆敷设在振源附近，由于长期振动而产生疲劳龟裂；电缆外皮受化学腐蚀而产生孔洞；由于制造质量不好，铅包上有小孔或裂缝。应加强电缆外护层的维护，定期在外护层上涂刷一层沥青。

（4）过电压。由于大气过电压或内部过电压引起绝缘击穿，尤其是系统内部过电压会造成多根电缆同时被击穿。

（5）绝缘老化。电缆长期的运行中，由于散热不良或过负荷，导致绝缘材料的电气性能和机械性能劣化，使绝缘变脆和断裂。

（四）电缆接地处理

（1）地下动土刨伤，损坏绝缘，可挖开地面，修复绝缘。

（2）人为的接地没有拆除，应拆除接地线。

（3）负荷过大、温度过高，使绝缘老化，应调整负荷，采取降温措施，更换老化的绝缘，必要时更换严重老化的电缆。

（4）套管脏污，有裂纹引起放电，应清洗脏污的套管，更换有裂纹的套管。

（五）电缆短路崩烧处理

（1）电缆选择不合理，热稳定度不够，使绝缘损伤，发生短路崩烧，应进行修复后降低电缆负荷，使线路继续运行。

（2）多相接地或接地线、短路线没有拆除，应找出接地点，并排除故障或将接地线、短路线及时拆除。

（3）相间绝缘老化和机械损伤。

（4）电缆头接头松动，造成过热，接地崩烧，应紧固电缆头接头，防止松动。

（六）电缆相间绝缘击穿短路或相对地绝缘击穿，对地短路

（1）电缆本身受机械撞伤，使绝缘破坏。

（2）由于各种原因引起电缆受潮，使绝缘强度降低而被击穿。

（3）电缆绝缘老化。

（4）电缆防护层和铅包的腐蚀，使绝缘层损坏被击穿。

（5）过电压引起击穿。

（6）电缆的运行温度过高，使绝缘破坏而被击穿。

发现故障后，要在可能的情况下，重新连接或更换新电缆。

（七）中间接头相间绝缘击穿短路或相地绝缘击穿对地短路处理

（1）中间接线盒有缺陷，如各部分组装起来连接不紧密，绝缘剂洗灌后密封不良等使水分侵入，引起绝缘受潮而击穿，应选用自制合格的中间接线盒和重做中间接头。

（2）导线连接接头接触不良，产生局部发热引起绝缘破坏而击穿，要找出发热原因，并采取相应措施。

（3）接线盒有沙眼或裂痕，使水分和潮气侵入盒内，引起绝缘受潮而击穿，应消除缺陷，提高接线盒质量。

（4）中间接头制作不当，如线芯和接头连接不均匀，使局部绝缘降低而击穿；电缆胶浇灌不均匀，而不均匀的电介质在电场的作用下产生游离，使绝缘破坏而击穿。应严格遵守中间头制作工艺。

（5）绝缘材料配制不当，绝缘材料差而引起击穿，应严格配制并选用质量好的绝缘材料。

（八）电缆故障后的修复

电缆线路发生故障（包括电缆预防性试验时击穿故障）后，必须立即进行修理，以免水汽大量侵入，扩大损坏范围。

运行中电缆发生故障可能造成电缆严重烧损，相间短路往往使线芯烧断，需要重新连接处理，但单相接地故障一般可进行局部修理。故障后的修复需掌握两项原则：其一是电缆受潮部分应予清除；其二是绝缘油有炭化现象应予更换，绝缘纸局部有炭化时应彻底清理干净。下面介绍几种常用的修复方法。

（1）电缆单相接地故障后的修复。此类故障电缆芯导体的损伤通常只是局部的，一般可进行局部修理。最常用的方法是加添一只假接头，即不将电缆芯锯断，仅将故障点绝缘加强后密封即可。

（2）电缆中间接头预防性试验击穿后的修复。中间接头运行中绝缘强度逐渐降低，预防性试验电压较高，故此类故障较为常见。这种故障一般中间接头并没有受到水的侵入，修复时可将接头拆开，在消除故障点后重新接复。在拆接过程中，要检查电缆芯绝缘是否受潮，可剥下表面 1～2 层绝缘纸进行检查，也可用热油冲洗。如有潮气应彻底清除后才能复接。如潮气较多，而且已延伸到两侧的电缆内，若采用加长型的电缆接头套管还不够长时，则将受潮电缆锯掉，另敷一段电缆后制作两只中间接头。

（3）环氧树脂终端头预防性试验击穿后的修复。先找出击穿点部位，将击穿点外面的环氧树脂用铁凿凿去，消除故障点后加包堵油层，然后再重新局部浇注环氧树脂。

（4）户内电缆终端头预防性试验击穿后的修复。可进行拆接和局部修理，其工艺与重新制作电缆头类似。若终端部分留有一定量的余线，可适当将铅包再切割一段。

（九）电缆的外力损伤处理

电力电缆有保管、运输、敷设、运行过程中都有可能受到外力损伤，特别是直埋电缆在敷设时，由于施工不当而造成损伤；运行中由于施工管理不善，电力电缆受到损伤。由于电缆外力损伤事故占电缆事故率的 50％ 左右。遭到外力破坏的电缆不但直接影响到供电系统的安全，中断用电设备供电，还得重新做电缆中间接头，后果严重。

为了避免电力电缆外力损伤事故发生，除了加强对电缆保管、运输、敷设各环节质量管理工作外，更重要的是严格执行施工工作中的动土制度。在施工动土前应明确掌握电缆线路的走向、方位，挖土时要特别注意，严防触及电缆线路。

电缆线路在运行中，若发现电缆外皮遭受机械损伤或外皮龟裂，能否带电修理，必须考虑到人身和设备安全。若电缆仅受一般的机械损伤（擦破外壳而没有损伤绝缘），完全可以带电修理；若绝缘受轻微损伤，必须在遵守现场运行检修规程的特殊规定、确保人身和设备的安全情况下，才能进行带电修复。一般应使用环氧树脂带修补，而不进行高温封焊。但在装有自动重合闸保护装置的线路要停用该装置，由技术熟练的电工人员担任检修工作。

（十）过电压引起电缆的二次故障处理

电缆由于过负荷、管理不完善等原因常常会出现不同形式的故障，而这些故障的出现又常常会引起过电压，导致电缆的二次故障。例如由于电缆接地故障又引起电缆中间接头击穿，线路发生三相相间短路造成电缆击穿等。

例如，发生单相金属性接地故障时，非故障相的对地电压可升高至额定电压的 3 倍，经弧光电阻接地的故障，常会形成电弧熄灭和重燃的间歇性电弧，这种故障状态可导致电路发生谐振，在故障相和非故障相中都产生过电压。而且这种过电压持续的时间往往很长（在中性点不接地或经消弧线圈接地的系统中可允许在一点接地情况下运行不超过 2h），因而过电压的危害也就更大，它可以加速电缆绝缘老化，将电缆在某些绝缘薄弱环节处击穿。这种现象在油浸纸绝缘电缆中出现得更多一些。

为防止过电压引起的电缆的二次故障，可采取以下措施：

（1）在电缆架设和施工中尽量减少电缆的机械损伤。

（2）定期对电缆进行耐压试验，消除隐患。

（3）提高电缆终端头和中间接头的制作质量。

（4）对新投入运行的电缆严格把关，按国家标准进行施工和验收。

（十一）防止电缆在钢管中被冻坏处理

在电缆敷设中，为保护电缆常采用钢管作为电缆的防护外套。如果钢管两端密封不严或密封失效，便有可能在钢管内积水。当严寒的冬季到来时，积水成冰，体积膨胀，增大的体积只能是向管口两端延伸，在冰块延伸的同时将拉动电缆产生位移。一旦位移超过电缆的弹性形变，电缆便有可能被拉断。

为防止这种故障产生，可采用以下方法：

（1）敷设钢管作为电缆的防护外套时要做好密封，平时经常检查管口的密封情况。当发现密封出现裂纹时，要及时采取措施进行修补。

（2）在钢管的最低点处钻1～2个小孔，使电缆中的积水能及时渗出而不至于长期积存。

（十二）防止电缆散热不良引起火灾处理

某配电室一电缆井中42条橡胶电缆在某夜2点左右的一场火灾中全部烧毁。起火原因经现场分析为：因电缆井空间过小，众多的电缆互相交叉，维修、抽动都非常不便。工人便在电缆井口处将这些电缆理顺并将它们用塑料线捆扎在一起。电缆井有盖板，盖上盖板后，井内通风散热不良，加之电缆负荷较大，在长期运行中，电缆过热导致绝缘老化。在发生火灾的这一夜，电网电压高至443V，使电缆发生热击穿并引燃橡胶外皮，将井内电缆全部烧毁。

防治措施：

（1）电缆井（沟）应根据电缆的敷设进行合理设计，不应过分窄小。

（2）0.5kV以下的橡胶电缆运行温度不应超过65℃，相邻电缆间距不应小于35mm，以利散热。

（3）要经常检查电缆的运行情况，发现问题及时解决。

1. 电缆芯线断线

判断方法：将电缆一端的芯线短接，在另一端用绝缘电阻表测量每两条芯线间的绝缘电阻，若绝缘电阻为无穷大，则表明是完全断线；若绝缘电阻不为无穷大，也不为零，则表明是不完全断线。

2. 电缆芯线短路

判断方法：将电缆一端的芯线完全散开，在另一端用绝缘电阻表测量每两条芯线间或芯线与接地线的绝缘电阻，若绝缘电阻为零，则表明为相间短路或对地短路。

3. 电缆穿线钢管发热

故障原因：单芯电缆相线单独穿入钢管或三相四线式供电线路非同回路穿入钢管，均会因"净剩电流"在钢管内产生涡流造成钢管发热。

解决方法：应将同一回路的导线穿入同一个钢管内，即同一回路的进线与出线必须穿入同一钢管，使"净剩电流"为零。

4. 电缆中间接头烧毁

故障原因：

（1）施工中各套管上的灰尘和杂质没有清理干净。

（2）各绝缘套管中以及管之间有空气。

（3）热缩管加热时受热不均匀，密封不严。

解决方法：

（1）在中间接头施工中要用酒精将各套管上的灰尘和杂质清理干净，尽量避开不好的施工天气。

（2）热缩施工时要尽量使热缩管受热均匀，从一端缓缓地向另一端加热，排除管内空气。

（3）在中间接头外护套管与电缆外护套的搭接处缠绕能承受 10kV 的自黏胶带。

5. 电缆绝缘击穿

故障原因：

（1）机械损伤。电缆直接受外力作用而损伤，如重物由高处掉下砸伤；取土挖伤；敷设时电缆弯曲过大时绝缘受伤；外力挤压时绝缘和保护层损坏；直埋电缆因地层沉陷而承受过大拉力导致绝缘受损等。

（2）电缆头故障。终端头和中间接头是电缆线路的薄弱环节，因施工不良或使用材质较差，电缆头发生故障使绝缘击穿。

（3）绝缘受潮。由于电缆头施工不良，水分侵入电缆内部；电缆内护套层破损而使水分侵入。

（4）过电压。因大气过电压或内部过电压而引起绝缘击穿，尤其是系统内部过电压常造成多根电缆同时击穿。

（5）绝缘老化。电缆长期运行中，由于散热不良或过负荷使绝缘材料的电气性能和机械性能劣化，造成绝缘变脆和断裂。

解决方法：

（1）防止机械损伤。架空电缆应注意遮盖；在运行电缆线路应加强巡视检查，及时制止在电缆线路附近取土和开挖行为。

（2）提高电缆头的施工质量。由于气泡和水分对电缆头绝缘的耐压强度影响很大，因此在安装过程中绝缘层要包缠紧密，不出现空隙。

（3）严防绝缘受潮。应特别注意排除路灯检修工井内的积水。

（4）电缆运输中应避免磕碰挤压，敷设电缆应保证质量，防止弯曲超过允许半径。

第四节　事故案例分析及预防

（一）因 10kV 电缆屏蔽线安装错误导致 10kV 开关柜拒动及原因分析

1. 事故现象

某日，某开关站发生一起由于用户事故引发上级 110kV 变电站开关跳闸的事故，那么为什么对此 10kV 用户供电的开关站的开关没有动作，而引发越级 110kV 变电站 10kV 开关跳闸呢？

2. 故障查找及原因分析

（1）经检查，该开关站的这一出线开关运行不到半年，期间曾发生过过流保护动作跳闸的记录；110kV 变电站出线开关动作是因零序动作而跳闸。

（2）是否是零序电流整定值的问题？通过查阅该线路定值通知单及调试报告，与上一级开关零序保护整定值对比分析，该馈线零序保护整定值与上一级零序保护整定值完全配合。现场对该柜零序电流继电器定值进行校验，没有发现继电器定制变化的情况。

（3）是否是零序电流保护回路的问题？利用该次停电对该开关零序电流互感器进行二次升流，做回路传动试验，零序保护能正常动作，使断路器跳闸。

（4）是否是跳闸回路及断路器操动机构的问题？但是该开关运行不到半年，期间曾发生过过流保护动作跳闸的记录；此次又做了零序电流互感器进行二次升流，做回路传动试验，零序保护能正常动作，使断路器跳闸。这种可能也被排除。

（5）反复认真进行检查发现该出线电缆采取屏蔽线穿过电流互感器窗口方式接地，导致其后段线路发生单相接地故障时，故障相电流与流经接地引线的电流大小相等，方向相反，所以互感器不产生磁通，从而感应不到故障电流，由于没有故障电流，断路器就不会动作导致事故发生。

3. 事故对策

（1）强调 10kV 电缆屏蔽线的接线方式，加强施工现场的监督力度。屏蔽线位于零序电流互感器上方（或中间）时，屏蔽线必须再次穿过零序电流互感器后接地；如果屏蔽线位于零序电流互感器下方时，屏蔽线不得穿过零序电流互感器接地。

（2）在验收中强调对于零序电流互感器和电缆屏蔽线的详细验收要求。

（二）10kV 电缆分界室故障引发上级变电站出线开关速断掉闸原因分析

1. 事故现象

某年 1 月下旬，110kV×××变电站×××开关速断保护掉闸，经抢修人员检查，是由于 10kV××电缆分界室故障引起。

2. 故障查找及原因分析

该电缆分界室是一个单独建筑的小屋，室内没有采暖、通风和除湿的设备，电缆夹层有积水。将电缆分界室内的环网柜柜门打开，发现母线排端口处发生对地短路；三相母线端对金属柜板均有放电痕迹，母线端口没有打磨圆滑；SF_6 气体压力表指示正常，可以确定气箱内的 SF_6 气体没有泄漏；柜体内最上方的母线室凝霜、结露严重；电缆室受潮严重，电缆接线端子锈蚀；电缆室内的加热除湿器开关已锈蚀，损坏、失灵；电缆由电缆夹层进入电缆室封堵不严密。

3. 事故对策

（1）提高设备生产质量，杜绝母线端头打磨不圆滑的隐患；

（2）提高安装、施工质量，封堵严密，避免水气进入柜内；

（3）加强凝露结霜季节环网柜的巡视检查，发现凝结有霜、露水和污物及时去除；

（4）如本地区凝露、结霜较严重，可以试用固体绝缘环网柜；

（5）对已投运的设备不满足凝露结霜季节绝缘距离的裸露母线可以加装绝缘护套。

（三）10kV 环网柜因柜内肘形头炸引发上级变电站出线开关速断掉闸原因分析

1. 事故现象

某年 1 月中旬，110kV×××变电站×××开关速断保护掉闸，经抢修人员检查，是由于 10kV××用户分界室环网柜内的电缆肘形头炸的故障引起。

2. 故障查找及原因分析

将该用户分界室环网柜柜门打开发现，柜体内锈蚀很严重，同时柜壁上凝结有很多霜和露水。母线室、电缆室内的母线瓷瓶的金属部分锈蚀很严重。用绝缘摇表对 A、B、C 相母线支持瓷瓶进行摇测，绝缘电阻值低于要求；柜内电缆肘形头炸。故障原因分析如下：

（1）SF_6 气体压力表指示正常，可以确定气箱内的 SF_6 气体没有泄漏；

（2）电缆由电缆夹层进入电缆室封堵不严密；

（3）柜体内锈蚀很严重，同时柜壁上凝结有很多霜和露水，电缆夹层内有积水；

（4）柜内没有设计、安装加热、除湿装置；

（5）检查已炸的电缆肘形头，发现安装不符合要求，使得肘形头存在间隙，导致潮气进入，时间一长引发故障发生。

3. 事故对策

（1）提高环网柜安装、施工质量，封堵严密，避免水气进入柜内；

（2）电缆接续头、电缆终端头和电缆肘形头的制作、安装应严格按照施工质量标准执行；

（3）加强凝露结霜季节环网柜的巡视检查，发现凝结有霜、露水和污物及时去除；

（4）如本地区凝露、结霜较严重，可以试用固体绝缘环网柜或选用全密封绝缘环网柜；

（5）根据当地气候和环境条件定制配有加热和去湿装置的环网柜。

变压器没有转动部分，和其他电气设备相比，它的故障是比较少的。但是，变压器一旦发生事故，则会中断对部分用户的供电，修复所用时间也很长，造成严重的经济损失。为了确保安全运行，运行人员要加强运行监视，做好日常维护工作，将事故消灭在萌芽状态。万一发生事故，要能够正确判断原因和性质，迅速、正确地处理事故，防止事故扩大。

（四）柱上变压器因肘形电缆终端头故障而造成的停电

1. 事故现象

95598 接用户电话，反映附近用户停电。

2. 故障查找及原因分析

接到报修电话后，事故抢修班的人员迅速赶到事故现场，经检查发现，该台变压器高压套管采用的是美式套管结构肘形电缆终端头，由于这种美式套管结构肘形电缆终端头由肘形头、单通套管和变压器底座套管井三部分组成，单通套管和变压器底座套管井存在交界面，这几天一直有较大的暴雨，水分有可能通过此交界面进入。再细检查发现单通套管没有旋紧、安装到位，导致单通套管和变压器底座套管密封不严。为什么会没有旋紧、安装到位呢？分析发现单通套管的紧固螺母是六角的必须使用六角扳手才能拧紧。由于施工单位没有配置六角扳手，只能使用普通扳手紧固，导致没有旋紧、安装到位。

3. 事故对策

（1）施工时必须使用专用六角扳手进行紧固，且紧固到位，避免水分进入。

（2）将美式套管结构肘形电缆终端头改为欧式套管结构肘形电缆终端头，因为欧式套管结构肘形电缆终端头只有一个和变压器套管之间的交界面，减少了水分进入的可能性。

（3）由于美式套管结构肘形电缆终端头和欧式套管结构肘形电缆终端头都存在户外运行的问题，而美式套管结构肘形电缆终端头和欧式套管结构肘形电缆终端头都是按室内设计的，老化问题突出，所以不应在柱上变压器上推广使用这两种肘形电缆终端头。

（五）电缆被刨短路，造成 10kV 线路被烧断的事故

1. 事故现象

一天，某 10kV 线路速断掉闸重合未出。经线路巡视发现是某建筑部门施工未与供电部门联系，挖沟时将供电部门的电缆刨断，造成三相短路而引发事故。

2. 故障查找及原因分析

（1）建筑部门未与供电部门联系就进行施工，在挖到电缆上覆盖的水泥盖板后，仍然下挖，从而将电缆刨断；

（2）供电部门宣传、巡视力度不够。

3. 事故对策

（1）施工部门应加强与供电部门的联系，避免刨断电缆的事故发生；

（2）供电部门加大宣传与巡视的力度，减少外力破坏事故的发生。

（六）因联络不畅，误锯线路的出线电缆，造成相间短路

1. 事故现象

一日，某 10kV 线路速断动作，重合未出，手动也未发出。

2. 故障查找及原因分析

某施工队伍，为将××单位的进线电缆改由另一电源供电，在附近欲将给此单位供电的电缆挖出，不想，一下挖出五条电缆。为确认哪条是给此单位供电的电缆，有两人在此单位发信号，其他人在挖出电缆处听信号，因附近较嘈杂，加之工作人员的责任心不强，将信号听错，误锯另一条带电的电缆，而此条电缆恰好是某 10kV 线路的出线电缆，从而造成该条线路相间短路。以上事故说明：

（1）工作人员的责任心不强，在未全试验完的情况下就想当然的确认是哪条电缆，是造成此次事故的主要原因。

（2）施工现场条件恶劣，声音嘈杂，不宜监听信号。在这种情况下，未采取相应措施，仍然用老办法进行试验，是造成此次事故的次要原因。

3. 事故对策

（1）加强工作人员的责任心，工作时认真负责，在不好确定的情况下，宁可重复再试，也不可想当然的进行确定；

（2）在施工现场环境恶劣时，应采取相应防范措施，或采用其他方法，以确保试验的正确性。

（七）因过街电缆被刨，造成 10kV 线路相间短路

1. 事故现象

一日，某 10kV 线路速断掉闸，重合未出，手动也未发出。经紧急修理班人员巡线发现：因马路扩宽，民工在挖刨路面时，不小心挖到埋设在路面下的过街电缆，将电缆的绝缘刨坏，造成电缆相间短路。

2. 故障查找及原因分析

（1）施工部门在施工前，未与供电部门联系，签订安全施工协议，就想当然的进行施工，致使挖坏供电部门的电缆，造成相间短路；

（2）施工部门对施工工人的安全教育不足，致使工人在挖到电缆时，不及时汇报，仍然继续刨挖，直到挖坏电缆，造成相间短路；

（3）供电部门线路巡视不力，没有及时发现道路施工，对施工部门进行指导，签订安全施工协议。

3. 事故对策

（1）大力宣传、贯彻《电力设施保护条例》，使施工部门都知道在进行施工前，一定要与供电部门取得联系，询问施工地段是否有电力电缆，如果有，一定要与供电部门签订安全施工协议，确保电力电缆的安全；

（2）施工部门应加强施工安全教育，使施工工人掌握挖到电缆、电缆管道、电缆保护盖板及电缆保护砖层时，一定要及时向有关领导汇报，及时与供电部门取得联系，确保电力电缆的安全运行；

（3）加强电力线路的巡视力度，提前发现事故隐患，及时进行处理解决。

（八）电缆头炸，造成相间短路，线路停电

1. 事故现象

一日，某 10kV 线路速断掉闸，重合未出，手动也未发出。经紧急修理班人员巡线发现，该 10kV 线路出线电缆头炸，造成相间短路，致使该线路停电。

2. 故障查找及原因分析

（1）该线路的出线电缆位置恰好在一十字路口，环境较恶劣，污染较严重，当日雾气较大，致使相间短路，电缆头炸；

（2）线路巡视力度不够，未能及时发现电缆头的污染情况。

3. 事故对策

（1）加大线路巡视力度，提前发现事故隐患，及时进行处理；

（2）在环境恶劣，污染较严重的地区，应对电力设施进行相应的处理，确保电力设施的安全运行。

（九）因电缆中间接头进水，故障造成变电站 10kV 开关零序掉闸

1. 事故现象

某年，×××变电站 10kV×××开关零序动作掉闸，事故抢修人员检查发现是因为×××路电缆中间接头绝缘击穿，对地放电所致。

2. 故障查找及原因分析

事故抢修人员检查发现是因为×××路电缆中间接头绝缘击穿，对地放电所致。将此电缆中间接头锯下运回单位进行解体分析。

（1）该电缆中间接头的制作工艺是冷缩式。解体前对外观进行检查，铠装表面没有发现击穿放电点。电缆中间接头两侧的电缆钢铠有锈蚀。

（2）切开内护套后发现中间接头硅橡胶应力锥表面潮湿，用干净布擦拭，布上呈现水分。

（3）再检查发现应力锥端口处有放电痕迹。端口防水带和包裹应力锥的铜网与放电对应处已被烧蚀。

（4）冷缩中间接头制作工艺不佳，运行环境湿度又较大，导致中间接头内部受潮，从而使中间接头均匀电场的能力下降，绝缘强度也随之下降，受潮的电缆主绝缘发生沿面爬电。运行时间较长后，将应力锥与铜屏蔽之间的绝缘击穿，产生放电回路，最终将电缆外护套击穿造成单相接地。

3. 事故对策

（1）加强电缆中间接头制作人员的工艺水平，确保电缆中间接头工艺质量。

（2）强化电缆中间接头制作人员的管理、考核，谁制作，谁负责。确保电缆中间接头工艺质量。

（3）加强运行管理，提高电缆运行环境，降低运行环境湿度，保证电缆的安全运行。

（十）因电缆中间接头故障造成 110kV 变电站 10kV 出线开关零序一段动作掉闸

1. 事故现象

××年××月××日，××变电站 10kV×××开关零序动作掉闸，事故抢修人员检查发现是因为×××路电缆中间接头绝缘击穿，对地放电所致。

2. 故障查找及原因分析

（1）该电缆中间接头的制作工艺是热缩式，防外力护套是群式铠装。解体前对外观进行检查，铠装表面没有发现击穿放电点。电缆中间接头两侧的电缆钢铠有锈蚀，且锈蚀量较多。

（2）检查电缆本体和中间接头防水过渡部位，发现中间接头内护套、外护套和防水带之间均可见到水的痕迹，证明已进水，导致铜屏蔽被大部锈蚀。

（3）将中间接头的铠装和护套剥离后，发现中间接头应力锥有放电击穿点。包裹应力锥的铜网在对应位置已被锈蚀。

（4）将故障中间接头应力锥切开进行检查发现，内部被严重烧蚀，甚至电缆主绝缘和导体压接管都可见到被烧蚀后的炭化现象。

（5）电缆中间接头解体中还发现理应在应力锥外部被截断的铜屏蔽在半导电断口处有铜屏蔽覆盖；导体压接管处发现电缆导体错位，一端导体已脱离。这是很严重的施工质量问题。

（6）热缩中间接头制作工艺不佳，运行环境湿度又较大，导致中间接头内部受潮，从而使中间接头均匀电场的能力下降，绝缘强度也随之下降，受潮的电缆主绝缘发生沿面爬电。运行时间较长后，将应力锥与铜屏蔽之间的绝缘击穿，产生放电回路，最终将电缆外护套击穿造成单相接地。

3. 事故对策

（1）加强电缆中间接头制作人员的工艺水平，确保电缆中间接头工艺质量。

（2）强化电缆中间接头制作人员的管理、考核，谁制作，谁负责。确保电缆中间接头工艺质量。

（3）加强运行管理，提高电缆运行环境，降低运行环境湿度，保证电缆的安全运行。

（十一）因电缆中间接头工艺不佳，故障造成 10kV 出线开关零序一段动作掉闸

1. 事故现象

××年××月××日，××变电站 10kV×××开关零序动作掉闸，事故抢修人员检查发现是因为×××路电缆中间接头绝缘击穿，对地放电所致。

2. 故障查找及原因分析

事故抢修人员将击穿的电缆接头予以更换，并将被击穿的电缆接头拿回进行解体分析发现：

（1）将防水带和外护套剥离后，在三相电缆中间接头表面发现由于放电而被烧出的大量

炭粉；其中 A 相电缆中间接头的橡胶绝缘件一侧有显著的被电击穿的痕迹，另一侧有明显的水渍。

（2）把这一相的电缆中间接头橡胶绝缘件进行剥离，露出电缆压接管，可以看到在电缆压接管一侧的主绝缘和半导层交界处已被击穿；另一侧的主绝缘表面可以看到有沿面爬电痕迹。

（3）检查没有发生故障的另两相电缆主绝缘和半导层的交界面，在交界面处发现有利器划伤的痕迹。可以确认为是在做头时，电工刀将半导层划伤所致。

（4）由于电缆半导层被划伤，致使此处场强分布不均，运行时间较长后造成这个地方的场强过度集中，绝缘强度大大降低，终于发生事故，单相对地绝缘被击穿放电。

3. 事故对策

（1）严格要求施工单位按照施工工艺进行施工，杜绝因施工质量造成的事故。

（2）对施工人员进行培训、考核，考核合格后持证上岗。保证施工人员的资质和水平，从而保证施工质量。

（十二）热缩电缆中间接头因制作工艺差进水造成的事故

1. 事故现象

××年××月××日，××变电站 10kV×××开关速断动作掉闸，事故抢修人员检查发现是因为×××路电缆中间接头绝缘击穿放电所致。

2. 故障查找及原因分析

该电缆是油浸纸绝缘电缆。事故抢修人员将击穿的电缆接头予以更换，并将被击穿的电缆接头拿回进行解体分析发现：

（1）将热缩中间接头外层的钢铠剥离开，发现内部受潮严重，且有泥土、杂质等物存在。

（2）电缆沟内环境恶劣，有水和各种脏东西。

（3）检查内、外护套搭接层，发现内护套内侧的铜屏蔽层锈蚀严重。

（4）检查放电点，发现是两相电缆绝缘被击穿导致相间短路，从而造成速断保护跳闸。

从以上分析可以得出由于热缩电缆中间接头制作工艺不良，且长期处于水中，致使油浸纸绝缘电缆受潮，绝缘急剧下降至被击穿两相短路。

3. 事故对策

（1）严格要求施工单位按照施工工艺进行施工，杜绝因施工质量造成的事故。

（2）对施工人员进行培训、考核，考核合格后持证上岗。保证施工人员的资质和水平，从而保证施工质量。

（3）提升电缆运行环境水平，不让电缆沟内进水和各种杂质，保证电缆的安全运行。

（十三）由于施工外力使电缆中间接头弯曲导致电缆被击穿事故

1. 事故现象

××年××月××日，××变电站 10kV×××开关零序动作掉闸，事故抢修人员检查发现是因为×××路电缆中间接头绝缘击穿，对地放电所致。

2. 故障查找及原因分析

事故抢修人员将击穿的电缆接头予以更换，并将被击穿的电缆接头拿回进行分析发现：

（1）该电缆中间接头外观不是平直的，而是呈现弯曲状，弯曲的弧度还很大。

（2）将中间接头进行解体发现，C 相应力锥被击穿，铜屏蔽有被放电烧伤的痕迹。故障点位于压接管与电缆主绝缘断口处。

（3）细致进行对比发现：被击穿的电缆压接管处的弯曲度最大，致使导体压接管已与电缆主绝缘发生接触。

（4）检查另两相电缆压接管也呈弯曲状，电缆压接管与电缆主绝缘间虽没有接触，但主绝缘表面已经变色。

（5）该电缆中间接头主绝缘表面存在被电工刀划伤的痕迹；打磨粗糙；倒角角度不够。

从以上分析可以得出由于施工不善，致使电缆中间接头弯曲，导致电缆中间接头处的均匀电场强度下降，电缆主绝缘发生爬电，运行一段时间后，将应力锥与铜屏蔽击穿，进而击穿外护套对地放电。

3. 事故对策

（1）严格要求施工单位按照施工工艺进行施工，杜绝因施工质量造成的事故。

（2）对施工人员进行培训、考核，考核合格后持证上岗。保证施工人员的资质和水平，从而保证施工质量。

（十四）由于电缆中间接头质量差导致电缆对地放电事故

1. 事故现象

××年××月××日，××变电站 10kV×××开关零序动作掉闸，事故抢修人员检查发现是因为×××路电缆中间接头绝缘击穿，对地放电所致。

2. 故障查找及原因分析

事故抢修人员将击穿的电缆接头予以更换，并将被击穿的电缆接头拿回进行分析发现：

（1）该电缆中间接头为冷缩式。剥离开中间接头的铠装和护套发现：防水带不仅缠绕在应力锥内部，还将半导电断口处缠绕覆盖，严重破坏了半导电过渡层所谓均用电场的作用。

（2）三相电缆中的 A 相中间接头在应力锥端口处有放电击穿的痕迹。端口防水带和包裹应力锥的铜网在对应位置已被烧损。

（3）将发生放电的 A 相电缆中间接头的应力锥切割开发现明显的烧损，电缆主绝缘已烧至炭化程度。

（4）将没有发生故障的 B、C 两相电缆中间接头应力锥切割开发现，内部有明显的不均匀爬电痕迹。

（5）电缆沟内环境恶劣，有水和各种脏东西。

通过以上分析可以得出：由于该电缆中间接头的制作质量问题，防水带不仅缠绕在应力锥内部，还将半导电断口处缠绕覆盖，严重破坏了半导电过渡层均用电场的作用，导致电缆绝缘强度大幅度下降。加之电缆沟内环境恶劣，有水和各种脏东西使得电缆受潮，致使电缆主绝缘发生沿面爬电，时间一久，便造成电缆与铜网的放电，最终将电缆外护套击穿对地放电。

3. 事故对策

（1）严格要求施工单位按照施工工艺进行施工，杜绝因施工质量造成的事故。

（2）对施工人员进行培训、考核，考核合格后持证上岗。保证施工人员的资质和水平，从而保证施工质量。

（十五）电缆井中的电缆因不按规定敷设，导致烧毁的事故

1. 事故现象

××年××月××日，95598 接用户电话，整个小区停电。

2. 故障查找及原因分析

事故抢修人员紧急赶到该小区，检查发现小区配电室电缆井内的电缆烧毁所致。是什么原因造成电缆井内的电缆烧毁的？

（1）该小区属于老旧小区，电缆截面普遍不能适应小区负荷的增长，处于满负荷或过负荷的状态。

（2）因电缆井空间过小，众多的电缆互相交叉，维修、抽动都非常不便。在一次配电室检查清扫时，两个工人未经请示，想当然地便在电缆井口处将这些电缆理顺并将它们用塑料线捆扎在一起。电缆井有盖板，盖上盖板后，井内通风散热不良，加之电缆负荷较大，在长期运行中，电缆过热导致绝缘老化，使电缆发生热击穿并引燃橡胶外皮，将井内电缆全部烧毁。

3. 事故对策

（1）电缆井（沟）应根据电缆的敷设进行合理设计，不应过分窄小。

（2）0.5kV 以下的橡胶电缆运行温度不应超过 65℃，相邻电缆间距不应小于 35mm，以利散热。

（3）要经常检查电缆的运行情况，发现问题及时解决。

（十六）电缆保护钢管因没有做封堵导致的事故

1. 事故现象

××年××月××日，95598 接用户电话，整个小区停电。

2. 故障查找及原因分析

事故抢修人员赶到现场检查发现：

（1）该小区是由柱上变压器供电，低压出线是电缆，直埋到用户。为了保护出线电缆，出线部分采用穿钢管保护。

（2）钢管端口没有倒角，致使端口异常锋利，电缆穿管时，将低压电缆外绝缘严重划伤。

（3）该电缆已运行多年，钢管两端的封堵泥已老化脱落使钢管内存有大量积水。当严寒的冬季到来时，积水成冰，体积膨胀，增大的体积只能是向管口两端延伸，在冰块延伸的同时拉动电缆产生位移。位移超过电缆的弹性形变，电缆便被拉断。电缆被拉断瞬间发生相间和相对地放电短路。

3. 事故对策

（1）敷设电缆的钢管端口必须倒角，严防电缆穿管时划伤电缆。

（2）敷设钢管作为电缆的防护外套时要做好密封，平时经常检查管口的密封情况。当发现密封出现裂纹时，要及时采取措施进行修补。

（3）在钢管的最低点处钻 1～2 个小孔，使电缆中的积水能及时渗出而不至于长期积存。

（十七）电缆验电刺锥误穿带电电缆的事故

1. 事故现象

××年××月××日，给 10kV××用户供电的两条 10kV 电缆，一条计划检修，另一

条正常运行。计划检修的电缆从开关站拉开相应开关后，通知对方已停电，可以开始工作。对方检修人员接到通知后，没有进行认真核实，就想当然地认为眼前的一条是计划检修的电缆，在用验电刺锥对电缆进行验电时，发生对地放电事故，试验人员被烧伤。

2. 故障查找及原因分析

这是一起严重的违反安全规程操作的事故。工作人员自认为经验丰富，记忆没有问题，在没有进行任何核实的情况下，想当然地认为眼前的电缆就是计划检修的电缆，从而造成在用验电刺锥对电缆进行验电时，发生对地放电试验人员被烧伤事故。

3. 事故对策

（1）严格执行安全规程，不得随意进行更改。

（2）定期进行安全规程的培训和考核，考试合格后持证上岗。

（十八）因电缆终端头制作不良而造成的事故

1. 事故现象

××年××月××日，95598 接用户电话，用户 10kV 环网柜进线间隔炸，请供电部门协助。

2. 故障查找及原因分析

事故抢修人员赶到现场检查发现：

（1）用户是一个 10kV 用户，环网柜为三个单元即两进一出。

（2）环网柜一个进线单元已严重烧损。

（3）电缆进线处没有进行封堵。端子处有明显的锈蚀痕迹。

（4）询问得知环网柜加热除湿装置自环网柜投运以来没有投入过运行。

（5）对烧毁的环网柜进线单元进行检查发现 A 相电缆终端头的导线压接端子部分已经被烧坏；有一处明显的放电击穿点，放电点位于应力锥处。另两相没有查到放电击穿点，只是外表被烟熏火燎过。

（6）电缆终端头为硅橡胶冷缩式终端头，已运行十年。

（7）将三相电缆终端头切割开发现电缆主绝缘表面处理粗糙；表面有多处划伤的痕迹，应是制作电缆终端头时被环切刀或电工刀划伤所致。

综上分析可以得出：电缆终端头制作人员在剥离电缆半导电层时，因工作不细致，使用环切刀或电工刀将电缆主绝缘划伤，形成圆周状损伤。而电缆半导电层断口处于高场强的部位，在绝缘有损伤尤其周围环境又很潮湿的情况下将产生放电，致使电缆绝缘形成圆周状的沟槽，在应力锥表面形成与之对应的笔直沟槽。日积月累，经过长时间的放电把沟槽不断加深、加宽。同时在沟槽的两侧产生了爬电现象，电缆主绝缘一天一天、一步一步地被损伤直至被击穿。主绝缘被击穿后就对铜屏蔽放电，造成铜屏蔽局部烧损，在高温下颜色发生变化。由于时间较长，在放电电弧的高温烧烤下，电缆击穿点处的主绝缘变脆，一碰就容易脱落。

3. 事故对策

（1）环网柜电缆进线处的孔洞一定要进行封堵，避免电缆夹层的潮气进入环网柜内，同时也避免了小动物进入柜内。

（2）严格要求施工单位按照施工工艺进行施工，杜绝因施工质量造成的事故。

（3）对施工人员进行培训、考核，考核合格后持证上岗。保证施工人员的资质和水平，从而保证施工质量。

（4）强把施工质量验收关，杜绝设备带病运行。

（5）加强运行人员的责任感，运行检查到位，尽早发现事故隐患。

（十九）单芯电缆金属护套接地保护缺陷及原因分析

1. 事故现象

某日，220kV××变电站运行人员在对夹层内的 35kV 出线电缆进行巡视时，通过红外成像仪测温发现，其中一条 35kV 电缆的护层保护器温度高达 180℃，这个温度大大超过电缆正常运行的温度，存在严重的安全隐患。

2. 故障查找及原因分析

（1）通过全线巡视检查并进入电缆沟内进行检查发现，该条电缆外护套完好，没有任何损伤痕迹，但是在 1 号杆电缆终端头护套接地线出现了断裂。为避免缺陷扩大，紧急申请停电做了处理。更换 1 号杆电缆护套接地线，将容易断裂的软铜编织线更换为架空绝缘导线，避免护套接地线再次断裂；同时更换该变电站夹层内的发热护层保护器，确保此段单芯电缆金属护套保护方式正确无误。

（2）该 35kV 电缆线路中的 1 号杆电缆护套接地线原来采用的是软铜编织线，材质较软，在室外长期受风吹动来回摆动及摩擦，以及老化、腐蚀等外在因素影响下，在运行一段时间后会出现酥化、断裂现象。而一旦此处的电缆金属护套接地线断裂，就相当于由原来的直接接地变成了保护接地方式，改变了此段单芯电缆金属护套原来的保护接地方式，由原来的一端直接接地，另一端保护接地方式变成了两端均是保护接地方式。我们知道，单芯电缆金属护套上的感应电压与电缆长度和线芯电流的大小成正比。当感应电压很高，而电缆一端的直接接地被破坏变成了保护接地时，所感应的电压一直无法释放，从而会对电缆金属护套上的薄弱点一直放电，而电缆金属护套上的薄弱点就是电缆护层保护器，从而导致电缆护层保护器持续发热，最终有可能导致电缆护层保护器因过热而炸裂，严重危及变电站夹层内的其他出线电缆的运行安全。

3. 事故对策

（1）建立高压单芯电缆基础数据台账，便于单芯电缆日常维护和抢修工作的开展。

（2）推行差异化巡视制度，做到 35kV 及以下电缆线路每一个月至少巡视一次。巡视做到无死角、无漏项。重点巡视单芯电缆交叉互联箱、保护接地箱中的接地线，护层保护器等附属设备。

（3）采用在线监测手段，在重要及重载高压单芯电缆中间接头及终端处安装环流在线监测装置，随时掌握电缆护套的运行状态；对 35kV 及以上电压等级的高压单芯电缆安装分布式光线测温系统，监测电缆本体、中间接头、终端头的运行温度；同时在重要的电缆隧道内安装隧道环境监测系统，包括隧道温度监测、有害气体监测、水位监测、井盖监测、智能排水和通风冷却系统等功能的监测。

（4）强化高压单芯电缆带电检测手段，结合电缆线路巡视工作，开展对电缆终端头、中间接头的红外测温和环流检测工作。根据测量结果差异化调整带电检测周期，对于温度异常或负荷满载的电缆线路应做到每日一次红外测温，实时掌握温度变化情况，便于制定正确的检修策略，做到对每一条新投运电缆线路开展局部放电检测，有效保证电缆的运行安全。

（5）在电缆隧道通风口处加装金属网，防止人或小动物进入；加强电缆护套接地线的防盗措施，实时监控和掌握电缆的运行环境，及时发现异常情况并立即予以处理。

（二十）因电缆屏蔽线没有绑扎到位造成对开关外壳放电的故障

1. 事故现象

××开关站在做预防性试验检查时发现：电压互感器柜和进线柜内的电缆局部放电试验值超标。

2. 故障查找及原因分析

检修试验人员随即进行认真检查，发现电压互感器柜内底板有放电痕迹，进一步检查发现是因进线电缆屏蔽线对柜体底板放电所致。检查电缆屏蔽线发现由于安装时没有将电缆屏蔽线绑扎到位，造成屏蔽线在柜体内悬空，没有可靠地接地，导致对柜体底板放电。

3. 事故对策

（1）加强施工人员的培训，使施工人员了解并掌握施工工艺，尤其是不易关注的二次小线的施工绑扎工艺。

（2）加强施工验收工作，把好施工质量关。

（二十一）电缆质量不合格引发的事故

1. 事故现象

××用户给当地供电公司打电话，给单位供电的两条电缆中的有一条着火，请求帮助分析事故原因。

2. 故障查找及原因分析

供电公司抢修人员到达现场检查后发现该电缆型号为 ZR-YJY22-8.7/15kV-3×300，在 20℃时，直流电阻应为 $0.0601\Omega/km$，实测值为 $0.0712\Omega/km$，比标准值大 $0.0111\Omega/km$，误差为 18.47%。实测电缆导体外径为 19.11mm，而查手册该型号电缆导体外径应为 20.60mm。明显的是电缆导体截面小于标准值，应为厂家偷工减料所为，因电缆截面小于标准值致使电阻大于标准值。

ZR-YJY22-8.7/15kV-3×300 型的载流量为 754A，该单位负荷较为均匀，一般在 700A 以下，电缆烧毁时的电流值为 680A。可见由于电缆截面缩水，导致实际导体截面小于标称截面，载流量随之减小，导致电缆在正常电流时被烧毁。

3. 事故对策

（1）低价中标的后果，厂家为了中标，又要赚钱，采用偷工减料的手段，因此应采用合理的招标方法进行。

（2）在可能的情况下，购置方入厂监造，确保产品质量。

（3）电缆购入后，必须进行检验和验收，杜绝不合格品的购入。

（二十二）直埋电缆被白蚁咬坏引发的电缆事故

1. 事故现象

××用户给当地供电公司打电话，给单位供电的两条电缆中的一条接地，请求帮助分析事故原因。

2. 故障查找及原因分析

供电公司抢修人员到达现场检查后发现：该电缆为 $3×185mm^2$ 铜芯钢带铠装电缆；埋设深度符合规程规定约在 0.8m 左右。采用电缆故障寻址器查找到故障点，挖开埋土发现，故障点处有白蚁窝，电缆的钢带铠装已成蜂窝状氧化铁块，可以说是千疮百孔。拨开被咬成蜂窝状氧化铁块的电缆发现电缆绝缘也被咬坏，造成电缆单相接地。

我们知道白蚁的主要食物是木材、草根和纤维制品等，那么为什么白蚁会吃、咬电缆呢？分析可知，是白蚁在寻找食物过程中的一种破坏行为，阻碍它寻找食物和路径的一律咬坏排除。

3. 事故对策

在白蚁危害较多的地区，可采用药物性电缆，白蚁在咬蚀电缆时会将白蚁药死，而且这种药物电缆的药性应持久。

可以采用白蚁咬不动的电缆外护套，使白蚁咬不动，从而保护电缆。

可以在直埋电缆周围掺入一定数量的阻杀白蚁的药物，阻止白蚁咬伤电缆。

在电缆施工前了解施工路段是否有白蚁的活动，如果有，改换电缆施工路径，避开白蚁，减少事故发生的概率。

（二十三）电焊不当造成电缆沟内的电缆着火

1. 事故现象

××年××月××日，××变电站内检修施工，工人在电焊施工时，没有留意施工地点在电缆沟的盖板上，电焊火花掉落在电缆沟内，引发电缆着火。

2. 故障查找及原因分析

变电站内检修施工，工人在电焊施工时，没有留意施工地点在电缆沟的盖板上，电焊火花掉落在电缆沟内，引发电缆着火。

3. 事故对策

严格工作票制度，工作前一定查明施工地点是否有易着火的物体或电缆，杜绝火灾的发生。

（二十四）10kV 开关柜因 10kV 电缆屏蔽线安装错误导致拒动及原因分析

1. 事故现象

某日，某开关站发生一起由于用户事故引发上级 110kV 变电站开关跳闸的事故，那么为什么对此 10kV 用户供电的开关站的开关没有动作，引发越级 110kV 变电站 10kV 开关跳闸呢？

2. 故障查找及原因分析

（1）经检查，该开关站的这一出线开关运行不到半年，期间曾发生过过流保护动作跳闸的记录；110kV 变电站出线开关动作是因零序动作而跳闸。

（2）是否是零序电流整定值的问题？通过查阅该线路定值通知单及调试报告，与上一级开关零序保护整定值对比分析，该馈线零序保护整定值与上一级零序保护整定值完全配合。现场对该柜零序电流继电器定值进行校验，没有发现继电器定值变化的情况。

（3）是否是零序电流保护回路的问题？利用该次停电对该开关零序电流互感器进行二次升流，做回路传动试验，零序保护能正常动作，使断路器跳闸。

（4）是否是跳闸回路及断路器操动机构的问题？但是该开关运行不到半年，期间曾发生过过流保护动作跳闸的记录；此次又做了零序电流互感器进行二次升流，做回路传动试验，零序保护能正常动作，使断路器跳闸。这种可能也被排除。

（5）反复认真进行检查发现该出线电缆采取屏蔽线穿过电流互感器窗口方式接地，导致其后段线路发生单相接地故障时，故障相电流与流经接地引线的电流大小相等，方向相反，所以互感器不产生磁通，从而感应不到故障电流，由于没有故障电流，断路器就不会动作导致事故发生。

3. 事故对策

（1）强调 10kV 电缆屏蔽线的接线方式，加强施工现场的监督力度。屏蔽线位于零序电流互感器上方（或中间）时，屏蔽线必须再次穿过零序电流互感器后接地；如果屏蔽线位于零序电流互感器下方时，屏蔽线不得穿过零序电流互感器接地。

（2）在验收中强调对于零序电流互感器和电缆屏蔽线的详细验收要求。

（二十五）箱式变压器因低压出线电缆被刨故障分析

1. 事故现象

某日，95598 接到报修电话，因道路施工，将××街××号箱式变电站低压电缆刨断，造成箱式变电站附近地区停电。事故抢修班人员快速到达事故现场，处理好被刨断的低压电缆，申请给箱式变电站恢复送电。但试发不成功，且使该箱式变电站供电的××10kV 线路零序保护动作跳闸，重合未出。将该箱式变电站高压负荷开关断开，再试发此线路成功。

2. 故障查找及原因分析

（1）该台箱式变电站已运行 8 年，运行期间没有发现任何问题。箱式变电站内的变压器型号为 S11-M. R-500/10。检查外观除放油阀处有渗油现象外，其他未见异常。

（2）用绝缘摇表对该台变压器摇测绝缘电阻，摇测结果发现高压对低压及对地绝缘电阻均为零。

（3）将该台变压器进行吊芯检查发现：A 相二次绕组出线端有明显的过热、烧蚀痕迹，且二次绕组上部与夹件之间的垫块开裂变形；检查绕组下方垫块未见异常。

（4）将 A 相一次绕组切开检查：高压绕组完好无异常；低压绕组首末端接触部位有放电痕迹；低压绕组其他部位没有发现异常；A 相绕组低压出现端绕组有断股。将 B、C 相低压绕组首末端绝缘切开，可以看到低压绕组首末端接触部位绕组之间的绝缘布和绝缘纸有明显的放电痕迹，局部炭化。可以确认绕组首末端之间的绝缘已失效。

（5）经过以上检查可以得出由于箱式变电站低压出线电缆被刨断，但变压器低压出线侧的保险器没有立即熔断，导致变压器发生二次出口短路。由于变压器二次绕组首端和末端的绝缘相对薄弱，因此该部位绝缘首先被击穿，造成变压器故障。

3. 事故对策

（1）道路施工与供电公司取得联系，问明施工路段有无高、低压电缆后方可施工，避免高、低压电缆被刨断引发事故。

（2）必须对所购置的变压器二次出线侧保险器进行校验，确保正确熔断，对变压器真正起到保护作用。

（3）建议在变压器二次出口安装带有过流保护动作的开关作为变压器的二次保护，以便在低压线路发生故障时，能够及时将故障点切除。

第三章

开关站、配电室

第一节 基 本 要 求

一、开关站、配电室设备缺陷级别划分

设备缺陷按其严重程度，分为三个级别，即危急、严重、一般。

1. 危急缺陷

已危及到设备安全运行，随时可能导致事故的发生，必须立即消除。

2. 严重缺陷

严重威胁设备安全运行，短期内设备尚可维持运行，应在短时间内消除，消除前须加强监视。

3. 一般缺陷

在一个检修周期内不至于影响设备的安全运行，可列入年、季检修计划中消除。

二、设备缺陷管理

运行维护单位应建立完善的设备缺陷管理程序，使之形成责任分明的闭环管理体系。逐步采用计算机管理系统，使配电设备缺陷的上报、处理、统计、分析实现规范化、自动化、网络化。

设备缺陷分类：设备缺陷按设备本体、附属设施缺陷和外部隐患分为三大类。

1. 本体缺陷

指配电设备本身的缺陷，包括：开关设备、变压器、电容器、直流设备、继电保护及二次仪表、自动化和通信设备等电气设备发生的缺陷。

2. 附属设施缺陷

指房屋、电缆夹层、通风、照明等设施的缺陷。

3. 外部隐患缺陷

设备室周边环境隐患，如堆放杂物、摆摊等妨碍正常出入设备室等情况。

三、设备定级管理

1. 设备定级目的和要求

设备定级是掌握和分析配电设备状况，加强配电设备管理，有计划地提高配电设备健康

水平的措施。设备定级工作应根据配电实际运行状况，按照定级标准进行。

2. 设备定级的范围

范围为 10kV 开关设备、主变压器、直流设备、低压主开关。

3. 设备等级的划分

设备定级分为一、二、三级，一、二级为完好设备，三级为不良设备。

4. 设备定级的要求

配电设备以台或组为单位。

设备定级工作每年进行一次，作为本单位配电设备大修、技术改进的依据。定级的结果应报公司运维检修部备案。

第二节 运 行 维 护

一、巡视管理

（1）除基地站和负有特殊政治任务的站，开关站两周巡视一次，其他站每季度巡视一次。根据政治任务、负荷、天气、运行方式的改变及设备的安全等情况适当增加巡视次数及安排夜巡或特巡。冬夏季高峰负荷时应进行夜巡测负荷工作，并进行重点部位的接头、接点红外线测温工作。

（2）要严格按照标准化作业指导书的要求进行配电站的巡视，认真填写巡视记录，不得出现遗漏段（点）。

（3）在设备发生故障时应进行故障巡视，寻找发生故障的原因。对发现的可能情况应进行详细记录，故障物件能取回的应取回，并利用摄像、电子拍照等方式取得故障现场的录像或电子照片。

遇有以下情况，应进行特殊巡视：

1）大风、雷雨、冰雪、冰雹、雾天等异常天气情况下应结合设备实际情况，有重点地进行巡视。

2）设备新投入运行后的巡视。

3）设备经过检修、改造或长期停运后重新投入系统运行后的巡视。

4）异常情况下应进行特殊巡视，主要是指过负荷或负荷剧增、超温、设备发热、系统冲击、跳闸、有接地故障等情况，应加强巡视。必要时，应派专人监视。

5）设备缺陷有发展时、法定节假日、上级通知有重要供电任务时，应加强巡视。

二、电气设备的巡视与检查

对设备进行巡视检查，是为了掌握设备的运行情况，监视设备的薄弱环节，及时消除设备的隐患。因此巡视工作是保证设备安全运行的重要一环。

1. 巡视的一般规定

（1）巡视高压设备时，人体与带电导体应大于最小安全距离。高压带电设备的绝缘部分禁止触摸。巡视时禁止越过遮栏。

（2）寻找高压设备的接地故障点时应穿绝缘靴。高压设备发生接地时，人员对故障点的安全距离是：室内为 4m 以外；室外为 8m 以外。采取措施后，不在此限。

（3）遥控站和无人站的巡视应两人进行；有人站的巡视可以一人进行，但只能做巡视工作。经本单位批准允许单独巡视高压设备的人员，巡视高压设备时，不得进行其他工作，不得移开或越过遮栏。

（4）在巡视中发现的缺陷应尽快消除，威胁设备安全运行的情况应向站长或有关单位及时汇报，按照缺陷管理要求填写缺陷记录并上报。

2. 巡视检查内容

（1）综合检查项目：

1）注油设备的油面应位于合格范围内，油色应透明不发黑，外皮应清洁无渗、漏油现象。充气设备的压力表指示应位于合格范围内。

2）隔离开关、插头、接头处应有蜡片，并无发热现象（特别是插头杆与连接软线卡子处），除重点检查外，在负荷高时应进行蜡试或测温。

3）瓷质部分应清洁，无破损、裂纹、打火、放电、闪络和严重电晕等异常现象。

4）配电盘的仪表、继电器、自动装置及音响、信号运行正常，直流系统绝缘良好、正常。

5）防小动物措施落实到位。

6）站内灯具、门窗、通风等附属设施是否使用正常，周边环境是否存在影响设备安全运行的隐患。

（2）具体设备的检查项目：

1）油浸式变压器的温度正常，防爆装置完好，吸潮剂无潮解现象。干式变压器温度正常，风扇运转正常。

2）开关的拉合指示及指示灯指示应正确，开关内部无声响。

3）综合保护装置各指示灯指示应正常，装置无异常显示。

4）电力电缆的绝缘膏子无下沉、鼓起、外流、过热现象。如发现问题及时汇报。

5）整流装置电流及浮充电压应正常，无异声、过热和异味，电源自投装置应良好，直流监控装置无异常信号。

（3）特殊检查项目：

1）严寒季节应重点检查充油设备有无油面过低，检查保温取暖装置是否正常；无人站的自来水管应从室外井内关闭并回水。

2）高温季节，重点检查充油设备有无油面过高，通风降温设备是否正常。

3）雨季重点检查房屋有无漏雨，基础有无倾斜下沉，沟眼水漏是否畅通，排水设备是否良好。

4）冬季重点检查门窗是否严密。防小动物的措施是否完善。

5）高峰负荷期间重点检查各路负荷是否超过最小载流元件，检查较小载流元件有无发热现象。

6）大雾、霜冻季节和污秽地区，重点检查设备瓷质绝缘部分的污秽程度，检查设备的瓷质绝缘有无打火、放电、电晕等异常情况。

7）事故后重点检查信号和继电保护的动作情况，检查拉合指示是否与实际相符，检查事故范围内的设备情况，如导线有无烧伤，设备的油位、油色是否正常，有无喷油异音状况。瓷瓶有无烧闪、断裂等情况，对充气设备检查气压指示是否正常。

8）开关站、配电室、箱式变电站至少每半年对室内进行一次清扫。

三、开关站、配电室、箱式变电站倒闸操作技术要求

（1）发电时，先合刀闸后合开关，先合电源侧，后合负荷侧；停电时相反。

（2）雷雨天应避免箱式变电站的倒闸操作，如必须操作时，应采取防雨措施。

（3）连续操作开关时，应注意直流母线电压。

（4）倒闸操作中，不得通过电压互感器或变压器二次侧返出高压。

（5）停用电压互感器或站内变压器时，应检查有关保护和自动装置。

（6）开关柜内的出线电缆头挂地线时，若母线有电，必须先拉开母线侧刀闸。

（7）装挂地线的设备，验明确无电压后，应立即将设备接地，并三相短路。

（8）拉开关两侧刀闸时，应先拉负荷侧，后拉电源侧，恢复时相反。

（9）10kV SF$_6$ 和真空负荷开关，可带电拉合正常负荷、合环电流、变压器空载和电缆的充电电流。在事故处理过程中，可以用来带电分断试发以判断故障区域。

（10）有关小车式开关柜的操作规定：小车式开关的操作顺序：投入运行时，先推入备用位置，插上插件后再给上操作保险（开关），然后推入运行位置，最后合开关。退出运行时，操作顺序相反。

第三节　变压器事故案例分析及预防

一、变压器运行中发现下列故障应停运

运行中，发现变压器有下列情况之一者，应立即投入备用变压器或备用电源，将故障变压器停止运行。

（1）内部响声大，不均匀，有放电爆裂声。这种情况，可能是由于铁芯穿心螺栓松动，硅钢片间产生振动，破坏片间绝缘，引起局部过热。内部"吱吱"声大，可能是绕组或引出线对外壳放电，或是铁芯接地线断线，使铁芯对外壳感应高电压放电引起。放电持续发展为电弧放电，会使变压器绝缘损坏。

（2）储油柜、呼吸器、防爆管向外喷油。此情况表明，变压器内部已有严重损伤。喷油的同时，瓦斯保护可能动作跳闸，若没有跳闸，应将该变压器各侧开关断开。若瓦斯保护没有动作，也应切断变压器的电源。但有时某些储油柜或呼吸器冒油，是在安装或大修后，储油柜中的隔膜气袋安装不当，空气不能排出，或是呼吸器不畅，在大负荷下或高温天气使油温上升，油面异常升高而冒油。此时，油位计中的油面也很高，应注意分辨，汇报上级，按主管领导的命令执行。

（3）正常负荷和冷却条件下，上层油温异常升高并继续上升，此情况下，若散热器和冷却风扇、油泵无异常，说明变压器内部有故障，如铁芯严重发热（甚至着火）或绕组有匝间短路。

铁芯发热是由涡流引起，或铁芯穿芯螺栓绝缘损坏造成的。因为涡流使铁芯长期过热，使铁芯片间绝缘破坏，铁损增大，油温升高，油劣化速度加快。穿芯螺栓绝缘损坏会短接硅

钢片，使涡流增大，铁芯过热，并引起油的分解劣化。油化验分析时，发现油中有大量油泥沉淀、油色变暗、闪光点降低等，多为上述故障引起。

铁芯发热发展下去，使油色发暗，闪光点降低。由于靠近发热部分温度升高很快，使油的温度渐达燃点。故障点铁芯过热融化，甚至会熔焊在一起。若不及时断开电源，可能发生火灾或爆炸事故。

（4）严重漏油，油位计和气体继电器内看不到油面。

（5）油色变化过甚（储油柜中无隔膜胶囊压油袋的）。油面变化过甚，油质急剧下降，易引起线圈和外壳之间发生击穿事故。

（6）套管有严重破损放电闪络。套管上有大的破损和裂纹，表面上有放电及电弧闪络，会使套管的绝缘击穿，剧烈发热，表面膨胀不均，严重时会爆炸。

（7）变压器着火。

对于上述故障，一般情况下，变压器保护会动作，如因故未动作，应投入备用变压器或备用电源，将故障变压器停电检查。

二、变压器运行中发现下列情况应汇报调度并记录

（1）变压器内部声音异常，或有放电声。

（2）变压器温度异常升高，散热器局部不热。

（3）变压器局部漏油，油位计看不到油。

（4）油色变化过甚，油化验不合格。

（5）安全气道发生裂纹，防爆膜破碎。

（6）端头引起发红、发热冒烟。

（7）变压器上盖落掉杂物，可能危及安全运行。

（8）在正常负载下，油位上升，甚至溢油。

三、变压器有下列情况应查明原因

遇到下列情况时，值班人员应查明原因，采取适当措施进行处理。

（1）变压器油温升高超过制造厂规定或规程定的最高顶层油温时，值班人员应按以下步骤检查处理：

1）检查变压器的负载和冷却介质温度，并与在同一负载和冷却介质温度下正常的温度核对。

2）用酒精温度计所指示的上层油温核对温度测量装置。

3）检查变压器冷却装置，散热器冷却情况及变压器室的通风情况。若温度升高的原因是由于冷却系统的故障，应尽可能在运行中排除故障；若运行中无法排除故障且变压器又不能立即停止运行，则值班人员应按现场规程的规定调整该变压器负载至允许温度下的相应容量。在正常负载和冷却条件下，变压器温度不正常并不断上升，但经检查证明温度指示正确，则认为变压器内部故障，应立即将变压器停止运行。

4）变压器在各种额定电流下运行，若顶层油温超过 105℃时，应立即降低负载。

（2）变压器中的油因温度过低而凝结时，应不接冷却器空载运行，逐步增加负载，同时监视顶层油温。根据顶层油温投入相应数量的冷却器，直至转入正常运行。

（3）当发现变压器的油位较当时油温所应有的油位显著降低时，应查明原因。补油时应遵守规程有关规定，严禁从变压器下部补油。

（4）变压器油位高出油位指示极限时，值班人员检查处理的步骤如下：

1）首先应区分油位升高是否由于假油位所致。重点检查出气孔是否堵塞，影响了储油柜的正常呼吸。

2）如确系油位过高，则应放油，使油位降至与当时油温相对应的高度，以免溢油。

（5）当变压器因铁芯多点接地且接地电流极大时，应检修处理。在缺陷未消除前，为防止电流过大烧损铁芯，可采取措施将电流限制在100mA以内，并加强监视。

（一）变压器运行中声音不正常的处理

电力变压器的一次绕组接通与相对称额定的三相交流电压时，变压器一次绕组将有空载电流 I_0 通过，空载电流 I_0（I_0 又称励磁电流）在一次绕组通过在铁芯（磁路）中产生磁通，使变压器铁芯振荡发出按50Hz交变的轻微"嗡嗡"声。

变压器一次电流值的大小决定于变压器二次电流值，二次电流越大，变压器一次电流越大，铁芯中产生的磁通密度大，铁芯的振荡程度大，声音也大。

正常运行的变压器发出的"嗡嗡"声是清晰有规律的，按50Hz变化的交流声。当变压器过载或发生故障时，值班员将根据变压器发出的异常声音来判断变压器运行状态，及时判断原因，采取措施，防止事故发生。

1. 不正常的声音

（1）变压器运行中发出的"嗡嗡"声有变化，声音时大、时小，但无杂音，规律正常。这是因为有较大的负荷变化造成的声音变化，无故障。

（2）变压器运行中除"嗡嗡"声外，内部有时发出"哇哇"声。这时由于大容量动力设备启动所致，另外变压器接有电弧炉、可控硅整流器设备，在电弧炉引弧和可控硅整流过程中，电网产生高次谐波过电压，变压器绕组产生谐波过电流，若高层谐波分量很大，变压器内部也会出现"哇哇"声，这就是人们所说的可控硅、电弧炉高次谐波对电网波形的污染。

（3）变压器运行中发出的"嗡嗡"声音变闷、变大。这是由于变压器过负荷，铁芯磁通密度过大造成的声音变闷，但振荡频率不变。

（4）变压器运行中内部有"吱吱""噼叭""咕噜"等异常声音。这是由于变压器内部接点接触不良，绝缘劣化，电气距离小等原因造成，有击穿放电声音。

（5）变压器内部发生强烈的电磁振动噪声。这是由于变压器内部紧固装置松动，使铁芯松动，发出电磁振动的噪声及变压器地角松动发出的共振声音。

（6）变压器运行中发出很大的电磁振动噪声。这是由于供电系统中有短路或接地故障，短路电流通过变压器绕组，铁芯磁通饱和，造成振动和声音过大的电磁噪声。

（7）运行中变压器声音"尖""粗"而频率不同规律的"嗡嗡"声中夹有"尖声""粗声"。这是10kV中性点不接地系统中发生一相金属性接地，系统中产生铁磁饱和过电压（基频谐振过电压为相电压的3.2倍），导致变压器谐振过电流，使铁芯磁路发生畸变，造成振荡和声音不正常。

2. 处理方法

（1）使变压器正常运行。

（2）减少大容量动力设备启动次数。

（3）降低变压器负荷，或更换大容量变压器，防止变压器过载运行。

（4）检修变压器，处理内部故障。

（5）检修变压器，紧固夹紧装置。加强变压器地角的牢固、稳定性。

（6）检查系统中的短路，接地故障进行处理。

（7）查找、处理接地短路故障，破坏谐振参数（$X_L = X_C = 50\Omega$）。

（二）变压器运行中温度过高的处理

变压器运行中绕组通过电流而发热，变压器的热量向环境发展到热平衡时 $Q = I^2 Rt$（$\theta_0 - \theta$），变压器的各部分温度应为稳定值，若在负荷不变的情况下，油温比平时高出 10℃以上或温度还在不断上升时，说明变压器内部有故障。

1. 变压器内部故障原因

（1）分接开关接触不良。变压器运行中分接开关由于弹簧压力不够，接点接触小，有油膜、污秽等原因造成接点接触电阻大，接点过热（接点过热导致接触电阻增大，接触电阻增大，接点过热增高，恶性循环），温度不断上升。特别在倒分接开关后和变压器过负荷运行时容易使分接开关接点接触不良而过热。干式变压器分接开关采用螺栓连接片压接，就解决了分接开关接触不良、变压器温度过高的缺陷。

1）有载调压开关的维护与检修：为确保变压器安全运行，通常切换开关在投入运行一年后（或切换 3000 次左右）应检查一次，以后可酌情定期复查。应注意有载分接开关以下维护检修工作。

a. 开关机械部分在切除电源，开启开关盖后就可进行下列检查：

a）用摇手柄转动电动机，检查传动机有无故障，紧固件有无松动。

b）拉伸弹簧在充分拉伸状态下，检查弹簧有无裂纹、损伤等异常现象，有无疲劳而影响弹性。

c）开关机械寿命为 20 万次，到时应对机械部分做全面检查，对因磨损而影响工作的零件及时更换。

b. 开关电气部分的维护检修。首先应对开关进行抽芯，开关抽芯步骤如下：切除变压器全部负载，操动控制器手动降压按钮，使开关转动到"1"位置。再切断电网，开启开关盖，用专用把手（用户自制）卸下十等分槽轮上两枚 M10 内六角安全螺栓，用摇手柄转动电动机，使开关转至空挡（此时位置指示箭头标志在十等分槽轮上的"0"位置），然后将专用把手旋动底版上四枚 M10 内六角螺栓，卸下内接线插头，就可把开关芯子抽出，进行检查：

a）检查所有紧固件有否松动。

b）检查动触头、静触头烧损情况；动、静触头单边烧损不得超过 3mm，否则应予调换。

c）检查绝缘转轴与十等分槽轮；绝缘转轴与触头座法兰；绝缘转轴与滑环（指 SYZ-9-10/100 型开关）；动触头座法兰与动触头座之间有无松动或移位。

d）检查动触头压力弹簧有无疲劳而影响弹性。

e）开关电寿命为 2 万次，到时应抽芯检查动、静触头烧损情况，决定要否调换。

c. 换油。开关内的变压器油，在电弧作用下逐渐炭化变黑，同时由于机械磨损的金属粉末沉淀，也导致变压器油变质。

如开关经 3000 次切换，或油的耐压值低于 20kV，闪点低于 125℃时，应予更换新油。更换开关油时需将开关抽芯，从绝缘筒内排除污油，然后换入新油。

2）有载调压变压器使用注意事项：

a. 有载调压变压器在投入运行前，在变压器空载状况下，操动控制器电动按钮，逐级观察控制屏上电压表空载电压的数据，应与变压器名牌相符合。

b. 应注意在变压器过载时不可频繁操动有载分接开关。建议用户增设"过电流闭锁"装置，使开关在负载电流大于 1.5 倍额定电流时不被切换。

c. 电阻丝烧毁或震断后需要更换时，应选用与原电阻丝直径大小相同的规格，电阻丝材料为铁铬铝 Cr13AL4，如无上述线材，允许以不小于原直径的其他线材代用，其长度应保证在电阻丝盘上能绕完并阻值与名牌相同。

d. 分接开关在空气中检修时间，不得超过相同电压等级变压器的规定检修时间，否则重新进行干燥处理和耐压试验。

（2）绕组匝间短路。

变压器绕组相邻的几匝因绝缘损坏或老化，将会出现一个闭合的短路环流，使绕组的匝数减少，短路环流产生高热使变压器温度升高，严重时将烧毁变压器。变压器绕组匝间短路，短路的匝处油受热，沸腾时能听到发出"咕噜咕噜"声音，轻瓦斯频繁动作发出信号，发展到重瓦斯动作开关掉闸。

绕组是变压器主要组成部分之一，是变压器的心脏。从设计制造方面讲对绕组的基本要求有五个方面。

1）电气强度。绕组的绝缘不仅能在额定电压下长期运行，而且要能经受住各种过电压的作用。其中主要是大气过电压（或叫冲击过电压）和内部过电压（或叫操作过电压）的作用。

2）耐热强度。它决定着绕组绝缘的老化速度，因而决定着变压器的使用寿命。变压器在额定负荷下运行时绕组的温升和短路时绕组的温升，不应超过其绝缘等级所规定的极限。

3）机械强度。绕组能承受各种机械力的作用（其中尤以短路电流作用时产生的机械力最为严重），而不致变形和损坏。

4）尽量考虑到物理化学作用对绕组绝缘的损害。在运行中的油浸变压器油可能达到 +95℃，这样的条件可以溶解某些涂在导线上的漆，会使漆皮脱落，也可以溶解浸渍绕组及黏结在绝缘零件上的漆，也可以和绝缘木件互相作用。这样互相作用会使绝缘材料损坏并使变压器油分解或污油。

5）其他要求。绕组的结构应是制造简单、经济（材料和工时的消耗最少）、维护方便、工艺细致、外形美观。

变压器绕组一旦发生故障，就不能再运行了。发生故障的部位可能是低压绕组，也可能是高压绕组。

a. 针对低压绕组发生故障订出的预防措施：

a）低压绕组起头、完头的折弯处，升层和导线换位的过弯处，必须加垫厚度不小于 0.3～0.5mm 厚的绝缘纸槽，绝缘纸应有较好的机械强度。如果采用 DMD 或 NOMEX 纸材质更好。

b）低压绕组起头与完头平出时，中间应有不小于 5mm 的间隙。叠出时引线间垫以厚度 1mm，长度 60～100mm，宽度大于引线总宽的绝缘纸板。

c）低压绕组内部导线焊接必须采用银铜焊或碰焊，焊点应牢固、光滑、平整、无缺口、烧伤及过火现象。焊接点距转角 50mm 以上。

d）低压起头、完头与端绝缘纸板条应绑扎牢固，不得向里凹进向外凸出。不得高低不平，松散变形。

e）低压引出线与钢夹件之间除垫 2mm 厚纸板外，并保证有不小于 2mm 的油间隙，所垫纸板要可靠固定。

f）引线采用磷铜焊接时，搭接处截面为导线截面的 3～5 倍，其电流密度不大于 1.5A/mm^2。

b. 高压绕组故障防范措施。配电变压器高压绕组常见的结构形式多数为圆筒式，也有分段圆筒式或连续式。导线材质多为铜导线，也有少数铝导线。导线绝缘曾用过纱包，漆包，单纱（丝）漆包。由于纱包、单纱（丝）漆包线的绝缘较差已不再使用。导线材料使用油基漆包线，此种漆包线耐油性能差，运行几年后漆皮脱落造成大量的高压绕组烧毁，实践证明油基漆包线不能用于油浸式变压器绕组。现在常用的绝缘导线有纸包圆铜线（Z 形），纸包扁铜线（ZB 型），高强度聚酯漆包线（QZ 型），聚乙烯醇缩醛漆包线（QQ-2 型），绕组的层间绝缘为 0.08～0.12mm 厚的电缆纸或网状棱格上胶纸（简称点胶纸），油道由木质撑条，纸板撑条或瓦楞纸板构成。

（3）铁芯硅钢片间短路。变压器运行中由于外力损伤或绝缘老化以及穿芯螺栓绝缘老化，绝缘损坏使硅钢片间绝缘损坏，涡流增大，造成局部发热，轻者一般观察不出变压器油温上升，严重时使铁芯过热油温上升，轻瓦斯频繁动作，油闪点下降，铁芯硅钢片间严重短路时重瓦斯动作开关跳闸。

（4）变压器缺油或散热管内阻塞。变压器油是变压器内部的主绝缘，起绝缘、散热、灭弧的作用，一旦缺油使变压器绕组绝缘受潮发生事故，缺油或散热管内阻塞，油的循环散热功能下降，导致变压器运行中温度升高。

（5）器身方面故障的预防措施。

1）对没有拉螺杆，拉板或夹件肢板的变压器，加装拉螺杆，钢夹件两端焊肢板。

2）改进木垫块形状加大尺寸，使之有足够的机械强度，保证垫块将绕组压紧压实，垫块分部均匀对称。

3）木垫及木夹件的材质，选用硬质干燥的木材，不得有虫蛀、疤节、腐朽现象。有通孔的木垫必须有不小于 1mm 厚的绝缘纸板。

4）铁轭必须有护板或纸圈，厚度不小于 1.5mm。

5）垫块长出绕组外径至少 3mm，并压住内外绕组全部线层。

6）铁轭绝缘圈端部要有不小于 7mm 的油间隙。

7）高压分接线及引线的焊接，铜导线一律采用磷铜搭焊接，将毛刺磨光后用蜡绸或皱纹纸包扎 2mm 厚度。木导线夹处增加 1mm 厚的附加绝缘，并高出导线夹每边 5mm。并保证引线之间，引线对地、对分接线的油中距离和沿木件距离符合标准要求。引线及分接线要固定牢固。

8）低压引线焊接采用搭接磷铜焊，焊接点截面为导线截面的 3～5 倍。

2. 变压器外部故障原因

（1）变压器冷却循环系统故障。电力变压器除用散热管冷却散热外还有强迫风冷、水循环等散热方式，一旦冷却散热系统故障，散热条件差就会造成运行中的变压器温度过高（尤其在夏日炎热季节）。

（2）变压器室的进出风口阻塞积尘严重。变压器的进出风口是变压器运行中空气对流的通道，一旦阻塞或积尘严重，变压器的发热条件没变而散热条件差了，就会导致变压器运行中温度过高。

3. 变压器运行中温度过高的处理

（1）分接开关接触不良往往可以从气体继电器轻瓦斯频繁动作来判断，并通过取油样进行化验和测量绕组的直流电阻来确定。分接开关接触不良，油闪点迅速下降，绕组直流电阻增大，确定分接开关接点接触不良，应进行处理，用细纱布打磨平接点表面烧蚀部位、调整弹簧压力使之接点接触牢固。

（2）绕组匝间短路通过变压器内部有异常声音、气体继电器频繁动作发出信号和用电桥测量绕组的直流电阻等方法来确定，发现绕组匝间短路应进行处理，不严重者重新处理绕组匝间绝缘，严重者重新绕制绕组。

（3）铁芯硅钢片间短路轻瓦斯动作，听变压器声音，摇测变压器绝缘电阻，对油进行化验，做变压器空载试验等综合参数进行分析确定，铁芯硅钢片间短路时应对变压器进行大修。

（4）变压器缺油应查出缺油的原因进行处理，加入经耐压试验合格的同号变压器油至合适位置（加油时参照油标管的温度线），变压器散热管堵塞，对变压器进行检修、放油、吊芯、疏通散热管。

变压器外部原因处理方法：

（1）维修好变压器冷却循环系统的故障使其能正常工作。

（2）清理干净变压器室进出风口处的堵塞物和积尘。

4. 变压器运行中缺油，喷油故障处理

变压器油是经过加工制造的矿物油，具有比重小，闪点高（一般不低于135℃），凝固点低（如10号油为−10℃，25号油为−25℃，45号油为−45℃）以及灰分，酸，碱硫等杂质含量低和酸价低且稳定度高等特点，是变压器内部的主绝缘，起到绝缘、灭弧、冷却作用。一旦运行中的变压器缺油，或油面过低将使变压器的绕组暴露在空气中受潮，绕组的绝缘强度下降而造成事故。所以变压器在运行中应有足够的油量，保持油位的规定高位。

（1）变压器缺油的原因。变压器运行中缺油有以下几种原因：

1）油截面关闭不严，漏油。

2）变压器做油耐压试验取油样后未及时补油。

3）变压器大端盖及瓷套管处防油胶垫老化变形，渗漏油。

4）变压器散热管焊接部位，焊接质量不过关渗漏油。

此外，由于油位计，呼吸器，防爆管，通风孔堵塞等原因造成假油面，未及时发现缺油。

（2）变压器运行中喷油原因。变压器运行中喷油有以下几种原因：

1）变压器二次出口线短路及二次线总开关上闸口短路，而一次侧保护未动作造成变压器一、二次绕组电流过大温度过高，油迅速膨胀，变压器内压力大而喷油。

2）变压器内部一、二次绕组放电造成短路，产生电弧和很大的电动力使变压器严重过热而分解气体使变压器内压力增大，造成喷油。

3）变压器出气孔堵塞，影响变压器运行中的呼吸作用，当变压器重载运行时绕组电流大，油温度高而膨胀，造成喷油。

（3）故障处理。

1）变压器缺油处理：

a）关紧放油截门使其无渗漏。

b）选择同型号的变压器，做耐压试验合格后，加入变压器油至合适位置（参照油标管的温度线）。

c）放油，更换老的防胶垫，更换完毕，检查有无渗油迹象，正常后投入运行。

d）放油，检修变压器，吊出器身，将漏油散热管与箱体连接处重新焊接。

e）疏通油位计，呼吸器，防爆管和堵塞处，使其畅通无假油面。

2）变压器喷油处理：

a）检修好二次短路故障，调整过流保护整定值。

b）对变压器检修处理短路绕组或更换短路绕组。

c）畅通堵塞的出气孔。

5. 变压器运行中瓷套管发热及闪络放电故障处理

变压器高低压瓷套管是变压器外部的主绝缘，变压器绕组引线由箱内引到箱外通过瓷套管作为相对地绝缘，支持固定引线与外电路连接的电气元件，若在运行中发生过热或闪络放电等故障，将影响到变压器的安全运行，应及时进行处理。

（1）故障原因。变压器运行中瓷套管发热，闪络放电有以下原因：

1）瓷套管表面脏污。高低压瓷套管是变压器外部的主绝缘，它的绝缘电阻值由体积绝缘电阻值和表面绝缘电阻值两部分组成，运行中这两部分阻值并联运行，体积绝缘电阻值是定值，经耐压试验合格后，如果没有损伤、裂纹，其电阻值不变，表面电阻值是一个变化值，它暴露在空气中受环境温度，湿度和尘土的影响而变化。空气中的尘土成分为中性尘土、腐蚀性尘土和导电粉尘等。瓷套管运行中附着尘土，尘土有吸湿特性，积尘严重时，污秽使瓷套管表面电阻下降，导致泄漏电流增大，使瓷套管表面发热，再使电阻下降。这样的恶性循环，在电场的作用下由电晕到闪络放电导致击穿，造成事故。

2）瓷套管有破损裂纹。瓷套管有破损裂纹，破损处附着力大，积尘多，表面电阻下降快。瓷套管出现裂纹使其绝缘强度下降，裂纹中充满空气，空气的介电系数小于瓷的介电系数。空气中存有湿气，导致裂纹中的电场强度增大到一定数值时空气就被游离，造成瓷套管表面的局部放电，使瓷套管表面进一步损坏甚至击穿。此外，瓷套管裂纹中进水结冰时，还会造成胀裂使变压器渗漏油。

（2）故障处理：

1）擦拭干净瓷套管表面污秽。

2）更换破损裂纹瓷套管，换上经耐压试验合格的瓷套管。

6. 变压器过负荷处理

运行中的变压器过负荷时，可能出现电流指示超过额定值，有功、无功功率表指针指示增大，信号、警铃动作等。值班人员应按下述原则处理：

（1）应检查各侧电流是否超过规定值，并汇报给当值调度员。

（2）检查变压器油位、油温是否正常，同时将冷却器全部投入运行。

（3）及时调整运行方式，如有备用变压器应投入。

（4）联系调度，及时调整负荷的分配情况，联系用户转换负荷。

（5）如属正常负荷，可根据正常过负荷的倍数确定允许运行时间，并加强监视油位、油温，不得超过允许值。若超过时间，则应立即减少负荷。

（6）若属事故过负荷，则过负荷的允许倍数和时间，应依制造厂的规定执行。若过负荷倍数及时间超过允许值，应按规定减少变压器的负荷。

（7）应对变压器及其有关系统进行全面检查，若发现异常，应汇报处理。

7. 配电变压器运行中熔丝熔断故障处理

采用保险器保护的变压器，运行中熔断应按照规程规定检查处理。规程规定：变压器在运行中，当一次熔丝熔断后，应立即进行停电检查。检查内容应包括外部有无闪络、接地、短路及过负荷现象，同时，应摇测绝缘电阻。低压熔断丝熔断，故障在负荷侧，而且是外部故障造成的。例外，低压母线、断路器、保险器等设备发生单相或多相短路故障，造成变压器低压侧熔丝熔断，应重点检查负荷侧的设备，发现故障经处理后，消除故障点可以恢复供电。

（1）一相熔丝熔断处理。变压器高压侧一相熔丝熔断，如第 PW3 型室外跌落式保险器熔断，其主要原因是外力、机械损伤造成。此外，当高压侧（中性点不接地系统发生一相弧光接地或系统中有铁磁谐振过电压出现，也可能造成高压一相熔丝熔断）。

当发现一相熔丝熔断时，按照规程要求，将变压器停电后进行检查，如未发现异常，可将熔丝更换，在变压器空载状态下，试送电，经监视变压器运行状态正常，可带负荷。

（2）二相或三相熔丝熔断处理。变压器高压熔丝两相熔断，同理也应该将变压器停电进行检查。

造成两相熔丝熔断的主要原因是变压器内部或外部短路故障造成。首先应检查高压引线及瓷绝缘有无闪络放电痕迹，同时注意观察变压器有无过热、变形、喷油等异常现象。变压器内部两相或两接地短路，可以造成变压器两相熔丝熔断。此时重点应检查变压器有无异常声音等。如果当变压器无明显异常时，可通过摇测绝缘电阻进行判断。同时应取油样进行化验，检查耐压是否降低，油的闪点是否下降，必要时，也可用电桥测量变压器绕组的直流电阻来进一步确定故障性质。通过检查、鉴定，结果正常则可能是变压器二次出线故障或熔丝长期运行而变形并受机械力的作用造成两相熔丝熔断。直至查出故障处理后，方可更换熔丝供电。

若高压侧有两相或三相保险器熔断且烧伤明显，可采取以下方法进行试验检查：

（1）进行全电压空载试验，检查三相空载电流是否平衡，是否过大。空载电流常以其与额定电流的百分比表示。一般为 $1\%\sim3\%$。变压器容量越大，百分比越小。若空载电流超出规定值或三相电流不平衡，说明变压器绕组有短路。若空载电流正常且三相电流基本平衡，则说明变压器没有故障。

（2）若不能进行空载试验，可根据熔丝烧损情况及变压器油的情况进行判断。若熔丝烧损严重，变压器油色变黑并有明显烧焦气味，便基本可判断变压器内有短路故障。

四、故障案例分析及预防

变压器因原材料/组部件而发生的问题案例如下：

（一）某供电公司配电室新更换的变压器放气阀被顶掉及原因分析

1. 事故现象

某供电公司配电室在城市配电网建设改造工程中，新更换了一台非晶合金变压器，运行不到 20min，放气阀被顶掉，紧急停电处理。

2. 故障查找及原因分析

因为刚刚投运不到 20min，放气阀就被顶掉，安装人员还在现场，紧急停电处理。检查发现：

（1）该台变压器为非晶合金油浸变压器，生产日期与投运日期不到半年。

（2）用绝缘摇表摇测高压侧接地电阻。

（3）拉回进行吊芯检查组部件质量较差，没能严格按照生产工艺规范安装。

3. 事故对策

（1）督促供应商选用性能优良的组部件，加强组部件装配工艺控制。

（2）加强对配电变压器的抽检力度，将隐患杜绝在投运前。

（3）购置单位如可能可到变压器生产厂进行监造。

（二）新购置的变压器进行例行抽检时发现高压绕组为铜包铝线及原因分析

1. 事故现象

某供电公司对新购置的配电变压器进行例行抽检时，发现高压绕组采用的是外层镀铜的导线（俗称铜包铝导线）。

2. 故障查找及原因分析

根据有关要求，某供电公司对城市配电网建设改造工程中新购置的配电变压器进行例行抽检。吊芯检查时发现该台配电变压器高压绕组采用外层镀铜的铝质导线（俗称铜包铝导线），设备型号为 S11-M-315/10。原因分析：

（1）供应商为了降低成本，采取不诚信行为，以假充真。

（2）目前招标采用的是低价中标的办法，厂家为了中标，采取了偷梁换柱的策略。

3. 事故对策

（1）改变低价中标的招投标办法为符合技术条件下的合理价格中标。

（2）购置单位如可能可到变压器生产厂进行监造。

（3）增加产品的负载损耗、温升和突发短路试验考核力度，对存在疑点的产品进行解体检查，增加抽检频次。

（4）对不诚信供应商采取必要的处理措施，加大违规成本。

配电变压器解体情况见图 3-1。

（三）新购置的变压器进行例行抽检时试验不合格及原因分析

1. 事故现象

某供电公司对新购置的配电变压器进行例行检查试验时，发现空载损耗和总损耗试验不合格。

（a）　　　　　　　　　　　（b）

图 3-1　配电变压器解体情况

（a）变压器外观及吊芯；（b）铜包铝导线

2. 故障查找及原因分析

根据有关要求，某供电公司对城市配电网建设改造工程中，新购置的配电变压器进行例行抽检、试验。试验的主要内容是电压比测量、联结标号检定、绕组电阻测量、空载电流和空载损耗测量、短路阻抗和负载损耗测量以及温升试验等。试验结果发现：

（1）空载损耗值不应超过 15％，但实测值为 15.6％；总损耗值不应超过 10％，实测值为 13.3％。

（2）将该台变压器进行吊芯检查剥开绝缘，发现高压、低压绕组均为铝绕组。

（3）该台变压器硅钢片拼接现象严重。

原因分析：供应商为了降低成本，采取不诚信行为，采用绕组材料铝代铜、拼接硅钢片。

3. 事故对策

（1）改变低价中标的招投标办法为符合技术条件下的合理价格中标。

（2）购置单位如可能可到变压器生产厂进行监造。

（3）增加产品的负载损耗、温升和突发短路试验考核力度，对存在疑点的产品进行解体检查，增加抽检频次。

（4）对不诚信供应商采取必要的处理措施，加大违规成本。

配电变压器铝代铜情况见图 3-2。

变压器因工艺控制而发生的问题案例如下：

（一）某供电公司配电室新更换的变压器送电后炸及原因分析

1. 事故现象

某供电公司配电室在城市配电网建设改造工程中新更换了一台变压器，运行不到10min，变压器冒烟随后发生爆炸，紧急停电处理。

2. 故障查找及原因分析

（1）该台变压器型号为 S11-315kVA/10kV，安装日期与生产日期仅一个多月。

（2）将变压器吊芯检查发现变压器油箱已严重变形，如图 3-3 所示。高、低压侧最边际波纹片已爆开；高、低压绕组严重烧毁；绝缘油已严重炭化。

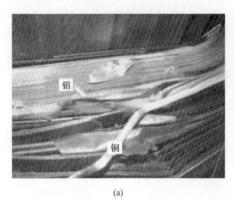
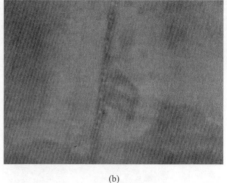

(a)   (b)

图 3-2 配电变压器铝代铜情况

（a）线圈引出线为铜线；（b）线圈绕组导线为铝线

（3）原因分析：该变压器设计结构存在不足，生产加工制作工艺较为粗糙，送电后高压绕组发生短路现象，造成 A、B 相高压绕组烧毁，油箱爆裂，如图 3-4 所示。

(a)   (b)

图 3-3 油箱变形情况

（a）油箱变形情况（一）；（b）油箱变形情况（二）

(a)   (b)

图 3-4 配电变压器解体情况

（a）变压器解体情况（一）；（b）变压器解体情况（二）

3. 事故对策

（1）改变低价中标的招投标办法为符合技术条件下的合理价格中标；提高供货企业资质要求。

（2）购置单位如可能可到变压器生产厂进行监造。

（3）增加产品的负载损耗、温升和突发短路试验考核力度，对存在疑点的产品进行解体检查，增加抽检频次。

（4）对不诚信供应商采取必要的处理措施，加大违规成本。

（二）某配电室新换装变压器送电后出现异响及原因分析

1. 事故现象

某供电公司配电室新更换了一台变压器，高压送电时，变压器出现异响，但 1min 后异响自动消失。当低压送电时，变压器再次出现异响，并且声音逐渐加大。安装人员不敢怠慢，立即将跌落保险器拉开，紧急停电处理。

2. 故障查找及原因分析

安装人员和运行人员检查后发现：

（1）该变压器型号为 SBH15-M315/10，安装与生产日期相差不到半年。

（2）经检查变压器发现 A 相高压绝缘瓷套管和高压导杆断裂，并且瓷套管断裂处有电弧烧过的痕迹。

（3）原因分析：变压器生产装配时，A 相高压引线与 A 相导电杆连接不够牢固，送电时出现拉弧，造成引线与导电杆及高压套管断裂。

3. 事故对策

（1）督促供应商选用性能优良的组部件，加强组部件装配工艺控制。

（2）加强对配电变压器的抽检力度，将隐患杜绝在投运前。

（3）购置单位如可能可到变压器生产厂进行监造。

引线与导电杆及高压套管断裂的变压器见图 3-5。

(a)   (b)

图 3-5　引线与导电杆及高压套管断裂的变压器
(a) 高压套管断裂的变压器；(b) 高压套管断裂

（三）某配电室新换装变压器例行检查局部放电不合格及原因分析

1. 事故现象

某供电公司配电室换装变压器，对新购置的干式变压器进行例行检查试验发现局部放电不合格，另外检查发现 B 相绕组外侧存在明显变形且外绝缘破损，如图 3-6、图 3-7 所示。

图 3-6　变压器吊芯　　　　　　　图 3-7　变压器绕组绝缘碰坏

2. 故障查找及原因分析

（1）该台变压器的型号为 SGB10-630/10。

（2）发现 B 相绕组外侧存在明显变形且外绝缘破损，导致局部放电不合格。

（3）原因分析：供应商生产工艺控制不严格，绕组存在明显变形和外绝缘破损。

3. 事故对策

（1）督促供应商选用性能优良的组部件，加强组部件装配工艺控制，加强绝缘保护，避免生产、装配过程中绝缘出现损伤。

（2）加强对配电变压器的抽检力度，将隐患杜绝在投运前。

（3）购置单位如可能可到变压器生产厂进行监造。

（四）新购置配电变压器验收试验时有一台合不上闸，有放电声及原因分析

1. 事故现象

某单位配电室新购置了一台 S11-MR-400/10 全密封卷铁芯变压器，在做空载试验时合不上闸，有放电声，低压绕组电阻不稳定，测不出数。只得请来生产厂和供电公司用电检查帮助分析。

2. 故障查找及原因分析

（1）将该台变压器做吊芯检查，测试直流电阻。测试 b 相时，用木板撬动低压引线，当撬起内引线时，即可测得直流电阻的稳定值；但压下 b 相内引线电阻不稳定且没有读数，推断是 b 相内引线起头与尾头或相邻匝间短路。

（2）拆去上夹件继续检查发现内引线根部绝缘破损，造成首尾头之间短路，如图 3-8 所示。

图 3-8　变压器引线根部绝缘破损造成首尾头之间短路

故障原因分析：

a. 该变压器为卷铁芯结构，绕组绕制是在铁芯上，利用专用绕线机绕线模进行，低压引线先埋入半匝做引出线，待低压绕组及高压绕组绕完后，立起铁芯，再拉出引线折弯包绝缘垫纸槽，进行引线装配。对于导线截面较大的引线很容易损伤导线绝缘。

b. 装配上夹件拉紧拉螺杆后，夹件将引线压紧可能损伤绝缘。

c. 卷铁芯结构绕组与铁芯间支撑固紧不牢。夹件不能夹紧铁芯，没有压紧铁芯措施，在远距离运输中，由于颠簸、振动、冲撞，也可引起引线间摩擦，损伤绝缘。

3. 事故对策

（1）生产厂加强工艺制造水平，要注意保护好导线的绝缘。

a. 卷铁芯变压器的引线，应加强绝缘的牢固绑扎，工艺是关键，必须处理好。

b. 绕组与铁芯间应撑牢固。

c. 铁芯应有压紧装置，与底座固定牢固。

d. 低压引出线与夹件间不能压住，必须保证有 2mm 绝缘纸板和 2mm 的油间隙。

（2）运行单位应加强设备的进场验收试验工作，提前发现杜绝事故的发生。

（3）购置单位如可能可到变压器生产厂进行监造。

变压器因绝缘薄弱或损伤而发生的故障案例如下：

（一）某用户变压器高压熔断器烧断，更换后仍被烧断及原因分析

1. 事故现象

某用户配电室一台三相 315kVA 变压器，已运行 10 年，近日突然发生故障，高压 B 相熔断器烧断，用户更换熔断器后试发，不到 1min，熔断器又被烧断。用户不敢再试发，通知当地供电公司用电检查人员帮助分析。

2. 故障查找及原因分析

用电检查人员到现场后用绝缘摇表摇测绝缘电阻，一次侧对地 1000MΩ，二次侧对地 1000MΩ，一、二次之间 2MΩ，决定进行调心检查。吊芯检查发现，高压绕组 B 相层间木撑条处烧了一个大洞，木垫块多组松动拉螺杆掉了一条，油箱内有 4 个 M12 铁螺母，还有一块 50mm×60mm 左右的铁皮。

原因分析：厂家工艺质量粗糙，高压层绕组层间使用木撑条没垫纸槽，木撑条有棱角。该台变压器已运行 10 年，其间曾因房屋漏水使变压器受过淋，因运行没有问题就没有更换变压器油。运行中木撑条受潮，加之电动力的作用振动、摩擦，使木撑条的棱角将纱包线绝缘损伤造成 B 相对地放电的故障。

3. 事故对策

（1）生产厂加强工艺制造水平，要注意保护好导线的绝缘。高压绕组两端最后一匝导线，用电缆纸、电容器纸或蜡绸条兜压，以加强端部层间绝缘。由于这些材料机械强度较差不耐磨损，特别是在垫块压紧处抗压强度差，运行中振动摩擦极容易发生损伤破裂，致使层间击穿烧毁高压绕组。

（2）购置单位如可能可到变压器生产厂进行监造。

（3）运行单位应加强对设备的运行维护，变压器受淋后，应检查变压器油是否进水受潮，如是，应及时更换变压器油。照片如图 3-9 所示。

图 3-9　变压器油受潮致绕组损坏

（二）某单位配电室变压器跌落保险器跌落及原因分析

1. 事故现象

某单位配电室新换装一台变压器，即 S9-m-315/10 型全密封变压器，只使用两个月，就发生高压跌落保险熔断掉闸故障。

2. 故障查找及原因分析

同厂家一起磨开箱盖焊线吊芯分析，看到 B 相线圈外表面比 A、C 两相线圈颜色深，将 B 相线圈解体发现高压绕组第八层中部匝间短路，QQ-2 型漆包线漆膜大面积脱落，数处漆包线匝间熔合，层间绝缘严重炭化。分析认为故障原因是导线有毛刺损伤了漆包绝缘，造成匝间短路过热引起层间绝缘热击穿，属于漆包线材料质量问题，如图 3-10 所示。

图 3-10　变压器线圈绝缘质量差引起事故

3. 事故对策

（1）生产厂加强工艺制造水平，要注意保护好导线的绝缘。

（2）运行单位应加强设备的进场验收试验工作，提前发现杜绝事故的发生。

（3）购置单位如可能可到变压器生产厂进行监造。

（三）用户变压器因分接开关导致上层油温过高及原因分析

1. 事故现象

某用户配电室运行人员发现，自 9 月以来，巡检发现配电室内的两台油浸变压器上层油温均比以前高出 10～15℃，这种现象已有两个多月。检查这两个月的负荷与 9 月以前比较没有太大的变化；室内温度却比 9 月以前降低 5℃左右。那么是什么原因使得变压器的上层油温大幅上升呢？

2. 故障查找及原因分析

改两台变压器容量均为 315kVA，运行 9 年多不到 10 年，运行一直正常；配电室内通风正常；夜间负荷低时分别将两台变压器停运，摇测绝缘无异常。再次检查巡视记录发现变压器一次侧电压较以前高出较多，约在 10.75kV，低压侧电压在 430V 左右；变压器分接开关位置在中间位置即 10kV 位置。为什么一次侧电压会升高，给 95598 打电话询问得知该用户原在 10kV 供电线路的末段，前两个月，供电公司施行城网改造，该用户从邻近新建的 110kV 变电站供电，且在线路的首端。我们知道供电线路首端电压要比末端电压高出

0.5kV 左右，由于用户不知道，因此没有更改变压器分接开关的位置，致使低压侧电压过高。我们知道变压器一次侧电压过高磁通也将随之增加，从而使励磁电流也相应增加；由于励磁电流的增大将使变压器的铁损随之增大而使铁芯发热，也就使变压器的油温上升。

3. 事故对策

（1）用户发现变压器一次侧电压升高应及时向供电部门反映，了解原因，以便及时解决。

（2）供电部门在进行城网改造后，应及时通知相关用户注意电压的变化。

（3）在系统电压改变后，用户应及时改变变压器分接开关的位置，以确保低压侧电压正常，设备正常运行。

（四）用户变压器因铁芯钢压板导致上层油温过高及原因分析

1. 事故现象

某用户在巡视该单位 100kVA/10kV 油浸变压器时，发现上层油温偏高，而且已经偏高一段时间了。经与供电部门用电检查联系，决定停电进行检查。

2. 故障查找及原因分析

将该变压器撤回后进行空载试验，空载损耗和空载电流都较出厂试验数值增大。检查发现：

（1）该台变压器铁轭下面有一个钢压板，压板与压钉之间有绝缘垫及一个接地点，当压钉绝缘垫损坏将与接地点形成短路环，空载损耗及空载电流增加很多。绝缘完好时空载性能正常。

（2）压钉损坏时空载试验电压加到 190V，空载电流达到 50A 以上，为低压额定电流的 70% 左右，这是在外施电压不到额定电压 1/2 的条件下，空载性能增加到如此程度。若电压再升高，数值将更大了。实质上此种情况相当于有一处短路环与铁芯磁通匝链的结果。

3. 事故对策

（1）压线圈的钢压板必须开口，与压钉之间必须绝缘。

（2）钢压板只允许有一点接地，以防发生短路及静电放电。

（五）用户变压器因变压器油导致上层油温过高及原因分析

1. 事故现象

某医院在巡视该单位 100kVA/10kV 单相油浸变压器时，发现上层油温偏高，而且已经偏高一段时间了。经与供电部门用电检查联系，决定停电进行检查。

2. 故障查找及原因分析

该医院的单相变压器已运行 19 年，运行基本正常。吊芯检查发现，变压器箱底积存较多水致使变压器铁轭下部浸蚀，硅钢片片间短路，造成较大的循环电流，长久运行铁芯过热，硅钢片绝缘损坏，铁芯温度过高使绝缘油及线圈绝缘老化，变压器油的颜色变为黑褐色，上层油温过高。

3. 事故对策

（1）定期对变压器油进行化验，确保变压器油的质量。

（2）加强对运行时间较久的变压器的巡视检查。

（3）当发现变压器油颜色不正常或含水量偏大时，及时进行换油或大修。

（六）某医院一台进口单相 50kVA 变压器做工频耐压试验时有放电声及原因分析

1. 事故现象

某医院一台进口单相 50kVA 变压器做工频耐压试验时有放电声。

2. 故障查找及原因分析

（1）吊芯检查未见明显缺陷，将器身置入特制有玻璃窗的油箱内进行工频耐压试验，发现铁芯木质夹件有 6 条拉螺杆未接地。

（2）6 条拉螺杆中有一条下端距离箱底只有 2mm 左右，做试验时有放电火花。

3. 事故对策

（1）将拉螺杆进行调整使下端距离箱底大于 5mm。

（2）将 6 条拉螺杆上端用 2.0mm 直径的铜导线串联后，与接地的吊铁用螺栓连接使其牢固接地，再做试验时放电火花就消除了。

（七）某厂 SJ-1000/10 型变压器运行中有放电声及原因分析

1. 事故现象

某厂在巡视中发现该厂 1000kVA 的油浸变压器有放电声，该变压器是刚刚投运的，验收试验没有发现问题。

2. 故障查找及原因分析

现场吊芯检查发现高压木质导线夹中部有一条 M10 铁螺栓较长，端部距拉螺杆很近，几乎碰上了。用摇表测此螺栓对拉螺杆的绝缘电阻，即可见到"叭叭"的放电火花。

3. 事故对策

（1）将螺栓更换为短 5mm 的，再摇绝缘电阻达 1500MΩ，既听不到放电声，也看不到放电火花了。

（2）订货技术条件中明确规定此种结构的变压器须采取加大不接地螺栓对地的距离或更换为绝缘螺栓。

（八）某用户新装变压器投运后有类似簧片的声音及原因分析

1. 事故现象

某厂一台 SZ-1000/10 型有载调压变压器，运行中值班人员反映有异常声音，好像簧片振动发出，要求吊芯检查处理。

2. 故障查找及原因分析

送修配厂吊芯检修发现铁芯钢夹件较窄，矩形铁轭硅钢片较宽，最外边一片硅钢片高出夹件 60mm 左右没有压紧，钢片有翘起自由端，运行中产生振动噪声较大。

3. 事故对策

（1）松开夹紧螺栓，用 3mm 厚的绝缘纸板做夹件绝缘，纸板宽度加大将外面一片硅钢片的自由端压住，再紧好夹紧螺栓就将簧片振动声消除了。

（2）强化变压器监造，保证设备的质量。

（九）新装干式变压器一送电高压熔丝熔断及原因分析

1. 事故现象

某单位新装一台 500kVA 的干式变压器，送电时高压保险丝熔断不能送电。施工单位认为变压器质量有问题，找生产厂及交接试验单位联系，要求分析处理。

2. 故障查找及原因分析

生产厂和试验单位认为从出厂和交接试验报告上数据分析，变压器不可能存在质量问题，便一起到现场进行检查。现场发现安装单位将高、低压电缆支撑用的角钢架，固定在干式变压器上铁轭的穿芯螺栓上了，这样就使原来绝缘良好的穿芯螺栓两端通过角钢架形成了闭合回路，相当于一个短路环与铁芯磁通匝链。当高压 10kV 送电时有较大的短路电流使高压负荷开关保险器的熔丝烧断。分析产生上述后果的原因应属于安装人员技术素质低，对变压器上各零件的作用和要求不了解。为图省事错误地利用变压器的穿芯螺栓来固定电缆角钢支架，施工验收人员亦未注意到，发生了不应有的故障。

3. 事故对策

（1）提高安装人员及验收人员素质，加强安装质量把关。

（2）强化设备监造。

通过以上案例，在变压器监造中应注意以下事项：

a. 硅钢片应平整，剪切无毛刺，无开裂。有折角、卷边、短路者应修整。

b. 硅钢片应清洁、无灰尘、杂质及涂划现象，铁芯油路堵塞应疏通。

c. 生锈的硅钢片必须除锈涂漆。

d. 硅钢片绝缘若有老化变质、脱落现象影响性能及安全运行时，必须进行绝缘处理。

e. 硅钢片有局部烧伤粘连，不影响性能者，可分开锉平后涂漆，必要时倒换位置或更换部分钢片。

f. 铁芯夹持应紧固，力量均匀，不得有钢片位移、鼓包及自由端。

g. 穿芯螺杆绝缘管厚度不小于 1mm，长度两端伸出夹件至少 1mm。

h. 压紧螺帽下的绝缘垫圈厚度不小于 1.5mm，外缘每边大于钢垫圈至少 1mm，或沿表面距离不小于 3mm。

i. 钢夹件与铁芯间绝缘纸板厚度为 1～3mm，长度宽度每边要大于外级钢片。

j. 钢拉带和 U 形螺杆拉紧夹件时，应有足够的强度，与铁芯间垫以 1.5mm 厚纸板，纸板应比钢带大出 3mm。

k. 钢垫脚与铁芯间应垫 2mm 厚的纸板，宽度每边大于垫脚 2mm。

l. 铁芯及应接地的金属件，必须良好接地。

m. 穿芯螺杆对铁芯及夹件绝缘用 2500V 绝缘电阻表测 1min，绝缘电阻不低于 5MΩ。铁芯对夹件绝缘用 1000V 绝缘电阻表测，绝缘电阻不低于 5MΩ。

（十）某厂一台 200kVA 的油浸变压器因内部短路烧毁及原因分析

1. 事故现象

某厂配电室一台 200kVA 的变压器运行只有一年多的时间就因内部短路被烧毁，该厂将当地供电公司及变压器生产厂人员请来共同分析变压器烧毁的原因。

2. 故障查找及原因分析

将该变压器吊芯进行检查发现：引线根与相邻第一匝发生短路故障。分析原因是变压器生产厂在绕线圈时此处没有加强绝缘，而压紧线圈的机械力又较大，装配过程引线需做折弯，破坏了导线的绝缘，加之运行中电动力的作用，将导线绝缘逐步损伤，最终造成匝间短路故障。

3. 事故对策

（1）生产厂加强工艺制造水平，需要加强绝缘的地方必须加强，不得偷工减料。

（2）运行单位应加强设备的年检、试验工作，提前发现杜绝事故的发生。

线圈绕制不良导致烧毁的照片如图 3-11 所示。

图 3-11　线圈绕制不良导致烧毁

（十一）某厂一台 315kVA 的油浸变压器被烧毁及原因分析

1. 事故现象

某厂一台容量为 315kVA 的油浸变压器运行三年，突然被烧毁。该厂邀请当地供电公司用电检查人员帮助分析事故原因。

2. 故障查找及原因分析

将变压器进行吊芯检查高压绕组外表完好，但发现下铁轭上部有铜珠。解体拔出高压绕组，发现低压绕组中部 1/2 处烧毁。分析原因是低压绕组由多股导线并绕，在中部 1/2 处因有换位"S"弯，而过弯处导线之间有剪力，将匝间绝缘剪伤造成低压绕组损坏。

3. 事故对策

（1）生产厂家加强工艺制造水平，尤其在换位处更要注意保护好导线的绝缘。

（2）运行单位应加强设备的年检、试验工作，提前发现杜绝事故的发生。

（3）购置单位如可能可到变压器生产厂家进行监造。

（十二）新购置的变压器验收试验中绕组冒烟及原因分析

1. 事故现象

某单位配电室新购置的 630kVA 变压器在进行例行验收试验做空载试验时，当低压侧升至额定电压 400V 时，发现三相电流不平衡且 c 相最大，绕组下部冒烟。

2. 故障查找及原因分析

拆开绕组查找发现有一根导线焊接头断裂，绝缘被烧穿与相邻匝短路。分析原因是焊接质量不良绕组弯折敲击造成焊点开裂，通过负荷电流发热烧穿导线绝缘及邻匝绝缘，产生匝间短路所致。

3. 事故对策

（1）生产厂加强工艺制造水平，要注意保护好导线的绝缘。

（2）运行单位应加强设备的进场验收试验工作，提前发现杜绝事故的发生。

（3）购置单位如可能可到变压器生产厂进行监造。

（十三）某厂配电室低压缺相及原因分析

1. 事故现象

某厂三相油浸 200kVA 变压器，运行中发现低压缺 A 相，且是在变压器出口处就没有。

2. 故障查找及原因分析

（1）检查高压，三相均有，证明高压正常；检查低压缺少 a 相，且是在变压器出口处就没有，分析故障应出在变压器内部。

（2）变压器停电吊芯检查试验 a 相不通。拆开低压绕组发现低压绕组导线焊接点处的锡焊已熔断。分析认为由于锡铅焊料熔点较低，为 200～270℃，而变压器内铜导线的热稳定要求为 250℃，则锡焊处不能满足热稳定的要求；同时锡的抗拉强度也远不如铜导线，更难承受变压器短路电流动稳定要求，当低压线路发生短路时，铜导线在锡焊点处将会因过热熔化而开断。

3. 事故对策

（1）变压器生产厂不得使用锡铅焊料焊接变压器的铜导线，而应使用银焊，确保焊接点处的动热稳定符合规程要求。

（2）购置单位如可能可到变压器生产厂进行监造。

（十四）新购置配电变压器验收试验时有一台合不上闸，有放电声及原因分析

1. 事故现象

某单位配电室新购置了一台 S11-MR-400/10 全密封卷铁芯变压器，在做空载试验时合不上闸，有放电声，低压绕组电阻不稳定，测不出数。只得请生产厂和供电公司用电检查人员帮助分析。

2. 故障查找及原因分析

（1）将该台变压器做吊芯检查，测试直流电阻。测试 b 相时，用木板撬动低压引线，当撬起内引线时，即可测得直流电阻的稳定值；但压下 b 相内引线电阻不稳定且没有读数，推断是 b 相内引线起头与尾头或相邻匝间短路。

（2）拆去上夹件继续检查发现内引线根部绝缘破损造成首尾头之间短路。如图 3-12 所示。故障原因分析：

a. 该变压器为卷铁芯结构，绕组绕制是在铁芯上利用专用绕线机绕线模进行，低压引线先埋入半匝作引出线，待低压绕组及高压绕组绕完后，立起铁芯，再拉出引线折弯包绝缘垫纸槽，进行引线装配。对于导线截面较大的引线很容易损伤导线绝缘。

图 3-12 卷铁芯变压器因引线引发的事故

b. 装配上夹件拉紧拉螺杆后，夹件将引线压紧可能损伤绝缘。

c. 卷铁芯结构绕组与铁芯间支撑固紧不牢。夹件不能夹紧铁芯，没有压紧铁芯措施，在远距离运输中，由于颠簸、振动、冲撞，也可引起引线间摩擦，损伤绝缘。

3. 事故对策

（1）生产厂加强工艺制造水平，要注意保护好导线的绝缘。

a. 卷铁芯变压器的引线，应加强绝缘的牢固绑扎，工艺是关键，必须处理好。

b. 绕组与铁芯间应撑牢固。

c. 铁芯应有压紧装置，与底座固定牢固。

d. 低压引出线与夹件间不能压住，必须保证有 2mm 绝缘纸板和 2mm 的油间隙。

（2）运行单位应加强设备的进场验收试验工作，提前发现杜绝事故的发生。

（3）购置单位如可能可到变压器生产厂进行监造。

（十五）配电变压器高压侧断一相对低压侧的影响

1. 事故现象

某架空线路进线的配电室内配有两台 315kVA 的变压器，一天晚上，多个用户来电话反映：有的家中的电灯不亮，有的家中的电灯灯光变暗；有一个小厂来电话则是三相电动机单相保护动作后不能再启动。供电公司派出维修人员到该配电室检查后发现，1 号变压器的一次侧 A 相跌落保险器跌落，经更换一次熔丝，合上保险器后，供电恢复正常。

2. 故障查找及原因分析

1 号变压器的接线为 Yyn0；变压器三相负荷不均，A 相负荷远大于 B、C 相的负荷。一次侧 A 相熔丝烧断后，造成 B、C 两相线圈串联，所以每个线圈只承受线电压 U_{BC} 的 1/2。我们知道，变压器二次侧的电动势随一次侧的电动势变化。因此，一次侧 A 相断开后，二次侧的电压分别是 $U_a=0$，$U_b=U_c=0.866U_{p2}$，即二次电压降到正常值的 0.866。此时接到 B、C 两相的负荷承受的电压只有 189V，电压低了，自然电灯的亮度要下降。A 相因为没有电压，所以电灯不亮。三相电动机由于缺一相，因此无法启动，单相保护动作后不再启动。

3. 事故对策

（1）变压器的三相负荷均衡连接，保证三相不均衡率不大于规定要求；

（2）坚持定期检查维修制度和巡视制度，发现问题及时处理；

（3）完善设备的保护措施，保证设备安全运行。

选择合适的熔丝，且安装正确。

（十六）变压器分接开关接触不良造成绕组匝间短路

1. 事故现象

某配电室新换装 630kVA 变压器一台，投运不久的一天多个用户来电话反映：有的家中的电灯不亮，有的家中的电灯灯光变暗；有一个小厂来电话则是三相电动机单相保护动作后不能再启动。供电公司派出维修人员到该配电室检查后发现，变压器的一次侧 C 相跌落保险器跌落，经更换一次熔丝，合上保险器后，一次熔丝即刻烧断，并能嗅到异常气味。

2. 故障查找及原因分析

将该变压器停运，并进行了吊芯检查发现，C 相导线外层 I 挡抽头接线处多股导线被烧断，导线层间绝缘也被烧坏；箱体内绝缘油油色变黑，有异常气味；测量直流电阻不合格。由于 C 相导线外层 I 挡抽头接线处焊接不好，致使这一部位长期发热，绝缘因此受到破坏，从而造成匝间短路，使 C 相跌落保险器熔丝烧断，用户电压发生异常。

3. 事故对策

（1）供电部门应对所购置的变压器进行监制，严把质量关；

（2）变压器运到供电部门后，应进行严格的质量检查和试验，杜绝缺陷变压器入网运行。

（十七）变压器检修后变比发生变化的故障查找

1. 事故现象

某配电室内的变压器因运行 20 年以上，经放油检查油质变黑，停电测量三相直流电阻不平衡，确定进行检修。检修后测量三相直流电阻平衡，但分接开关（三挡式）调试时发现在二挡时，电压正常，而在一、三挡时，电压都比额定电压要高出 20% 左右。

2. 故障查找及原因分析

因为在 9500V 挡和 10500V 挡时，所测得电压为 11400V 和 12600V，均比额定电压高出 20%，变压器不能投入运行。

(1) 进行空载试验，测得空载电流和空载损耗与标牌值近似，不可能是线圈匝间短路；

(2) 再次吊芯进行检查，检查到分接开关，发现检修后分接开关接线错误。这台变压器的分接开关是横卧圆柱式，三相间绝缘，以齿轮传动进行转换。正常时 6 号接头为中性点连接，检修时中性点铜排被拆下，检修复原时，误将其接到了 4 号接头上，使变压器调压结果发生了改变。

3. 事故对策

(1) 加强检修水平，确保检修质量；

(2) 设备检修完毕，一定要进行检验，并进行相应的试验，确认无误后方可投入运行。

(十八) 某新投运配电室变压器低压套管漏油原因分析

1. 事故现象

某配电室新投运的变压器运行不到半年，巡视中发现低压 B、C 相及零线套管漏油，测得 A 相电流为 210A，B 相电流为 400A，C 相电流为 390A。

2. 故障查找及原因分析

变压器停电进行检修。经检查发现：

(1) 该变压器容量为 315kVA 与变压器套管连接的铝排相色漆变色，应是高温引起；

(2) 表面平整度差，且表面氧化膜没有去除干净。

根据以上检查可以确认：

由于铝排与套管连接的搭接面未处理，造成接触电阻过大，加之 B、C 相负荷较大，致使套管中的导电杆的温度升高，并致使套管中的密封橡皮垫圈和橡皮算盘珠老化、失去弹性，从而漏油。

3. 事故对策

(1) 低压负荷均匀接在变压器二次侧，保证 A、B、C 三相负荷基本均匀。

(2) 低压铝排与变压器二次出线连接前，应将铝排打磨平整、干净，涂抹导电膏，以保证铜、铝连接可靠。

(十九) 配电室变压器一、二次绕组击穿事故及分析

1. 事故现象

某日，95598 接到用户电话反映，由××配电室供电的用户有的没电，有的电压不正常，三相电动设备无法正常工作，部分居民家中的家用电器被烧毁。

2. 故障查找及原因分析

(1) 事故抢修班的人员迅速赶到现场检查发现用户端 A 相电压在 239～251V 浮动，B 相电压在 0～48V 浮动，C 相电压在 150～162V 浮动。有用户反映曾听到楼内配电箱内有"噼啪"的放电声和爆裂声。打开该配电箱发现部分 DZ47 型的断路器外壳扭曲、变形，箱内有焦煳味。该配电小区采用 TT 方式供电；检查 400V 低压侧主、分支路的中性线，没有发现开路；检查变压器，发现有变压器油溢出；用 2500V 绝缘电阻表摇测变压器一、二次绕组间的绝缘电阻值为零。变压器已运行 5 年，型号为 S9-315/10，连接组别为 Yyn0。将变压器更换后吊芯检查发现 B 相一、二次绕组击穿，绕组漆包线有明显热熔现象；一、二次

绕组均存在不同程度损坏；高压绕组在击穿点附件完全熔断。

（2）原因分析。变压器存在质量问题，使 B 相一、二次间被击穿，10kV 电压由击穿点进入低压绕组及低压线路，造成低压设备及用户家用电器损坏；B 相击穿点产生的电弧高温，进一步造成 B 相的一、二次绕组损坏，直至将高压绕组烧断，使变压器只有 A、C 两相供电。由于 B 相开路，A、C 相变为串联运行，共同承受 10kV 线电压。由于 A、C 两相低压所带负荷不同，因此阻抗也不相同，所以二次侧 a、c 相输出的电压也不一样。我们知道变压器二次侧负载大的绕组呈现低阻抗，所以输出的电压就低；负载小的绕组呈现高阻抗，输出的电压较高。从而使得用户端 A 相电压在 239～251V 浮动，C 相电压在 150～162V 浮动。

3. 事故对策

（1）生产厂加强工艺制造水平，尤其在换位处更要注意保护好导线的绝缘。

（2）运行单位应加强设备的年检、试验工作，提前发现杜绝事故的发生。

（3）购置单位如可能可到变压器生产厂进行监造。

（4）正确安装变压器一、二次侧避雷器，防止雷击过电压破坏变压器内部绝缘。

（5）确保变压器接地电阻符合规程规定。

（6）采用电源端后备失压保护，或者安装三相电压不平衡装置，在三相电压出现异常时，断开变压器低压侧总开关。

（7）在用户侧通过安装的智能综合保护器隔离保护区域，切断要保护设备的电源。

（二十）新换装的油浸变压器送电后箱体内有放电声

1. 事故现象

95598 接用户电话反映，配电室新换装一台 630kVA 油浸变压器，送电后箱体内有放电声，请供电公司帮助解决。

2. 故障查找及原因分析

现场检查该变压器型号为 S11-630-10，外观没有检查出问题。吊芯检查，发现铁芯接地短接片被压与铁芯多处连接。我们知道，高压绕组与低压绕组之间，以及低压绕组与铁芯之间，铁芯与油箱壁之间都可能存在电容。带电的变压器绕组通过电容的耦合作用，就会造成铁芯对地（油箱壁）产生一定的悬浮电压。由于变压器内各个金属件与油箱壁的距离不等，所具有的悬浮电位也不相同，当达到一定的电位差时，就会对地（油箱壁）放电，直接造成铁芯绝缘的损坏。为了避免产生悬浮电位，变压器铁芯必须可靠接地。但当变压器铁芯有两点以上的接地时，两点或多点间就形成短接回路，等于通过接地片短接了铁芯柱。短接回路中形成感应环流，使铁芯局部过热烧坏片间绝缘。也可能造成对油箱壁放电，时间长了绝缘被击穿，而烧毁变压器。因此变压器铁芯只能有一点接地。

3. 事故对策

（1）生产厂应严把质量关，确保变压器的质量。

（2）使用单位购入变压器后应进行入场检查和试验，杜绝变压器带病运行。

变压器因有载调压开关而发生的故障的案例如下：

（一）用户配电室变压器有载开关炸及原因分析

1. 事故现象

某用户配电室安装 SZ-315/10 型有载调压变压器，运行 5 年，10 月突然发生有载开关爆炸故障。将变压器运到修配厂检查，吊芯后发现变压器主体油黑，A、B两相高压绕组分接段烧毁，有载开关底端盖掉落在铁芯上，开关内动触头及静触头烧毁。

2. 故障查找及原因分析

分析原因是变压器运行近4年时间，有载开关多次切换产生的碳素使筒内绝缘油变黑，耐压降低不能灭弧，切换时弧光短路引发多处触头放电起弧造成开关爆炸。

3. 事故对策

（1）运行人员经验不足，应经常监视有载调压开关油位、颜色和开关计数器的动作次数。

（2）定期做绝缘油的耐压试验，油耐压低于20kV应换油。

（3）定期进行有载调压分接开关抽心，检查动静触头及过渡电阻，并进行适当维修，事故即可避免。

（二）用户配电室变压器因有载开关过渡电阻烧及原因分析

1. 事故现象

某厂SZ-315/10型有载调压变压器开关系埋入式，1971年出厂，1974年发生故障，吊芯检查发现过渡电阻烧断，主触头停在两个分接头之间，触头有放电烧痕。

2. 故障查找及原因分析

分析认为开关机械部分有缺陷，动作不灵活有卡死现象，故障时两个辅助触头跨接在分接头之间，时间过长烧断过渡电阻，主触头不到位就卡住了，造成分接头间放弧变压器部分绕组烧毁。

3. 事故对策

（1）运行人员经验不足，应经常监视有载调压开关油位、颜色和开关计数器的动作次数。

（2）定期做绝缘油的耐压试验，油耐压低于20kV应换油。

（3）定期进行有载调压分接开关抽心，检查动静触头及过渡电阻，并进行适当维修，事故即可避免。

（三）用户配电室变压器有载开关拒动及原因分析

1. 事故现象

某体育场运行中的一台SZ-1000/10型有载调压变压器，调压范围10kV±4×2.5%/400V。在进行预防性试验做电气传动时，发现变压器运行在第5分接头，有载调压开关由5分接头向9分接头方向转换，分接开关拒动。

2. 故障查找及原因分析

为查找故障首先分析可能产生故障的部位，而进行一步步的试验：

（1）开关不动作可能是机械卡死，用人工驱动电动机检查各分接头切换时，机械是否传动灵活。

（2）检查电动机是否完好，从电动机端子板处通电看电动机转动并听其声音是否正常。

（3）用万用表检测电动机端子有无松动、接触不良。

（4）检查控制电缆在开关筒内的插头与插座接触是否良好，电缆线有无断路。

（5）检查控制电缆在开关筒外的插座接触是否良好，并将触点打磨干净，按压检查弹簧有无锈蚀失去弹力的现象。

（6）检查控制电缆端子排螺栓压紧情况及电缆线有无断路。

（7）检查控制电缆与控制器之间的插头与插座的连接处有无接触不良。

（8）检测控制器线路及分立元件有无损坏。按照上述步骤一步一步地查找并进行试验来确定故障点，最终发现在控制器内部有一个合闸继电器线圈烧毁。当更换好另一台同型号的控制器后，再进行整体回路传动试验，一切运转正常。

3. 事故对策

（1）运行人员应经常监视有载调压开关油位、颜色和开关计数器的动作次数。

（2）定期做绝缘油的耐压试验，油耐压低于 20kV 应换油。

（3）定期进行有载调压分接开关抽心，检查动静触头及过渡电阻，并进行适当维修，事故即可避免。

（四）用户配电室变压器有载开关漏油及原因分析

1. 事故现象

某用户向供电公司反映：配电室变压器有载开关漏油，请供电公司派人帮助解决。

2. 故障查找及原因分析

有载调压开关密封不良漏油故障，在运行中较为突出，渗漏油主要部位在玻璃钢绝缘筒与法兰结合部和筒底的密封处，严重的情况是变压器储油柜中油面往下降，主体油渗入有载开关筒内，再由开关筒上部溢出流向变压器箱盖及外体。遇有这种情况只得将变压器停止运行，送修理厂修理或更换开关。修理时需要将变压器吊芯，拆掉分接线将有载调压开关拆下抽出开关芯子，清除油污，找准渗油点再将开关放入烤炉中烘干。然后用环氧树脂加固化剂调和，涂在法兰与玻璃钢筒结合处黏结，并用脱蜡玻璃布带绑扎加固，再涂上黏结剂放入烤炉内烘干固化。如果是筒底渗油可用专用工具将筒底反螺旋退下，重新更换密封胶垫。修理后注满变压器油进行静压试漏，再重新装到变压器上即可消除漏油故障。

3. 事故对策

（1）运行人员应经常监视有载调压开关油位、颜色和开关计数器的动作次数。

（2）定期做绝缘油的耐压试验，油耐压低于 20kV 应换油。

（3）定期进行有载调压分接开关抽心，检查动静触头及过渡电阻，并进行适当维修，事故即可避免。

（五）变压器低压套管中的导电杆烧断事故

1. 事故现象

某用户配电室电工发现变压器漏油，紧急停电进行处理。

2. 故障查找及原因分析

检查发现变压器低压 b 相导电杆烧断，接线卡子及引线搭落在变压器的大盖上；变压器油从低压 b 相套管处往外流出。

抢修人员拆卸接线卡子时发现，该接线卡子为螺栓型，其铜板端开孔过大（直径约 25mm），使铜板套在直径为 20mm 的导电杆上时间隙过大；所开孔的边缘毛刺没有挫平，使平板垫圈无法与铜板完全接触，接触面减小，接触电阻增大；接线卡子的压接引线端压板螺栓拧紧不牢固，造成导电杆处与引线压接处接触电阻过大，从而使温升增高，进一步加大了接触电阻；加之该地区负荷较大，最终导致导电杆被烧断。

b 相套管处的密封胶垫在长期高温条件下运行，逐渐老化，产生龟裂，致使变压器油从此处向外泄漏。

3. 事故对策

（1）变压器低压套管的导电杆应加装抱杆式设备线夹。

（2）变压器低压引线与抱杆式设备线夹连接时，应使用压缩型接线端子；压缩型接线端子的平板端应开两个孔（与抱杆式设备线夹上的铜板的两个孔距相同），避免单孔螺栓压接不实，在外力下扭动、松动，造成接触不好，增大接触电阻。

（3）压缩型接线端子的平板端所开孔的孔径应与抱杆式设备线夹的铜板上的孔径相一致，平板端开孔后应去掉毛刺，打磨平整并去除氧化膜涂以导电膏后方可进行连接。

（4）加强变压器的负荷管理，使变压器在经济负荷运行。

（5）强化工程验收，保证设备不带病运行。

（6）加强线路的巡视质量，及时发现缺陷，及时处理，保证设备的安全运行。

（六）开闭站内的站用变压器故障及原因分析

1. 事故现象

某日集控站收到×××开闭站 10kV 分段保护装置异常的信号。抢修人员迅速赶到×××开闭站进行检查，检查发现：站内变压器表计显示异常。

2. 故障查找及原因分析

因为站内变压器表计显示异常，怀疑是站内变压器有故障。将该站内变压器停运，打开站内变压器后柜门对站内变压器进行检查，该站内变压器是干式变压器，发现 B（中相）相外表有明显的烧痕。细查发现 B 相高压绕组匝间和层间浇注的环氧树脂绝缘层被烧穿；低压绕组表面被熏黑、有气泡，但没有被击穿的孔洞。B 相高压绕组附近的环氧树脂浇注的很不均匀，从而产生较大空隙。而故障点正是在环氧树脂浇注较薄处发生的。由于此处环氧树脂浇注较薄，使绝缘相对就较薄，从而引发绕组匝间和层间短路故障。检查 A 相和 C 相高压绕组附近的环氧树脂浇注也存在同样的问题。这种问题在验收时，虽然做了局部放电等试验，验收合格，但因为运行一段时间后，环氧树脂在过热情况下，绝缘降低最终被击穿。

3. 事故对策

（1）强化设备监造要求，不让有隐患的设备出厂；

（2）对同批次、同一个厂生产的各类型号变压器进行检查，排除隐患，杜绝故障发生。

（七）开闭站内的站用变压器故障及原因分析

1. 事故现象

某年年底某集控站收到×××开闭站 10kV 分段保护装置异常的信号。抢修人员迅速赶到×××开闭站进行检查，检查发现：站内变压器 A、B 两相熔断器断，现场测试站内变压器发现该站内变压器直流电阻不合格。

2. 故障查找及原因分析

（1）翻阅资料得知该站内变压器已运行 7 年，没有发生过负荷或雷击等问题；型号为 SC9-30/10，联结组标号为 Dyn11。

（2）该站内变压器解体前外观检查没有发现明显的故障痕迹。

（3）对该站内变压器进行试验，试验检测数据如表 3-1 所示。

表 3-1 站内变压器试验检测数据

项目	高压对地绝缘电阻	低压对地绝缘电阻	高压绕组直流电阻值（Ω）			高压绕组直流电阻值（Ω）		
			AB	BC	CA	a0	b0	c0
数据	2000（MΩ）	2000（MΩ）	52.29	60.24	60.32	0.03548	0.03559	0.03570

（4）通过表 3-1 的试验数据可以看出，A 相高压绕组有故障。

（5）将该站内变压器解体，发现高压绕组的段间绝缘处有放电痕迹。

（6）分析认为：故障点处存在匝间绝缘薄弱隐患，由此引发匝间短路，时间一长后扩大为层间短路，进而引发段间绝缘水平下降，最终引发高压绕组段间放电，将保险器的保险丝熔断。

3. 事故对策

（1）加强对站内变压器生产过程的监造，确保质量。

（2）加强对干式站内变压器的带电监测工作，以便及时发现、处理设备异常。

（八）箱式变电站内的变压器烧毁及原因分析

1. 事故现象

某年年底，事故抢修班接到通知：××街××号箱式变电站烧损。

2. 故障查找及原因分析

（1）该箱式变电站运行不到一年，箱内变压器为干式变压器，型号为 SC10-500kVA。

（2）鉴于变压器烧损严重，绝缘损坏，不能再进行试验，只能对变压器进行解体分析。

（3）外观检查：该变压器 B 相高压绕组上端从内侧烧损，烧损严重，C 相上部有放电痕迹，A 相靠近 B 相侧被熏黑；低压绕组上下两端烧损严重；B 相对地垫块被放电电流烧损、炭化；低压绕组引出线烧断，引出线对地绝缘子被烧损、炭化断裂。

（4）将该变压器的 A 相和 C 相线圈进行解体后发现，A 相低压绕组筒的形状不是正常的圆形，而是一个椭圆形；上面的漆皮脱落；端部绝缘层有明显的缝隙；箱式变电站上下引出端子的绝缘有明显的空洞。

（5）高压绕组顶层浇注厚度也未达到相关技术要求。

（6）通过对此干式变压器的解体可以得出该台干式变压器制造粗糙，存在诸多缺陷。故障发生在年底，气候阴冷潮湿，干式变压器安装在户外箱内，箱体密封不严，灰尘、潮气很容易进入箱体内，在箱体内形成凝露，使原本质量存在诸多问题的干式变压器更是雪上加霜。潮气从低压绕组端部渗入，导致低压绕组顶部对地放电，而高压绕组端部绝缘层厚度过薄，从而又引发高压绕组对低压和地放电，将此台干式变压器烧毁。

3. 事故对策

（1）严把设备质量关，杜绝将不符合订货技术条件的设备购入。

（2）户外箱式变电站内不宜采用干式变压器，订货时应引起重视。

（九）箱式变电站因低压出线电缆被刨故障分析

1. 事故现象

某日，95598 接到报修电话，因道路施工，将××街××号箱式变电站低压电缆刨断，造成箱式变电站附近地区停电。事故抢修班快速到达事故现场，处理好被刨断的低压电缆，申请给箱式变电站恢复送电。但试发不成功，且使给该箱式变压器供电的××10kV 线路零序保护动作跳闸，重合未出。将该箱式变电站高压负荷开关断开，再试发此线路成功。

2. 故障查找及原因分析

（1）该台箱式变电站已运行 8 年，运行期间没有发现任何问题。箱式变电站内的变压器型号为 S11-M.R-500/10。检查外观除放油阀处有渗油现象外，其他未见异常。

（2）用绝缘电阻表对该台变压器摇测绝缘电阻，摇测结果发现高压对低压及对地绝缘电阻均为零。

（3）将该台变压器进行吊芯检查发现：A 相二次绕组出线端有明显的过热、烧蚀痕迹，且二次绕组上部与夹件之间的垫块开裂变形；检查绕组下方垫块未见异常。

（4）将 A 相一次绕组切开检查：高压绕组完好无异常；低压绕组首、末端接触部位有放电痕迹；低压绕组其他部位没有发现异常；A 相绕组低压出现端绕组有断股。将 B、C 相低压绕组首末端绝缘切开，可以看到低压绕组首末端接触部位绕组之间的绝缘布和绝缘纸有明显的放电痕迹，局部炭化。可以确认绕组首末端之间的绝缘已失效。

（5）经过以上检查可以得出由于箱式变电站低压出线电缆被刨断，但变压器低压出线侧的保险器没有立即熔断，导致变压器发生二次出口短路。由于变压器二次绕组首端和末端的绝缘相对薄弱，因此该部位绝缘首先被击穿，造成变压器故障。

3. 事故对策

（1）道路施工与供电公司取得联系，问明施工路段有无高、低压电缆后方可施工，避免高、低压电缆被刨断引发事故。

（2）必须对所购置的变压器二次出线侧保险器进行校验，确保正确熔断，对变压器真正起到保护作用。

（3）建议在变压器二次出口安装带有过流保护动作的开关，作为变压器的二次保护，以便在低压线路发生故障时，能够及时将故障点切除。

（十）配电室内的变压器烧毁及原因分析

1. 事故现象

某日，某用户配电室内的变压器烧毁，用户为分析原因，请电力公司的师傅帮助一起分析。

2. 故障查找及原因分析

（1）事故当天，天气晴好，不是雷雨天气；

（2）查看配电室运行记录，变压器运行正常，负荷约在变压器额定电流的 2/3，不存在因过负荷烧毁变压器的可能；

（3）查问供电公司当日系统没有问题，不存在因系统过电压烧毁变压器的可能性；

（4）变压器解体后发现低压内衬绝缘纸板被烧穿，低压绕组端部轴向偏移，变形严重，匝间绝缘被击穿，低压绕组对地放电；

（5）检查变压器低压出线电缆发现相间短路烧毁；

（6）检查低压电缆发现，电缆截面小于标称截面，电缆绝缘厚度不均衡，是造成此次事故的主要原因，因为截面小于标称截面，使电缆长期处于过负荷状态，加之绝缘厚度又不均衡，使绝缘薄处绝缘损坏，对地放电后，使另一相绝缘被破坏，形成相间短路事故。

3. 事故对策

（1）此次事故的主要原因是因为低压出线电缆相间短路所致，而短路的原因是因为电缆截面小于标称截面。应强化设备监造，不让不符合订货技术条件要求的设备出厂。

（2）应加强设备入库前的检查，使之达到有关要求。

（十一）配电室内的变压器不过负荷却长期温度过高原因分析

1. 事故现象

某用户单位向供电公司反映，该单位变压器不过负荷却长期运行温度过高，请求帮助分析，找出原因。

2. 故障查找及原因分析

（1）查看配电室运行记录，变压器运行正常，负荷约在变压器额定电流的 2/3，不存在因过负荷致使变压器温度过高的可能。

（2）将变压器解体发现：高、低压绕组除引出线一小部分是铜线外，其他高、低压绕组均是铝线；铝制绕组的抗短路能力要小于铜制绕组，且载流量也小于铜制绕组，价格也要低于铜制绕组的变压器，这就是这台变压器不过负荷长期运行温度过高的原因。目前，低价中标已成普遍现象，厂家既想中标，又想节约成本，就采取偷梁换柱的办法，将高、低压绕组由铜绕组改换为铝绕组。为了遮人耳目，又把引出线使用为铜线，这种现象极为恶劣，应强化设备监造，杜绝此类现象再次发生。

3. 事故对策

（1）招投标制度进行相应改革，不再采用低价中标的方法；

（2）加强设备监造，杜绝此类现象再次发生；

（3）变压器入库前进行抽检，二次把关，杜绝铝代铜的现象发生。

（十二）配电室内的变压器掉闸后送不上电原因分析

1. 事故现象

某用户单位向供电公司反映，该单位变压器无法送电，找不到原因，请供电公司帮助查找原因。

2. 故障查找及原因分析

（1）到现场检查发现，该变压器已运行 30 多年，箱体渗漏油。

（2）用绝缘电阻表进行高压对低压和对地绝缘电阻摇测，发现绝缘电阻均为零。

（3）将变压器进行吊芯检查，发现 A 相高压绕组抽头处有明显的放电痕迹，A 相高压绕组端部有多处放电痕迹。

（4）检查发现变压器绝缘纸已发生脆化，变压器油在油标下限处。

（5）综上检查得出这台变压器由于 A 相端部高压抽头绝缘被击穿，致使高压绕组上端匝间、层间以及高压绕组对铁芯夹件放电。A 相端部放电后与夹件和箱体形成放电通道，导致 A 相高压绕组对地放电。而又因为变压器缺油，加快了变压器油纸绝缘的老化，以致变压器绝缘被击穿。由于变压器高压绕组 A 相接地，因此该台变压器无法送电。

3. 事故对策

（1）加强对设备的巡视检查，发现变压器缺油应及时补上；

（2）发现设备有缺陷如变压器渗漏油，应及时处理；

（3）变压器的使用寿命一般为 30 年，该台变压器已运行 30 多年，更应该加强检查巡视，与此同时尽快更换新变压器。

（十三）配电室内的一台变压器无故烧毁原因分析

1. 事故现象

某日某配电室内出现异味，随后该配电室上级开闭站×××开关零序掉闸。经检查为该

配电室内的变压器故障所致。

2. 故障查找及原因分析

（1）在该配电室检查得知该台变压器运行时间不长，运行负荷正常，没有较大的冲击负荷，自投运以来没有出现过故障；变压器联结组别为 Dyn11 接线。

（2）用绝缘电阻表摇测绝缘电阻，高压侧对地和对低压的绝缘电阻均为零；低压侧对地的绝缘电阻合格；变压器油质变黑，有异味。

（3）线圈的直阻均合格且平衡，从而判断出高压 B、C 两相绕组有可能出现匝间或层间短路。

（4）将变压器进行吊芯检查发现：绕组与底部夹件之间的垫块数量不一样，尤以 B 相绕组突出，只有两块垫块，其他垫块后在油箱中捞出。B 相高压绕组由于只剩两块且都在同一侧，使该相绕组受力不均，没有垫块侧受重力下沉，几乎与底部金属夹件相连，从而造成 B 相高压绕组底部对贴近的金属夹件和铁芯放电；B 相高压绕组底部绝缘被烧毁，铜导线裸露在外，且部分铜导线烧熔粘合在一起。

（5）垫块为什么会滑脱呢？经检查发现该厂又是偷工减料，高压绕组与底部金属夹件之间应有绝缘板或木板进行隔离，再在绝缘板或木板上黏结垫块，从而防止垫块滑脱，而少了绝缘板或木板的垫块无法固定，在变压器运输、安装和运行中都会受到振动，没有固定的垫块就会脱落，从而造成了事故。

3. 事故对策

（1）加强设备监造，杜绝此类现象再次发生；

（2）变压器入库前进行抽检，二次把关；

（3）停电时应检查该厂生产的其他变压器有无垫块脱落的问题，如有及时处理。

（十四）配电室内的变压器高、低压对地放电且被烧毁及原因分析

1. 事故现象

某日，某架空线路供电的用户配电室内的变压器被烧毁，用户检查后发现，10kV 进线处的 C 相跌落保险器跌落，用绝缘电阻表摇测高、低压绕组发现，高、低压对地均短路。由于此次事故还造成供电部门供电的 10kV 架空线路接地，供电部门与用户共同分析事故原因。

2. 故障查找

（1）该变压器外观渗漏油严重，积油垢较多。

（2）检查运行记录，负荷正常，没有过负荷记录。

（3）变压器进行吊芯检查发现：油箱内的绝缘油透明，不浑浊，无异味；但 C 相高压绕组分接抽头引线及附近金属夹件处有放电痕迹，低压绕组处有烧痕；A、B 相高压绕组分接抽头引线以及高、低压绕组外观完整，没有放电痕迹。

3. 原因分析

（1）变压器低压磁头处的密封胶圈坏，引发变压器油外渗，致使变压器外观渗漏油严重，积油垢较多，同时导致箱体内变压器油面降低；

（2）变压器 C 相相高压绕组抽头引线绝缘强度降低且引出稍长，造成与附近的金属夹件放电进而与铁芯短路，高、低压间的瓦楞油道纸被击穿，进而引发该相低压绕组对地放电短路，从而烧毁变压器；

（3）由于 C 相遇变压器铁芯死接，从而导致供电部门 10kV 线路接地。

4. 事故对策

（1）建议用户加强对设备的巡视检查，发现变压器油位低要及时补油；

（2）加强设备采购监造，杜绝不合格产品出厂。

（十五）用户配电室内的干式变压器损毁及原因分析

1. 事故现象

95598 接用户电话反映，该用户地下配电室内的一台干式变压器高压开关瞬时跳闸，将低压负荷切除后，试送电一次，高压开关仍然是瞬时跳闸。用户邀请供电公司分析原因。

2. 故障查找及原因分析

供电公司迅速派人赶到该配电室与该单位维修人员进行检测。

（1）该台变压器容量为 1250kVA，运行 5 年，负荷一直小于 50% 额定容量。

（2）摇测变压器绝缘没有问题。

（3）测量变压器高、低压绕组电阻与购入时测量的电阻值基本相符。

（4）解除变压器进出线电缆，利用仪器从变压器低压侧逐相反向供电。A、B 相低压端均能稳定升压至 220V，但 C 相升压到 10V 时，继电保护就动作了。试验表明变压器 C 相低压绕组匝间有短路嫌疑，而用电桥测量变压器高、低压绕组电阻却没有发现问题。分析认为是因为变压器低压绕组电阻很小，绕组匝间短路造成的电阻值变化也很小，无法引起检测人员的重视。同时也证明通过测量变压器高、低压绕组电阻无法判断变压器高、低压绕组有无匝间短路的问题。

（5）对变压器 C 相外壳进行解体发现，C 相环氧树脂外壳有裂纹。从裂缝处破开环氧树脂，发现 C 相低压绕组下侧外沿部分匝间短路，局部已炭化。说明由于生产厂制作工艺存在缺陷，致使低压绕组匝间短路，环氧树脂产生裂纹。

（6）该单位配电室位于地下，防水做得不好，经常返潮，这也是造成变压器 C 相低压绕组下侧外沿部分由于制造工艺不良加之潮湿而匝间短路的原因。

3. 事故对策

（1）变压器生产厂应提高生产工艺水平，确保产品的质量；

（2）配电室内应保持干燥、清洁环境，确保设备的安全运行；

（3）强化运行管理，及时发现问题，杜绝事故的发生。

第四节 开关柜、开关事故案例分析及预防

（一）10kV 断路器凸轮卡塞导致开关拒动原因分析

1. 事故现象

某日，×××开闭站，2××出线线路故障，断路器重合后拒动，导致变压器出线保护动作，致使 10kV 一段母线失压。

2. 故障查找及原因分析

故障发生后，对该断路器本体及结构进行了检查，该断路器型号为 ZN12W12/1250-31.5，各零部件完好没有发现问题；对断路器进行特性试验、低电压动作试验，回路电阻测试以及触头行程、压缩行程测量也都正常没有问题。但是在该断路器操作过程的检查中发现：该断路器在机构合闸过程中有时会连续出现"合闸后凸轮不能释放"的现象，也就是储

能轴在合闸弹簧力的作用下反向转动，带动凸轮压在三角杠杆上的滚珠轴承上通过主动传动轴使断路器合闸。但有时凸轮不能完成合闸循环，凸轮将三角杠杆上的滚珠轴承压至合闸位之后被卡住，不能越过其最高点。此时分闸掣子虽然能保持断路器在合闸状态，但是却无法分闸，而此时检查分闸掣子动作良好，没有卡涩现象。出现故障时，即使分闸掣子被打开也不能使断路器分闸，因为断路器必须执行完合闸全过程才具备分闸的能力（这是该型号断路器的设计要求）。此时通过储能电动机转动带动凸轮（时间约 2s）或者手动下压杠杆使凸轮越过杠杆上的滚珠轴承，才能完成合闸全过程，机构的分闸功能才能恢复正常。也就是厂家和我们常说的"两响"状态。针对这种情况，对该断路器连接杠杆的长度进行了调整，经反复试验得到伸长半扣或缩短半扣断路器都能正常分合的结论。经多次分、合操作，均没有出现合闸凸轮卡涩现象，达到了正常状态。

原因分析：

经过对该台断路器检查分析并与生产厂联系，发现该厂生产的该型号断路器凸轮间隙数据的离散性较大，规律性不强，可靠分合闸间隙在 1.35~2.45mm 之间变化，凸轮间隙尺寸与连杆长度、配合公差等因素有关，连杆的可调范围也不同，每台断路器间隙也都不同。而这都是由于加工工艺较粗糙，公差较大造成的。另外，由于合闸弹簧、分闸弹簧和超程弹簧的做功（弹簧拉力/压力）相对不足，弹簧长期处于储能拉伸状态，弹簧长期受力，弹簧输出的操作功无法满足整个运动后的合闸需求，而使该断路器出现凸轮卡涩拒动的故障。

3. 事故对策

（1）选择生产工艺水平较高的厂进行采购；

（2）检修时对连杆运动副的各个轴加注润滑油，减小力，确保弹簧输出的操作功满足整个运动后的合闸需求。

（二）10kV 开关柜由于凝露引起的闪络故障分析

1. 事故现象

某日，×××开闭站，10kV 2××出线线路开关跳闸，抢修班人员到达现场后检查发现，10kV 2××开关过流保护动作，开关柜前门被炸开，后门严重变形，观察窗玻璃炸碎，开关柜上盖被炸飞。检查出线电缆没有问题，临时将该出线由备用间隔倒带。

2. 故障查找及原因分析

该开关柜的型号为 KYN28，柜内的开关是 ZN21-10 型户内手车式真空断路器。检查发现开关柜的出线小室支持绝缘子上端的铜排 A、C 相端部严重烧损，绝缘子有沿面闪络痕迹，安装处的铁构架表面有明显的电弧灼伤痕迹；B 相端部发黑，检查没有发现贯通性放电痕迹；开关线路侧梅花式隔离动触头 A 相已经被烧掉，C 相烧的也就要脱掉；母线侧的触头 B 相烧损也较为严重；检查发现出线小室内凝露严重，用湿度计测试高压室内的相对湿度为 86%。

（1）开关柜的出线小室支持绝缘子上端的铜排 A、C 相端部均有电弧灼伤痕迹，同时绝缘子沿面有闪络和对地放电痕迹，说明两相都发生了对地短路故障；查阅故障录波器显示 A、C 相短路，短路电流为 3.76kA；出线过流 I 段保护动作，表明故障点在电流互感器的线路一侧；现场检查出线电缆正常，倒置备用出线送电正常，证明线路侧没有问题。从而可以判断出开关柜出线小室内的 A、C 相支持绝缘子是此次事故的主要怀疑点。

（2）检查发现该开闭站电缆夹层内有较多的积水；电缆进出孔密封不严，使高压室内测试得到的相对湿度为 86％；出线小室的支持绝缘子为复合有机外套，在这种湿度下测得的爬电比距为 18.6mm/kV，小于规程规定的最小爬电比距 20mm/kV，导致放电闪络事故的发生。

（3）开关梅花式隔离触头线路侧的 A、C 相和母线侧的 B 相烧损严重是因为瞬间的电弧能量不足以使铜触头烧掉，运行中的动、静触头已存在严重的接触不良缺陷，加之柜内自然通风散热差，时间一长必然会造成梅花触头紧固压力弹簧退火。致使触指压力减小，引起发热，而发热又进一步增大了接触电阻，所增大的接触电阻又加剧了接触部分的氧化和发热程度，导致触指对静触头放电，灼伤接触表面，造成触头有效接触面积减小，如此反复，形成恶性循环。事故时在短路电流的冲击下，使得梅花触头严重烧损。

综上所述，支持绝缘子复合外套表面凝露、爬距减小是导致绝缘子闪络事故发生的根本原因，开关隔离触头的接触不良使事故范围加大。

3. 事故对策

（1）改善电缆夹层环境，不让夹层内存有积水。

（2）严密封堵电缆进出孔洞，尽量减少进入柜内的水气。

（3）在环境条件无法满足湿度的情况时，适当增大支持绝缘子的爬距，或将符合绝缘材料的绝缘子换成为此绝缘材料的绝缘子。因为复合绝缘材料与瓷绝缘相比，憎水性差，在空气湿度大的情况下，绝缘子复合外套表面吸潮凝露，将导致表面泄漏电流增大，介质表面的游离电子增多，引起传导电流也增大，使绝缘电阻也相应降低。当绝缘电阻下降到一定值时就会引起沿面放电闪络，发生单相对地短路。在线电压的作用下另一相也发生单相对地短路，与此同时，通过铁构架形成相间短路，导致开关跳闸。在短路电流热效应的作用下，支持绝缘子外套表面凝露蒸发，绝缘又得到恢复，所以此时如装有重合闸，重合闸将动作成功。

（三）10kV 开关柜由于隔离开关质量问题引起的短路故障

1. 事故现象

某日某配电室进线开关柜（KYN4 型手车柜）突然着火，引发上级开闭站该路出线开关跳闸。

2. 故障查找及原因分析

经检查发现该进线开关柜为 KYN4 型手车柜，已运行 15 年。该柜内的隔离开关 A 相侧动触头与静触头接触不良，运行中发热，致使开关柜上、下触头盒及支持绝缘子烧损，加之 A 相电流互感器紧邻 A 相触头盒，造成 A 相电流互感器受热后外绝缘开裂，从而引发了该事故。

3. 事故对策

（1）加强对运行时间较长的设备的监测，尤其是柜内的温度测量，杜绝因接触不良引发的设备过热烧损事故；

（2）结合停电检查隔离开关等动、静出头的接触压力，需要时及时更换，同时要检查和更换已疲劳的触头弹簧；

（3）加强开关柜、环网柜的散热，改善金属铠装柜的通风，必要时加装送风机和引风机，保证设备在正常温度下运行。

（四）新购置开关柜柜顶二次母线端子排与柜顶及开槽距离不够及原因分析

1. 事故现象

某供电公司在新建开关站内安装开关柜时发现开关柜柜顶二次母线端子排与柜顶及开槽距离不够，属于设计问题，如图 3-13 所示。

图 3-13　二次母线端子排与柜顶及开槽距离不够引发的事故

2. 故障查找及原因分析

（1）开关柜的型号为 KYN28A-12，安装日期与生产日期不到一年。

（2）开关柜正常运行时会进入小动物，因母线端子排和柜顶距离有限，易发生二次回路与柜体短路现象。

（3）二次回路维护时，因开槽距离不够，工具易和柜体相碰造成二次回路接地。

（4）原因分析：供应商为了降低成本或设计人员无实践经验，不考虑设备现场运行维护情况，设计柜顶二次母线端子排与柜顶及开槽距离不够。

（5）处理情况：经与生产厂联系，现场加装母线端子排支架，增加了母线端子排与柜顶距离，加大开槽距离，将部分部件在现场进行二次加工安装，解决了问题。

3. 事故对策

（1）生产厂加强工艺制造水平，购置单位对供应商生产能力、技术能力进行把关。

（2）购置单位应加强设备设计选型审核。

（3）运行单位应加强设备的进场验收试验工作，提前发现杜绝事故的发生。

（4）购置单位如可能可到变压器生产厂进行监造。

（5）供应商应加强产品组装调试能力。

（五）新购置开关柜出现刀闸动触头转轴断裂等问题及原因分析

1. 事故现象

新购置开关柜安装完毕，验收检查中发现：在操作中出现刀闸动触头转轴断裂问题；检查发现微动开关连杆固定螺栓掉落。螺栓掉落时连杆倒向开关柜内正好打在断路器与母线侧刀闸之间的铜排上，极易造成近区路短路。由于刀闸行程微动开关连杆安装在开关柜内部，一旦出现微动开关合不到位的情况，必须将开关停电才能处理，会影响供电可靠性。观察窗设计在开关柜后柜门的位置正好和避雷器安装支架平行，出线的连接铝板正好将触头位置遮挡住，致使从开关柜观察窗无法观看到 1 号刀闸的状况。

2. 故障查找及原因分析

（1）开关柜的型号为 XGN2-12。

（2）原因分析：设备生产厂资质较差，设计水平较低，致使观察窗的位置设计不合理；设备在制造、安装环节把关不严，致使零部件掉落；关键组部件存在质量问题。

3. 事故对策

（1）生产厂加强工艺制造水平，购置单位对供应商生产能力、技术能力进行把关。

（2）购置单位应加强设备设计选型审核。

（3）运行单位应加强设备的进场验收试验工作，提前发现杜绝事故的发生。

（4）购置单位如可能可到变压器生产厂进行监造。

（5）供应商应加强产品组装调试能力。

（六）开关柜、环网柜没有设置泄压通道或泄压通道设置不合理导致运行人员烧伤的事故

1. 事故现象

某日，某开闭站进行 10kV 开关控制回路断线信号缺陷处理工作，工作票上的工作任务全部完成后，运行值班人员根据调度指令执行开关送电操作时，高压室内突然巨大的声响，2 名运行值班人员浑身是火从高压室内跑出。

2. 故障查找及原因分析

事故后，对事故现场进行全面检查发现：开关柜操作机构底部固定螺栓脱落，脱落的原因是因为操作机构底部孔是长孔，安装固定螺栓应加平垫但却没有加装，加之开关运行及操作的振动，致使固定螺栓先松动后完全脱落，引起相间短路。由于该开关柜没有设置压力释放通道，因此短路形成的高温、高压气体将该柜前柜门冲开，燃烧着的高温、高压气体冲出柜门，致使正在柜外进行操作的运行值班人员被烧伤、烫伤。

3. 事故对策

（1）柜体安装必须严格按照规程规定要求进行，该加平垫的必须加平垫，该加弹簧垫片的必须加装弹簧垫片。

（2）采购开关柜、环网柜中技术条件及选型应有内部故障电弧性能应为 IAC 级，内部电弧允许持续时间不小于 0.5s，试验电流为额定短时耐受电流。对于额定短路开断电流 31.5kA 以上产品可以按照 31.5kA 进行内部故障电弧试验；开关柜、环网柜必须设置有泄压通道，并严格按照型式试验标准要求进行内部电弧试验验证。

（3）适当压缩主变压器各段保护级差，减少故障电弧电流持续破坏时间。

（七）开关柜、环网柜为了减小体积，致使柜内绝缘性能发生缺陷，造成故障

1. 事故现象

某日，某开闭站 10kV Ⅰ、Ⅱ段母线 TV 二次电压大幅下降，线路电流 Ⅰ段保护动作，开关掉闸，重合闸动作，重合失败。

2. 故障查找及原因分析

现场检查发现：小车柜内避雷器上侧引线接点的三相螺杆对开关柜后门放电，避雷器、电缆头和电流互感器均严重烧损，开关柜后舱上盖被炸开。隔离插头对地距离只有 110mm，且未采取任何加强绝缘的措施；检查柜体内有锈蚀现象，自带加热器损坏；检查旁边未发生事故的开关柜，柜体内有凝露现象。可以分析得出，由于线路间隔隔离开关插头对地距离未达到规程规定的 125mm，且未采取增强绝缘的措施，柜内防凝露的加热器又损坏，使柜内产生凝露，隔离开关插头对地放电，电弧产生灼热烟气，空气被电离。又由于该型开关柜相间距离较小，绝缘强度裕度小，造成其他两相对后隔板放电，最终导致三相接地短路。

3. 事故对策

（1）目前，生产开关柜、环网柜的一些厂，为了适应市场小型化的需要，较大幅度地减小安装于柜内的断路器、隔离开关插头的相间和对地的距离，但在减小的同时没有采取有效保证绝缘强度的措施，使开关柜在出厂和交接验收时的试验合格，但在运行一段时间，尤其

是在柜内有凝露时，就会发生柜内的断路器、隔离开关插头相间或对地放电，造成事故的发生。因此必须要求生产厂不得盲目减小开关柜、环网柜的尺寸，必须确保断路器、隔离开关插头相间和对地的安全距离，保证设备的安全运行；对开关柜、环网柜内的穿墙套管、机械活门、母排折弯处等部位是场强较为集中的部位，需采取倒角打磨等措施防止电场畸变；柜内母线支持瓷瓶等一些绝缘爬距不能满足防污条件的设备，需喷涂 RTV 绝缘涂料，提升设备的运行技术条件。

（2）要求生产厂提高工艺水平，保证装配质量。因为目前已发现开关柜、环网柜内的单一元件，可以通过耐压试验，但组装后开关柜整体却无法通过耐压试验，这是因为装配质量问题引发的问题。

（3）开关柜、环网柜由于接点容量不足或接触不良，引发局部温度升高，绝缘性能下降，造成对地或相间闪络。

（4）要求生产厂确保开关柜、环网柜内的配套附件质量。例如柜内自带加热器的质量不过关、寿命短暂，在柜内产生凝露时，自带加热器损坏，无法正常工作，致使断路器、隔离开关插头相间或对地发生闪络。

（八）开关柜因防误闭锁不完善造成人员伤亡的事故

1. 事故现象

某日某配电室进行开关柜周期性检修工作。操作过程中，突然该柜冒出大量浓烟，两名操作人员被电弧烧伤。

2. 故障查找及原因分析

事故后检查该柜型为 XGN9 型，检查发现该开关柜前、后门均被打开，刀闸后柜门被打开，隔离开关柜 10kV 母线、开关柜顶部、母线穿屏套管、隔离开关及支柱瓷瓶都被烧坏。

打开同型号的开关柜前门，此时后柜门应不能打开，但是由于防误功能不完善，后柜门却可以打开了。而当时该开关柜是在母线带电的情况下进行检修，后柜门由于失去了强制闭锁的功能，检修人员又误打开后柜门，误碰了带电设备，造成人员触电、设备烧损的事故。

3. 事故对策

（1）针对开关柜、环网柜防误功能不完善，后部上柜门可开启，且打开后就可直接触及带电部位的柜子必须加装机械挂锁；

（2）在 GG1A、XGN 等型开关柜上加装接地开关与后柜门的联锁，加装带电显示装置闭锁接地开关操作；

（3）定期检查防误装置的可靠性，利用停电机会检查手车与接地开关，隔离开关与接地开关的机械闭锁装置，确保人身与设备的安全。

（九）10kV 开关柜因 10kV 电缆屏蔽线安装错误导致拒动及原因分析

1. 事故现象

某日，某开关站发生一起由于用户事故引发上级 110kV 变电站开关跳闸的事故，那么为什么对此 10kV 用户供电的开关站的开关没有动作，引发越级 110kV 变电站 10kV 开关跳闸呢？

2. 故障查找及原因分析

（1）经检查，该开关站的这一出线开关运行不到半年，期间曾发生过过流保护动作跳闸的记录；110kV 变电站出线开关动作是因零序动作而跳闸。

（2）是否是零序电流整定值的问题？通过查阅该线路定值通知单及调试报告，与上一级开关零序保护整定值对比分析，该馈线零序保护整定值与上一级零序保护整定值完全配合。现场对该柜零序电流继电器定值进行校验，没有发现继电器定制变化的情况。

（3）是否是零序电流保护回路的问题？利用这次停电对该开关零序电流互感器进行二次升流，做回路传动试验，零序保护能正常动作，使断路器跳闸。

（4）是否是跳闸回路及断路器操动机构的问题？但是该开关运行不到半年，期间曾发生过过流保护动作跳闸的记录；这次又做了零序电流互感器进行二次升流，做回路传动试验，零序保护能正常动作，使断路器跳闸。这种可能也被排除。

（5）反复认真进行检查发现该出线电缆采取屏蔽线穿过电流互感器窗口方式接地，导致其后段线路发生单相接地故障时，故障相电流与流经接地引线的电流大小相等，方向相反，所以互感器不产生磁通，从而感应不到故障电流，由于没有故障电流，断路器就不会动作导致事故发生。

3. 事故对策

（1）强调 10kV 电缆屏蔽线的接线方式，加强施工现场的监督力度。屏蔽线位于零序电流互感器上方（或中间）时，屏蔽线必须再次穿过零序电流互感器后接地；如果屏蔽线位于零序电流互感器下方时，屏蔽线不得穿过零序电流互感器接地。

（2）在验收中强调对于零序电流互感器和电缆屏蔽线的详细验收要求。

（十）开关站内高压保险器异常熔断原因分析

1. 事故现象

某公司辖区内 10kV 系统中的开关站内，经常发生 10kV 保险器熔断的情况，虽然采取了包括安装电压互感器消谐装置、将电压互感器更换为消谐互感器等措施，但均没有彻底解决 10kV 保险器熔断的问题。

2. 故障查找及原因分析

高压保险器熔断的原因主要有铁磁谐振过电压引起熔断；故障恢复后电容放电冲击电流引起熔断；系统反复单相瞬间接地引起熔断；短路故障、电压互感器绕组绝缘降低引起熔断；低频饱和电流引起熔断；保险器本身特性不好引起熔断六个方面。

（1）首先我们从发生的时间进行统计分析发现，10kV 保险器异常熔断与雷电季节没有直接的关系，与气候的变化也没有密切的关联，但与操作的多寡却呈现正比例的关联。

（2）从统计不同型号的电压互感器与 10kV 熔丝的搭配分析，各种型号的电压互感器装置都出现过熔丝熔断的情况，这个因素也被排除了。

（3）从安装了电压互感器消谐装置，将电压互感器更换为消谐互感器等措施与没有采取以上措施的进行比较分析，无论安装了电压互感器消谐装置或将电压互感器更换为消谐互感器仍然发生高压保险器熔断的现象。

（4）发生 10kV 保险器熔断的开关站，运行方式为单母线分段，中性点采用不接地方式运行。在中性点不接地系统中，由于变压器和电压互感器等设备铁芯中磁路饱和作用，当电网等值电感和线路对地电容相匹配时，将会产生铁磁谐振现象，激发产生幅值较高、持续的铁磁谐振过电压，这将使铁芯处于高度饱和状态，造成对地电压升高，励磁电流过大，从而引起绝缘闪络，避雷器炸裂等故障。还可能引起保护误动作或在电压互感器中出现过电流，造成高压保险器熔断甚至将电压互感器烧毁。

（5）故障恢复后电容放电冲击电流系统正常运行时，线路对地电容所带总电荷之和为零。当一相接地时，另外两相电压升高到线电压，其对地电容上产生与线电压相适应的电荷。接地故障持续时，在线电压作用下，电荷将以接地点为通路在导线与大地之间循环往复，形成电容电流。接地故障消除时，相当于导线对地电容上电荷通往大地的通路被切断，各线电压恢复为正常值，非故障相导线充以线电压下的电荷，接地故障消除后，自由电荷只能通过互感器一次绕组通向大地。自由电荷较多时，容易引起铁芯饱和，进而产生较大的冲击电流，并且在中性点不接地系统中，流过互感器的电流会持续。各相电流大大超过了高压保险器的熔断电流，使高压保险器熔断。当系统单相瞬间反复接地时，相当于上述过程反复进行，造成的冲击电流依次累加，就更容易使高压保险器熔断。

（6）合闸过电压。电压互感器的高压保险器更换，系统合闸送电时，再次出现高压保险器熔断现象，是由于三相合闸不同期，产生过电压而造成。三相合闸不同期，形成瞬间三相电路不对称，造成个别相在合闸时承受较高的电压，同时由于三相之间存在互感以及电感的耦合作用，未合闸相感应出与已合闸相相同极性电压。该相合闸时，可能出现反极性合闸情况，从而导致产生幅值较高的电压，造成电压互感器的保险器熔断。

通过以上的分析，可以得出此类故障的主要原因是（4）条。

3. 事故对策

（1）改变电压互感器的伏安特性。电压互感器非线性电感引起的铁磁谐振要由外界激发，造成电感顺时进入饱和区，从而造成电压互感器保险器熔断。改变电压互感器的伏安特性，使在过电压下不足以进入饱和区，从而难以形成谐振，也就避免了电压互感器保险器熔断。由于部分产品伏安特性差，导致运行中系统受到冲击，伴随出现电压互感器高压保险器熔断的事故。同时由于制造工艺发展水平限制，不同厂家和型号的电压互感器高压保险器，在受到同样系统冲击的情况下，抗干扰的能力略有不同，出现电压互感器高压保险器熔断的几率差异。因此在以后的变电站改造或新建变电站设备选型时，应尽量选择伏安特性较好的电压互感器的设备，从而避免电压互感器保险器频繁熔断的事故。

（2）加入消谐措施。在满足各方条件情况下，尽量选择中性点经消弧线圈或电阻接地。这样当某相单相接地时，由于电阻中会有电流流过，将降低铁磁谐振作用。线路对地电容的储能通过中性点对线路释放，减小故障恢复后的电容电流对电压互感器保险器的冲击。

（3）提高电压互感器保险器的额定电流值。从理论上讲，采用额定电流为 0.5A 的高压保险器是合适的，但是根据保险器的特性分析，由于其熔断电流本身就有分散性，加之高压保险器容易受老化、氧化等因素的影响，会使其熔断电流明显减小。为此，为了躲避高压保险器熔断电流的分散性，同时提高其耐受系统暂态冲击的能力，可以将高压保险器额定电流由 0.5A 提高到 1A。

（4）采用四个电压互感器方式。在系统正常运行时，如果系统完全对称则第四个电压互感器上的电压为零，其他三个电压互感器上的电压为系统的相电压。当发生单相接地故障时，第四个电压互感器为接地相的相电压，在相电压下，第四个电压互感器上的电压不为零，并接在第四个电压互感器上的继电器动作报警。这时如果发生 A 相金属性接地，则此时 A 相电压为零，B、C 相电压为线电压。所以无论系统是正常运行、发生短路还是短路恢复后，由于四个电压互感器所承受的电压都不超过相电压，就可以有效地防止铁磁谐振的发生，保证了高压保险器不受到冲击电流的作用，也就不会熔断了。

（十一）封闭式高压柜内接头发热事故

1. 事故现象

某站 10kV×10、×102 两路开关柜开关跳闸，10kV 母线失压，高压室内出现大量浓烟，经现场检查发现海 10 东刀闸 A 相烧毁，×10 西、×102 甲刀闸发生不同程度的烧伤。再细致检查发现，海 10 东刀闸 A 相动、静触头及弹簧螺杆烧毁，支柱瓷瓶损坏；B、C 相动、静触头均有不同程度的烧伤，支柱瓷瓶损坏；刀闸附近的二次线、绝缘护套烧毁，开关柜内被烟熏黑；×102 西刀闸旋转动触头上有电灼伤痕迹，瓷瓶有损伤；×102 甲刀闸 C 相动、静触头烧伤，上部支柱瓷瓶烧伤；×102 东及×10kV 东母线的其他出线刀闸均无异常。

2. 故障查找及原因分析

×10 西开关柜的型号是 XGN-10，刀闸额定电流是 2000A，4s 热稳定电流是 30kA。×10、×102 是新扩建间隔，开关柜的型号也是 XGN-10，刀闸额定电流是 3150A，4s 热稳定电流是 40kA。设备运行一直正常，近期也没有进行过检修或操作。

通过现场对烧毁设备的检查发现，由于×10 东刀闸 A 相动、静触头面接触不良，致使负荷电流从静触头与动触头刀片间德尔夹紧螺杆通过，加上通流容量不够，造成夹紧螺杆发热，弹簧退火失效。随着弹簧夹紧力的逐步减小，使夹紧螺杆发热加剧。当发热热量达到一定程度，使 A 相动触头刀片间弹簧和夹紧螺杆被逐渐烧熔，直至被完全烧毁，从而形成单相接地的故障。由于 A 相单相接地，又导致海 10 东刀闸 B、C 两相电压升高为线电压；B、C 两相长期承受线电压，又致使绝缘损坏，使 B、C 两相短路，最终造成三相短路故障。同时由于海 102 甲刀闸 C 相动、静触头面接触不良，承受不住三相短路电流（约 8kA），导致 C 相触头烧伤；海 10 西刀闸和海 10 东刀闸为相邻开关柜，两个柜体下部相通，所以短路的弧光进入海 10 西开关柜内，造成海 10 西刀闸支柱瓷瓶表面有烧伤痕迹；同时由于海 10 西刀闸触头接触不良，使动触头上有轻微烧伤痕迹。

3. 事故对策

密封式高压开关柜内的接头发热是运行中的老大难，建议采取对开关柜及二次接线小室全面测温；对重载线路开关柜进行重点测温（如果测得柜体温度高于环境温度 10℃ 以上，或负荷电流超过 800A 的应加强巡视和测温）；采用红外线测温；加强巡视当开关柜内有异味、异常放电或频繁报出异常信号时，应高度重视，及时向有关部门汇报，采取相应措施。

（十二）分位断路器的互感器侧带电原因分析

1. 事故现象

某用户经一年停运后，要求恢复送电，供电部门为确保安全，在送电前对开闭站内的真空断路器进行了简单的测试，即断路器和用户侧隔离开关在断开状态，只合上断路器站内侧隔离开关，用 10kV 验电器测试断路器至电流互感器间的连接铝排，发现 V 相带电，U、W 两相不带电，于是认定 V 相真空灭弧室漏气不能运行，必须更换。但检修人员更换后，再次使用上述方法测试发现 V 相仍然带电，U、W 两相不带电。带着疑问试验人员对这两个 V 相真空灭弧室进行了试验，断口耐压试验合格。由于实验断路器无问题，且用户又急于用电，经商议后决定试送电，送电过程中没有发现任何异常。

2. 故障查找及原因分析

因在任意两个导体间都存在电容效应，电容量的大小与两导体间的距离、极板面积和中间的介质有关。所以在真空断路器的动、静触头之间也是如此，因为真空断路器的动、静触头开距小，极板面积大，所以触头间分布电容比较大；加之该站 10kV 系统电流互感器采用 U、W 两相式设计，V 相装设的是穿板式瓷套管。从外部尺寸和内部结构可以判断，U、W 相电流互感器的一次对地电容要比 V 相瓷套管一次对地电容大很多，由于 U、W 相的互感器对地分布电容较大，经断路器断口分布电容传递到互感器侧的电压被拉低很多，不足以触发验电器；V 相由于瓷套管对地分布电容较小，断口分布电容传递电压被拉低很少，所以验电器被触发。

3. 事故对策

（1）采取消除真空断路器触头间产生的分布电容的措施。

（2）10kV 系统电流互感器采用三相电流互感器法，减少 V、W 相电流互感器一次对地电容比 V 相瓷套管一次对地电容大的问题，从而避免此类问题的发生。

（十三）真空断路器无法电动合闸的故障查找及原因分析

1. 事故现象

某配电室在进行倒闸操作时，发现一台 VD4 真空断路器无法进行电动合闸。

2. 故障查找及原因分析

（1）将断路器手车由工作位置转为试验位置。在试验位置进行远方遥控电动合闸，没有听到合闸脱扣器的动作声音，合闸指示器也没有动作，分析可能是控制回路有问题。

（2）用万用表测试从主控室到此台 VD4 真空断路器控制回路的电压正常。

（3）在手车断路器上按合闸按钮，进行手动合闸，合闸成功。

（4）进行远方遥控电动分闸（断路器操动机构已储能）。分闸脱扣器动作，但马上又自动合闸。连续试验两次均是一分闸就自动合闸。问题复杂化，因为最初是合不上闸，而现在是分不开闸，故障发生了变化。

（5）检查自动重合闸软连接片、硬连接片都没有投入；合闸回路正常不存在短路问题。分析只能是断路器操动机构的合闸脱扣器（合闸执行元件）处于合闸位置。

（6）断开电动储能开关（试验每一次合闸后都能及时储能）。手动分闸，断路器脱扣器动作后马上自动重合闸，再分闸（此时机构没有储能）分闸成功。然后用手动储能，手动合闸成功；再用手动分闸也成功。但是再次进行上述实验手动储能，进行手动合闸成功；再手动储能，手动分闸，结果是一分闸马上就自动合闸，分析结果是断路器合不上闸的原因应该是在断路器的内部，而不是在控制回路。

（7）更换此台 VD4 真空断路器并置于试验位置，进行计算机后台合闸操作，合闸成功，从而更证明故障点在断路器的内部。

（8）打开故障的断路器手车面板，用万用表测试断路器的合闸脱扣器的电阻，测试结果是合闸脱扣器线圈电阻是无穷大。把合闸模块从机构上拆下，取出合闸脱扣器，用万用表测试其电阻为无穷大，证明脱扣器开路了。用手扳动合闸脱扣器的合闸传动器，传动器不能转动。故障原因确定是合闸脱扣器正处于合闸位置时被烧毁，不能复位，所以导致断路器在储能状态下一分闸就合闸，也不能电动合闸。即由于合闸脱扣器被烧毁，合闸脱扣器的传动元件保持在合闸位置不能复位，所以电动合不上闸，而手动分闸（在储能状态下）又自动合闸。这是一起典型的机械加电气的综合性故障。

3. 事故对策

定期对断路器进行传动试验，确保断路器的正常动作。

（十四）10kV 断路器合闸回路故障分析及处理

1. 事故现象

某日，××开闭站 2××断路器过流一段动作重合未出，手动试发未出。该断路器的型号为 ZN63A-12，额定电流为 1250A，开断电流为 25kA，短路关合电流为 63kA，耐压 75kV。所装置的线路保护测控装置为南瑞继保电气有限公司生产的 RCS-9611B 型。断路器运行已有十多年。

2. 故障查找及原因分析

（1）现场检查发现，断路器在分位，保护装置的位置指示灯红灯和绿灯同时亮，由此判断分、合闸回路有问题；

（2）检查开关柜内控制空气断路器断开。测量空气断路器上下口电位均正常。试讲此空气断路器合上，但无法闭合。将此空气断路器拆下，换上同型号空气断路器后，仍然无法闭合，以此判断控制回路应存在故障点。

（3）测量二次回路中的点位，至跳闸线圈和合闸线圈的电位均是负电，从而进一步确认分、合闸回路存在故障点。断开保护装置的电源，将保护装置的出口板取出，检查出口板上有故障痕迹。

（4）将断路器由试验位置转换到检修位置，对断路器进行全面检查，发现断路器合闸回路整流桥有异常。该断路器内部有三个整流桥，分别安装在分闸回路、合闸回路和储能回路，型号均为 KBPC2510，参数是：峰值反压（VRRM）1000V，平均电流 25A，正向压降 1.0V。

测量合闸回路的整流桥电阻，正、反向阻值相同，可以确认是整流桥被击穿，导致合闸回路在整流桥处被短接，回路电流有较大幅度的增加，致使继电保护装置出口板过热，绝缘被破坏，最终导致控制开关承受过大电流被烧毁。

（5）夏季 10kV 开关室内的温度最高可以达到 40℃，温度高将加速整流桥内的二极管老化，造成整流桥被击穿，导致断路器无法正确分、合闸。

3. 事故对策

（1）加强巡视检查，确保设备安全运行；

（2）与厂家研定定期更换整流桥的措施；

（3）鉴于分、合闸回路中整流桥作用已弱化，可以拆除分、合闸回路的整流桥，将相邻整流桥接线短接，减少故障点。

（十五）10kV SF₆ 开关拒合故障原因分析及处理

1. 事故现象

某日，某 110kV 变电站内的两台用于投切 10kV 电容器的 SF₆ 开关再次出现拒合现象，检修人员检查发现，开关在进行电动储能后，无论是使用电动合闸还是手动合闸，都不能正常操作，只有在手动对弹簧储能，才能进行正常的合闸。

2. 故障查找及原因分析

打开开关机构箱，对开关进行手动储能、手动分、合闸试验，均正常。对开关进行电动操作时，开关出现了拒合的现象。此时进行手动合闸操作，开关仍然拒合。检查此时开关各机构的位置发现：合闸拉杆已经打开，但凸轮轴并没有转动，说明合闸拉杆并没有起到定位作用，同时发现与合闸弹簧相连的挂簧拐臂与弹簧间的夹角为0°，挂簧拐臂刚好处在死点位置。而手动储能就可以正常操作，经过反复试验，发现因为该台开关是用于电容器的投切，操作频繁。合闸时，挂簧拐臂反复受到合闸弹簧拉力的冲击，造成凸轮轴连接处的键槽间隙变大，与凸轮轴连接松动。手动储能时，可以将凸轮轴转动到极限位置，挂簧拐臂也能越过死点位置。而电动储能不能将凸轮轴转动到极限位置，在储能电动机停转时，由于挂簧拐臂与凸轮轴连接松动，造成挂簧拐臂停留在死点位置，从而造成了事故。

3. 事故对策

（1）更换挂簧拐臂，重新固定挂簧拐臂与凸轮的连接；

（2）适当调整储能行程开关的位置，使电动机在挂簧拐臂略过死点位置时停止储能，杜绝挂簧拐臂停留在死点位置；

（3）对机构转动部分加注润滑油。

（十六）10kV 环网柜故障引发上级变电站出线开关速断掉闸原因分析

1. 事故现象

某年2月中旬，110kV×××变电站×××开关速断保护掉闸，经抢修人员检查，是由于10kV××用户分界室环网柜故障引起。

2. 故障查找及原因分析

将该用户分界室环网柜柜门打开发现，柜体内锈蚀很严重，同时柜壁上凝结有很多霜和露水。柜内某单元的A相母线有放电烧伤痕迹，B相母线支持瓷瓶被击穿烧毁；母线室、电缆室内的母线瓷瓶的金属部分锈蚀很严重。用绝缘电阻表对A、B相母线支持瓷瓶进行摇测，绝缘电阻值低于要求；做耐压试验，均对地放电被击穿。

故障原因分析如下：

（1）该分界室环网柜密封不严，且无加热去湿装置，导致柜壁内凝结有霜和露水；

（2）由于柜壁和母线支持瓷瓶上凝结有霜和露水，导致瓷瓶接线端子锈蚀严重；母线支持瓷瓶受潮且沾有污垢，导致长期局部放电，瓷质部分受到损坏，造成绝缘下降，最终导致对地放电短路。

3. 事故对策

（1）加强凝露结霜季节环网柜的巡视检查，发现凝结有霜、露水和污物及时去除；

（2）根据当地气候和环境条件定制配有加热和去湿装置的环网柜；

（3）已投运但又没有配置加热和去湿装置的环网柜，暂时又无法安装的，可以在母线上加装护套暂时予以解决。

（十七）10kV 开闭器故障引发上级变电站出线故障原因分析

1. 事故现象

某年2月上旬，110kV×××变电站10kV×××出线接地，经抢修人员检查，发现是10kV×××出线上的××开闭器故障。

2. 故障查找及原因分析

将该开闭器的柜门打开发现：开闭器内的计量柜烧毁；故障指示灯亮；开闭器内的计量柜与其相邻的×××出线间隔间的B相穿柜管对柜体放电，穿柜管烧毁严重；开闭器柜体内结露、凝霜严重，所有金属部件锈蚀严重。柜间母线插头定位装置设计有问题，从而引发插头硅橡胶绝缘套管密封不严，爬电距离达不到要求，导致长期局部放电，最终导致相对地短路。

3. 事故对策

（1）加强凝露结霜季节环网柜的巡视检查，发现凝结有霜、露水和污物及时去除；

（2）根据当地气候和环境条件定制配有加热和去湿装置的环网柜；

（3）改进柜间母线插头定位装置，在满足绝缘水平的基础上还应满足爬电比距不小于14mm/kV。

（十八）10kV 电缆分界室故障引发上级变电站出线开关速断掉闸原因分析

1. 事故现象

某年 1 月下旬，110kV×××变电站×××开关速断保护掉闸，经抢修人员检查，是由于 10kV××电缆分界室故障引起。

2. 故障查找及原因分析

该电缆分界室是一个单独建筑的小屋，室内没有采暖、通风和除湿的设备，电缆夹层有积水。将电缆分界室内的环网柜柜门打开，发现母线排端口处发生对地短路；三相母线端对金属柜板均有放电痕迹，母线端口没有打磨圆滑；SF$_6$ 气体压力表指示正常，可以确定气箱内的 SF$_6$ 气体没有泄漏；柜体内最上方的母线室凝霜、结露严重；电缆室受潮严重，电缆接线端子锈蚀；电缆室内的加热除湿器开关已锈蚀、损坏、失灵；电缆由电缆夹层进入电缆室封堵不严密。

3. 事故对策

（1）提高设备生产质量，杜绝母线端头打磨不圆滑的隐患；

（2）提高安装、施工质量，封堵严密，避免水气进入柜内；

（3）加强凝露结霜季节环网柜的巡视检查，发现凝结有霜、露水和污物及时去除；

（4）如本地区凝露、结霜较严重，可以试用固体绝缘环网柜；

（5）对已投运的设备不满足凝露、结霜季节绝缘距离的裸露母线，可以加装绝缘护套。

（十九）10kV 环网柜故障引发上级变电站出线开关速断掉闸原因分析

1. 事故现象

某年 1 月中旬，110kV×××变电站×××开关速断保护掉闸，经抢修人员检查，是由于 10kV××用户分界室环网柜内的电缆肘形头炸的故障引起。

2. 故障查找及原因分析

将该用户分界室环网柜柜门打开发现，柜体内锈蚀很严重，同时柜壁上凝结有很多霜和露水。母线室、电缆室内的母线瓷瓶的金属部分锈蚀很严重。用绝缘电阻表对 A、B、C 相母线支持瓷瓶进行摇测，绝缘电阻值低于要求；柜内电缆肘形头炸。

故障原因分析如下：

（1）SF$_6$ 气体压力表指示正常，可以确定气箱内的 SF$_6$ 气体没有泄漏；

（2）电缆由电缆夹层进入电缆室封堵不严密；

（3）柜体内锈蚀很严重，同时柜壁上凝结有很多霜和露水，电缆夹层内有积水；

（4）柜内没有设计、安装加热、除湿装置；

（5）检查已炸的电缆肘形头，发现安装不符合要求，使肘形头存在间隙，导致潮气进入，时间一长引发故障发生。

3. 事故对策

（1）提高环网柜安装、施工质量，封堵严密，避免水气进入柜内；

（2）电缆接续头、电缆终端头和电缆肘形头的制作、安装应严格按照施工质量标准执行；

（3）加强凝露、结霜季节环网柜的巡视检查，发现凝结有霜、露水和污物及时去除；

（4）如本地区凝露、结霜较严重，可以试用固体绝缘环网柜或选用全密封绝缘环网柜；

（5）根据当地气候和环境条件定制配有加热和去湿装置的环网柜。

变压器没有转动部分，和其他电气设备相比，它的故障是比较少的。但是，变压器一旦发生事故，则会中断对部分用户的供电，修复所用时间也很长，造成严重的经济损失。为了确保安全运行，运行人员要加强运行监视，做好日常维护工作，将事故消灭在萌芽状态。万一发生事故，要能够正确判断原因和性质，迅速、正确地处理事故，防止事故扩大。

（二十）环网柜误操作事故分析及防范措施

1. 事故现象

某年，某 10kV 用户因内部检修申请停电，该用户的高压环网柜型号为 HXGN-17-10，进线由户外 ZW6-12-600 型真空断路器作过流保护，须由供电公司的工作人员进行操作。供电公司派出两人王××和周××，由王××作为监护人，周××作为操作人。周××拉开环网柜的负荷开关后，随即合上接地刀闸。在合上接地刀闸过程中，听到有电弧放电的"嗤嗤"声。王××听到此声音后，感觉有问题，马上命令周××拉开接地刀闸。接地刀闸拉开后，电弧"嗤嗤"声反而变得更大，持续 20 余秒，只听一声响，环网柜燃起大火。与此同时户外 ZW6-12-600 型真空断路器过流保护动作，跳闸，切断了进线电源，但是环网柜仍在燃烧。王××和周××使用配电室内的干粉灭火器紧急进行扑救，但因火势太大，只能通知消防部门进行扑灭。

2. 故障查找及原因分析

（1）经检查，该用户的环网柜已运行 16 年多，设备呈现老化状态。

（2）该环网柜负荷开关操作机构失灵，分闸操作时只拉开了 A、C 两相，而 B 相仍然在通电状态。这与用户运行管理不善，没有定期进行检查、试验和维护有直接关系。

（3）负荷开关和接地刀闸间的连锁装置失灵，致使 B 相带电的情况下仍然能合上接地刀闸。造成 B 相单相接地故障（"嗤嗤"声就是接地电容电流通过的电弧声）。

（4）监护人王××和操作人周××没有严格执行停电倒闸操作的相关程序是造成此次事故的主要原因。①没有填写操作票；②没有按照安规规定的停电、验电、挂设接地线、装设围栏的保证安全的技术措施来执行，没有进行验电和检查就直接进行接地操作，致使带电合接地刀闸事故的发生。

3. 事故对策

（1）加强 10kV 用户受电装置的运行管理。

（2）严格执行安全规程的有关规定，不得擅自缺项、漏项。

（3）严格执行工作票、操作票制度。

（4）严格执行消防规定中对配电室灭火器具配置和检验的有关规定。

（二十一）低压柜内的 DZ10 型开关掉闸后不能马上合闸原因分析

1. 事故现象

某用户配电室，××低压柜××出线开关掉闸后却马上合不上闸，检查低压线路没有故障，却需等 5～10min 后才能合上，用户不知是什么原因，请供电公司用电检查人员解释。

2. 故障查找及原因分析

用电检查人员经过细致的检查低压线路没有发现问题，出线开关为 DZ10 型，是由于这种开关的特性所决定。

（1）DZ10 型开关从外观上看，面板上操作手柄上方是合闸位置，下方是分闸位置。断路器由于故障或过负荷自动跳闸后，手柄停止在"合"与"分"的中间位置，需要合闸时，将手柄先压向分闸位置，然后才能合向合闸位置，直接不能合闸，这是 DZ10 型开关明确规定的。

（2）DZ10 型断路器是热脱扣型，这种断路器由于过负荷跳闸后，需等热脱扣元件中的热敏电阻冷却恢复原状后，方可将手柄压向"分"位置，再推上"合"位置。如果不经过恢复就用力去退手柄，就有可能将断路器内的主轴压断。这就是用户因过负荷不能马上合上闸的原因。

（3）如果 DZ10 型断路器运行较长，由于操动机构的搭钩磨损，杠杆等联动机构轴销脱落，弹簧失效或调解螺栓调整不当等原因，也有可能造成无法合闸的情况。这时就需要更换零部件、适当整修或调整以致更换此断路器。

3. 事故对策

（1）加强值班电工的培训，熟悉所运行设备的特性和操作方法。

（2）提高断路器的安装质量，保证设备的安全运行。

（3）加强设备的巡视，杜绝设备过负荷。

（二十二）低压开关柜内的微型断路器爆炸事故分析

1. 事故现象

某新建配电室安装有 315kVA 变压器两台，两台低压柜内各安装有 10kvar 低压电容器，控制电容器的是型号为 DZ47-63/c40 微型断路器，额定开断电流为 3kA，运行一段时间后，一台微型断路器爆炸。

2. 故障查找及原因分析

根据 GB 50054—2011《低压配电设计规范》第 3.1.1 条规定："用于断开短路电流的电器应满足短路条件下的接通能力和分断能力"。假设上级系统为无穷大，配电变压器低压侧的电压为 0.4kV，则配电变压器低压出口侧对称三相稳态短路电流的计算公式是：$I_k \approx 144.34 S_T/U_k$（式中，$I_k$ 为对称三相短路稳态电流有效值，kA；S_T 为变压器容量 MVA；U_k 为变压器阻抗电压百分数）。

则该台变压器低压出口侧对称三相稳态短路电流为

$$I_k \approx 144.34 \times 0.315 \div 4 \approx 11.37 (\text{kA})$$

但是低压柜中配置的是额定开断电流为 3kA 的微型断路器，远远小于 11.37kA，当微型断路器出口处发生三相短路时，由于无法分断从而造成微型断路器的爆炸。

根据 GB 50227—2008《并联电容器装置设计规范》第 5.5.3 条的规定："并联电容器装置的合闸涌流限值宜取电容器组额定电流的 20 倍"，在规范附录中解释：电容器组容量越小其合闸涌流越大，最高可达到额定电流的 100 倍以上。该低压柜内电容器组的容量是 10kVar，在断路器关合瞬间按 20 倍考虑，合闸涌流即达到 4kA，而配置的微型断路器的开断电流仅为 3kA，无法熄灭动、静触头间的电流电弧，将导致微型断路器出口侧发生三相弧光短路，从而造成微型断路器的爆炸。

3. 事故对策

（1）选用配套的微型断路器，如 H 级开断电流为 40kA，但价格较贵，或使用塑壳式断路器。

（2）在回路中增加限流电抗器，将短路电流限制在允许范围内。但因此要增加投资，且因增加设备，低压柜的体积将要改变。

（3）改用限流式保险器保护。价格低廉，且熔断时间仅为 10ms；而微型断路器的开断时间是 100ms。

（二十三）用户低压配电室环境过于恶劣致使断路器对地放电

1. 事故现象

某用户生活区低压配电室连续多次发生断路器上接线对地放电事故，被迫多次进行处理。

2. 故障查找及原因分析

（1）该低压配电室脏乱严重，已多年没有打扫过，各处堆满灰尘；断路器上也积满灰尘；当时正是梅雨季节，室内外空气潮湿。

（2）停电后细致查找，发现断路器中的一相与固定断路器的铁板之间放电严重，以致把底板烧了一个洞。

（3）由于这相对地放电，弧光将相间隔栅板烧毁引发相间短路。

3. 事故对策

（1）应按相关规定对配电室进行定期清扫，保证设备在正常的环境下运行。

（2）断路器进、出线连接导线连接时既不能压绝缘层，又不能使导线露铜。

（3）建议低压断路器宜安装在绝缘板上，不宜安装在铁板上。

（二十四）由于低压配电柜内安全距离不够引发的事故

1. 事故现象

某用户新建配电室，低压柜送电时，低压柜内发生电弧并致使整台低压柜烧毁。

2. 故障查找及原因分析

（1）检查发现小开关配大母线，从而造成开关母线之间距离过小，引发电弧。此电弧又导致开关左右、上下母线间放弧是造成此次事故的主要原因。

（2）低压断路器选型偏小，也是造成母线之间放弧的一个原因。

（3）保护定值随意整定，也是此次事故的一个原因。

3. 事故对策

（1）要求低压开关柜生产厂必须按技术条件生产，不得随意更改。

（2）有条件可以到厂家进行监造，保证产品的质量。

（3）根据负荷正确选择低压断路器的容量。

（4）根据负荷性质和低压断路器整定原则对低压断路器的定值进行整定，不得随意修改。

（二十五）配电室新装漏电保护器一投入就跳闸故障分析及处理

1. 事故现象

某用户配电室为了防止人身触电和因电器设备、线路漏电而引起火灾事故，根据要求将配电室中的 DZ 型断路器更换为漏电保护器。更换完毕，并用试验按钮试验无误后进行合闸送电，但一投入，漏电保护器就跳闸。

2. 故障查找及原因分析

（1）三相电源（包括零线）没有在同一方向穿过电流互感器，致使有剩余电流产生，导致漏电保护器动作而无法合闸。

（2）零线在漏电保护器后不适当地进行了重复接地，导致漏电保护器动作而无法合闸。

（3）在装有漏电保护器的线路中用电设备外壳的接地线与工作零线相连，导致漏电保护器动作而无法合闸。

（4）由于线路超长，线路与大地间的电容较大而产生过大的泄漏电流，导致漏电保护器动作而无法合闸。遇这种情况应减小线路长度或更换为灵敏度较低的漏电保护器。

（5）导线绝缘损坏且与大地接触，导致漏电保护器动作而无法合闸。

3. 事故对策

（1）保证导线的绝缘良好；

（2）三相电源（包括零线）必须在同一方向穿过电流互感器；

（3）在装有漏电保护器的线路中，用电设备外壳的接地线与工作零线不得相连；

（4）保证低压线路的供电半径不超过规程规定。

（二十六）配电室内开关柜烧毁及原因分析

1. 事故现象

××供电公司配电工区接到调度指令，10kV××路Ⅰ段过流动作，重合未出。

2. 故障查找及原因分析

抢修人员迅速进行巡视检查，检查到××配电室发现该配电室 10kV 进线开关柜有烧痕。打开柜体检查发现 10kV 进线电缆烧毁，相邻出线间隔不同程度损坏。进一步检查发现，10kV 进线电缆插拔件、后插避雷器外层及二次回路接线全部被烧炭化，TA（电流互感器）接线端头有明显放电烧熔痕迹；电缆接线端子 A、B 相有放电烧熔痕迹。电缆插拔件均为外层烧损炭化，内壁没有放电痕迹；电缆本体均为外层烧损，没有找到明显的放电痕迹。

（1）该配电室安装有 10kV 避雷器，检查避雷器没有发现雷击过电压的情况。

（2）检查发现 10kV 进线柜内 TA（电流互感器）二次接线是接插式连接，插头容易松动致使接触不良，TA（电流互感器）插头已被烧断，并且烧断处多股铜丝已烧出小圆头；TA（电流互感器）绕组内铜线已经被烧熔在一起，从而可以得出是由于 TA（电流互感器）二次回路使用的插头接触不良造成 TA（电流互感器）二次开路，因而产生较大的电压使互感器外绝缘损坏及至燃烧，燃烧使 10kV 进线电缆外绝缘损坏，并引起相间短路，电缆被烧毁，开关柜体被烧损，上级过流保护动作，重合不出。

3. 事故对策

（1）将 TA（电流互感器）二次回路使用的插头连接改为端子排连接，杜绝因插头虚接引发二次回路开路的隐患；

（2）做好端子排防水、防尘的维护，避免因潮湿或污秽引发短路。

（二十七）10kV 开关柜局部放电信号增大的检查与原因分析

1. 事故现象

某日，对某开闭站的 10kV 开关柜进行带电局部放电试验检测时，发现多处带电局部放电信号增大的情况。

2. 故障查找及原因分析

使用多功能局部放电检测仪的 TEV 模式，对所有 10kV 开关柜进行 TEV 信号普测，记录局部放电幅值（dB）和 2s 内的脉冲数。先测试空气中、门和窗户上的 TEV 信号，再测试开柜柜上的 TEV 信号。一个开柜柜的测试值有 6 组，分别对应于柜前的上部、中部和下部，柜后上部、中部和下部。根据开关柜上的测量值做出以下分析：

（1）选择开关柜上相应的 TEV 测量值，按照开关柜的分布情况，对同一排的开关柜进行横向对比。第一排开关柜的 2 个峰值分别为 1 号 TV 柜后上部的 57dB 和 2 号站用变压器柜后上部的 54dB。

（2）PDL1 共定位出 3 个放电源，分别为 1 号放电源位于 1 号站用变压器的 I 母线侧 5011 刀闸柜后下部；2 号放电源位于 1 号 TV 柜后上部；3 号放电源位于 2 号站用变压器柜后上部。

（3）超声波检测共测出 14 个开关柜存在明显的放电声。经分析推断，主要原因为高压柜与柜之间主母线的穿墙套管铝夹片产生的悬浮放电信号。为消除缺陷，满足安全、可靠的运行条件，按照施工方案，对 10kV 开关柜进行了停电检查：

1）打开开柜柜顶板后，检查主母线穿墙套管及铝夹片的安装情况（铝夹片的作用是用于固定母排）。检查发现，铝夹片与母排的接触部分有氧化现象。

2）拆除铝夹片检查其外观，发现部分铝夹片存在氧化、磨损以及粘有污垢的问题，个别铝夹片有放电的痕迹。

3）将开关柜与柜之间穿墙套管铝夹片拆除后，检查到部分母排有放电痕迹。将所有穿墙套管铝夹片拆除之后，对每个开关柜的主母线柜内进行检查，进行相关试验（交流耐压、绝缘电阻）均正常。检查无误后，送电并对所有开关柜进行带电局部放电试验，试验结论全部正常，符合规定。

4）总结出局部放电信号是由于铝夹片安装时与母排存在间隙，致使铝夹片产生悬浮电压放电；另一种情况是由于母排的材质是铜，而铝夹片的材质是铝，不同的材质在带电的情况下与空气发生化学氧化腐蚀反应，当铝夹片腐蚀到一定程度，与母排出现间隙，同样会出现悬浮电位放电的情况。

3. 事故对策

（1）由于母排的材质是铜，而铝夹片的材质是铝，不同的材质在带电的情况下与空气发生化学氧化腐蚀反应。当铝夹片腐蚀到一定程度，与母排出现间隙，同样会出现悬浮电位放电的情况，因此在穿墙套管中加装铝夹片的方法是不可取的，应改为铜夹片。

（2）强化施工质量，杜绝夹片与母排之间产生间隙。

第五节 其 他

（一）配电室投运后，母线在大负荷时发生振动，并有响声的故障查找及分析

1. 事故现象

某配电室建成投运，试运行一切正常，但在运行一段时间负荷增大后，母线开始振动，并伴有响声。

2. 故障查找及原因分析

（1）经检查分析，不是因为谐振原因造成母线振动；

（2）用操作杆在母线振动部位顶试，在顶到某个点，母线不再振动和发出响声，确认是因为母线固定点不够。在此点进行固定后，母线振动和响声问题得到解决。

3. 事故对策

（1）设计应根据实际情况确定母线固定点；

（2）提高施工队伍的水平，确保施工质量。

（二）10kV 线路微机监控保护（以 SD-8041 型为例）常见故障分析及处理

1. 事故现象

（1）当出现电流、电压数值为零，或电流、电压数据与实际差别较大时，这种故障大多是交流插件发生故障。

交流插件包括电压和电流输入量部分。电压输入元件由电压变换器构成，其输入为交流 100V，输出为交流 4.7V 左右，线性范围为 0.4～150V。电流输入元件由电流变换器和并联电阻构成。如果交流插件中的电流变送器断线，则会在断线处产生高电压，将此插件烧坏。

（2）当出现人机对话黑屏、告警灯亮，与后台机和主站的通信不通，后台机报通信故障，后台机和主站上显示断路器由红色变为白色，该出线的遥测数据不刷新，遥信不变位，装置中没有了电压、电流数据。这种故障主要是 CPU 插件发生了故障。

CPU 插件由 CPU 系统、数据采集系统、开关量输入和输出部分、通信部分组成，此插件是 SD-8041 的核心部件，该插件出现故障，等于 SD-8041 处在瘫痪状态。

（3）当出现人机对话界面黑屏，指示灯全熄灭，这种故障大多是电源插件发生故障所致。

电源插件为直流逆变电源插件，采用直流 220V 或 110V 电压输入，经抗干扰滤波回路后，利用逆变原理输出本装置需要的五组直流电压，即 5V、24V（1）、24V（2）、±12V。上述故障发生后，应先检查装置的电源是否完好，如无问题，则是电源插件发生故障所致。电源插件出现故障的几率最大。

（4）当出现断路器误动作，遥信不对应，断路器跳闸不自动重合的故障现象时，这种故障大多是由于操作箱及辅助箱插件故障所致。

操作箱及辅助箱插件包括逻辑继电器及信号继电器两类，逻辑继电器由 CPU 插件直接驱动作为出口执行回路；信号继电器用于开入量的转接；操作箱内包括完整的断路器操作回路。

（5）当出现按钮操作失灵，界面模糊不清的现象时，这种故障大多是由于人机对话插件故障所致。

人机对话插件的核心是单片机，主要功能是显示 CPU 输出的信息、扫描面板上的键盘状态并实时传送给 CPU。为了使装置的运行信息更为直观，该插件上还配置了丰富的灯光指示信息。如果该插件上的运行灯熄灭，说明装置失电，装置故障或保护程序不正常；如果告警灯亮，说明是装置故障，控制回路断线，电压互感器断线或有过负荷告警信息等情况。

2. 故障查找及原因分析

只要搞清了 SD-8041 装置的插件功能和相互之间的联系，当出现黑屏、保护舞动、遥测及遥信错误和遥控失灵等故障时，首先要判断外部回路是否正常，如果正常，通过故障现象，就能快速确定保护装置的故障插件，然后采用备用插件替换的方法，迅速地将故障处理掉。电源插件中的滤波电容器容易、操作箱及辅助箱插件中的信号和跳闸继电器容易出现故障，处理故障插件应首先读懂装置说明书。在无法确定故障时，应及时联系厂家进行处理。更换操作线及辅助箱插件时，必须采取防止断路器误跳的措施，例如退出跳闸出口连接片。更换 CPU 插件时，应先记录好原装置的保护定值、保护控制字、通信地址、定值套数、测量电流互感器变比、保护电流互感器变比、电压互感器一次额定值、电压互感器二次额定值等原始信息，然后断开装置电源、操作电源，更换插件。更换好插件后要把先前记录的原始数据全部输入新插件中，输完后，要观察保护状态、测控状态数据是否刷新，通信状态是否正常，运行灯是否亮，分合闸指示是否正常，完全正确后说明更换插件成功。另外要绝对不许可带电插拔插件。

3. 事故对策

（1）更换操作线及辅助箱插件时，必须注意采取防止断路器误跳的措施，例如退出跳闸出口连接片。

（2）更换 CPU 插件时，应先记录好原装置的保护定值、保护控制字、通信地址、定值套数、测量电流互感器变比、保护电流互感器变比、电压互感器一次额定值、电压互感器二次额定值等原始信息，然后断开装置电源、操作电源，更换插件。

（3）注意绝对不许带电插拔插件。

（4）更换好插件后要把先前记录的原始数据全部输入新插件中，输完后，要观察保护状态，测控状态数据是否刷新，通信状态是否正常，运行灯是否亮，分合闸指示是否正常，完全正确后说明更换插件成功。

（三）电流互感器（TA）二次接线端子螺栓未拧紧造成接线端子被烧毁

1. 事故现象

开闭站进行例行检查时发现，二次接线端子被烧坏。

2. 故障查找及原因分析

该开闭站在前一月全站停电进行检修，在电流互感器的二次回路上有工作，工作完后，二次电流回路端子螺栓未拧紧，造成电流互感器二次中性线断口过电压致烧毁端子，却没有出现 TA 开路的种种现象，因为电流互感器二次回路断线与中性线断线有着不同的现象。

（1）电流回路断线会造成 TA 饱和，TA 二次绕组铁芯损耗增加，TA 发出异常声响。而 TA 中性线断线且在系统运行正常时不会造成 TA 饱和，TA 不会发出异常响声。

（2）电流回路断线会造成断线的断口处出现较大的开路电压，最大可达到上万伏，而 TA 中性线断线且在系统运行正常时不会出现过电压。

（3）当 TA 中性线断线，且系统发生接地故障时，接地相的 TA 将发生饱和，TA 二次中性线断线的断口处将出现过电压。这也就是此次烧毁二次接线端子的原因。

3. 事故对策

（1）注流检查。当 TA 及其二次回路重新安装、TA 二次电缆更换和 TA 二次回路变更后，在确保 TA 二次接线盒处的二次电缆芯线已与 TA 的二次绕组端子可靠连接、二次电缆芯线对地绝缘正常，且 TA 二次回路所连保护装置已经退出运行的情况下，可以在 TA 的二次接线盒处对二次回路进行注流试验，并用钳形电流表检测二次相电流和中性线电流，是否和实验仪器输出的电流值相等。如果不相等，一定是有 TA 二次回路或中性线断线。

（2）拧紧端子螺栓，防止因螺栓松动造成 TA 二次回路或中性线断路。

（3）带负荷检查。当 TA 的二次回路有工作或变动过 TA 的二次电流回路时，在一次设备送电后，对 TA 二次回路进行带负荷检查，用钳形电流表测量 TA 二次中性线的电流，确认测量值不为零，如果为零应立即检查 TA 二次中性线是否有断线的情况。

（四）某条 10kV 架空线路上的多个 10kV 高压用户配电室中的电压互感器熔断器在 1h 内多次熔断，最后电压互感器爆炸原因分析

1. 事故现象

某条 10kV 架空线路上的多个 10kV 高压用户配电室中的电压互感器熔丝在 1h 内多次熔断，最后电压互感器爆炸。用户只好请供电公司的专家来分析。

2. 故障查找及原因分析

供电公司的专家首先检查了 TV 的备用熔丝，没有发现问题。那为什么 1h 内熔丝多次熔断，最后 TV 还发生了爆炸？经询问供电调度部门得知，该条 10kV 线路在该段时间多次发生间歇性单相接地，且该 10kV 线路出线的变电站的接地方式为经消弧线圈接地。由于 10kV 线路发生单相接地时，会有电容电流在电网和大地之间流动（以接地点为通道）。当接地故障暂时消失时，电容电流的通道被强行切断，但故障时积累起来的自由电荷并未散尽，这时星形连接的电压互感器（TV）的一次绕组就成为自由电荷的理想去处。当自由电荷的数量足够大时，就会将 TV 的熔丝熔断，甚至会将 TV 烧毁、爆炸。

3. 事故对策

上面发生的事故是因为 10kV 线路多次发生间歇性单相接地而引发的，而多次间歇性接地会引发电网谐振。而要消除电网谐振，就要消除电网谐振产生的条件。主要办法有：

（1）尽量选用小型化、新型电容式电压互感器（TV），或者通过比较励磁特性曲线，选择性能良好的抗谐振电磁式 TV。这样就能在很大程度上从源头消除铁芯饱和的可能。

（2）在电压互感器（TV）一次侧增加消谐措施。这种方法也有两个途径：①在 TV 星形中性点与接地点之间串接 10kΩ 消谐电阻，以起到抑制谐波和消耗谐波的作用。②在中性点串一个单相电压互感器，这能显著提升 TV 的抗爆能力。当然，应定期对消谐电阻、单相电压互感器进行测试，以保证性能良好。

（3）在 TV 二次侧增加消谐措施。实现途径也有两种：①在开口三角处接 500W 以下灯泡或电阻，以破坏谐振条件。这个办法在投母线时经常使用，但母线正常运行后需要切除该电阻。②在开口三角处并接微机消谐装置。在外部线路不多时，这种办法能启动消谐回路来对抗谐振。

（4）定期对系统电容电流进行测量。

（五）10kV 电缆分支箱内避雷器故障及原因分析

1. 事故现象

某年 2 月底，××变电站 10kV 出线开关速断跳闸，重合未出，手动试送不成功。抢修人员经检查发现是此条线路上的 10kV 电缆分支箱 2-1 电缆终端接头处避雷器炸引发的事故。

2. 故障查找及原因分析

（1）经检查，该电缆分支箱已运行 8 年多，分支箱型号为 CJ10-630-1AAS；避雷器是氧化锌避雷器，型号为 HY5WZ-17/45。A 相避雷器已完全炸裂；B 相避雷器外表有放电烧伤的痕迹；C 相避雷器的外观基本正常。

（2）将三只避雷器拆下，因 A 向避雷器已完全炸裂，已无必要做试验，只对另两只避雷器做了试验，结果见表3-2。

表 3-2 避雷器试验结果

避雷器 试验内容	绝缘电阻（MΩ）	直流 1mA 参考 电压（kV）	0.75 倍直流参考电压下 的泄漏电流（μA）	结论
B 相避雷器	57690（合格）	25.5（合格）	3（合格）	合格
C 相避雷器	42500（合格）	26.5（合格）	5（合格）	合格

（3）将炸裂的 A 相避雷器进行解体检查，发现有明显的受潮痕迹；第一片阀片烧损严重；剥除硅橡胶外护套，在避雷器的低压侧发现玻璃钢上有多条明显的裂纹，将玻璃钢解体发现，玻璃钢内部有杂质和微小的气泡。

B 相避雷器硅橡胶外护套有局部粉化痕迹，按其粉化位置判断是由于 A 相避雷器故障后产生很高的温度，将邻近的 B 相避雷器烧损所致。将 B 相避雷器进行解体检查，剥开硅橡胶外护套，发现内部玻璃钢已全部开裂，不具备密封性能；上端第一组氧化锌阀片有明显的放电痕迹。

C 相避雷器外观良好，避雷器上端引线与电缆终端连接处的硅油呈现深绿色，进一步解体发现硅油变色是由于铜锈造成；避雷器上端引线的合成外套内部有明显的水迹，金属引线有锈斑；剥除避雷器本体的硅橡胶护套，内部是玻璃钢包裹着的氧化锌阀片，从玻璃钢外观看，有多条明显的裂纹，将玻璃钢解体发现，玻璃钢内部有杂质和微小的气泡。

通过检查表明避雷器已受潮，由于玻璃钢有裂纹，使潮气可以进入内部，使氧化锌阀片存在受潮的可能，从而导致故障发生。由于在避雷器上端引线处发现金属锈蚀痕迹，而其是与电缆终端直接连接，使电缆终端存在受潮的可能性。

3. 事故对策

（1）加强对所购置设备的监造和验收试验，确保设备正常挂网运行。

（2）针对同型号、同一生产厂的产品，加强巡视和地电波、超声波检测，尽早发现设备隐患，杜绝故障的发生。

（六）相控开关过电压保护器故障分析

1. 事故现象

某年，某单位的五头变压器补偿电容器五头变三组无功集中补偿电容器布置在室外，用三根 10kV 电力电缆自高压室内五个电容器（五容柜）柜引出。户外电缆终端装设 10kV 户外避雷器。五容柜内采用 AB＋C 分相操作户内开关模块"ISM/TEL 12-31.5/250-114C"的三组分相真空永磁相控开关，断口并联过电压保护器没有投入，三组相控开关均在热备位置。站内 10kV 出线配电变压器故障引起系统发生 A 相接地，7min 后五容柜内三组相控开关的 C 相断口保护器发生过压过热燃烧，导致相间短路。短路发生在出线保护 TA 电源侧，又属于主变压器近区短路，造成该变电站主变压器及 35kV 进线开关同时跳闸。

2. 故障查找及原因分析

检修人员对现场进行了全面检查，发现五容柜内的故障现象有：

（1）三组相控开关的 C 相断口保护器已被彻底击穿，其中第三组已经塌落。

（2）1 号相控开关 C 相真空泡的绝缘层被击穿。

（3）3 号相控开关极柱保护壳因燃烧而受损。

（4）柜内隔离开关下侧 C 相母排的一个折弯角因短路有放电痕迹。

（5）柜内 C 相的 2 个支撑绝缘子受损。

（6）3 号相控开关本体至航空插头部分的二次控制线的绝缘表层灼伤。

分析故障：

（1）系统发生接地前的无功补偿电容器接线及运行情况是：五头变 10kV 系统发生接地前主变压器负荷不大，属于轻载，三组无功补偿电容器均未投入运行；五容柜内的三组无功补偿相控开关 1～3QF 均在热备用位置。此时相控开关的断口电压依靠断口避雷器的阻值来分配，三相断口电压均衡，为相电压。此时工作是正常的。

（2）发生接地后以 1 号相控开关为例进行分析。A 相发生单相接地故障时，五容柜间隔设备除了真空永磁开关外所有的隔离刀闸都是闭合的。由过电压保护器与 MOA1-6 接地点之间构成了导电回路。此时 MOA1、MOA4-6 均有一点接地，并且由于电容器工频阻值相对避雷器阻值较小，可以忽略不计。故可以认为 6 只避雷器均有一点等电位。假设 6 只避雷器阻抗相等，均为 Z。此时电容器中性点电压 U_q 将发生偏移。即由于中性点电压偏移，将导致 B、C 相断口电压升高，B、C 相断口电压保护器工作电压升高，非线性电阻阀片动作。因为泄漏电流比较小，线路保护不会动作，而持续泄漏电流导致过电保护器过热而燃烧。三相相控开关同处一室，电气距离较小，过电压保护器燃烧必引发相间短路。

3. 事故对策

相控高压开关频繁投切电容器组，断口并联过电压保护器起到保护作用，但是受制于电气距离，其额定电压和持续运行电压设定值较低。当集中补偿电容器组有外置避雷器保护时，在单相接地且运行一段时间的特定情况下，电容器中性点电压将发生偏移，接地过电压大于断口过电压保护器运行电压，将引发事故。在电气距离满足的情况下，可以考虑增加阻容吸收过电压保护装置，来代替断口并联过电压保护器。

（七）低压集表箱烧毁事故分析

1. 事故现象

供电公司 95598 接用户反映，为用户新换装的低压集表箱内冒烟并有火苗喷出，抢修人员接报后，立即赶到现场，对集表箱进行电气隔绝后，将箱内燃火扑灭，经检查箱内电能表、出线开关以及配线被烧毁。

2. 故障查找及原因分析

为了实施台区用电信息采集和低压配套设施改造，供电公司对台区内的低压线路、电能表箱和电能表箱的出线全进行了更换，因此不存在设备老化的问题，而且在此之前，已有两台此类集表箱被烧毁。经仔细检查发现：

（1）集表箱内的电能表进、出线开关的螺栓未拧紧，造成各级电源线和开关接触不良，接触电阻增大，接触点长期发热最终导致出线开关过热燃烧，是发生此类事故的直接原因。

（2）集表箱存在质量问题。经过检查发现此次换装的集表箱出线开关主体材料耐高温性能不好，易燃、开关灵敏度低、保护性能差，箱内导线绝缘外层没有使用阻燃材料，是此次事故的主要原因。

（3）集表箱在结构设计上存在问题。箱体底部没有进风口，箱体上部和四周的出风口面积不够，使箱内的温度不能通过箱体的自然通风散发，是此次事故的另一主要原因。

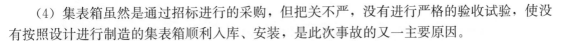

（4）集表箱虽然是通过招标进行的采购，但把关不严，没有进行严格的验收试验，使没有按照设计进行制造的集表箱顺利入库、安装，是此次事故的又一主要原因。

3. 事故对策

（1）严把施工质量关，集表箱安装完毕后，要进行验收检查，合格后方可通入运行使用；

（2）集表箱要严格按照设计图纸进行制造，不能为了美观而随意将进、出通风口的面积进行改变，保证箱体自然通风畅通，散热效果好；

（3）集表箱内的导线应选用阻燃导线，开关主体材料应选用阻燃材料，开关的热灵敏度和保护性能应满足相关技术规范要求；

（4）严格执行物资招标和入库的标准规范，按产品技术规范进行采购，加强物资入库的质量检验、测试和试验，确保设备合格入库。

（八）低压集表箱电压升高故障分析

1. 事故现象

某日，供电公司95598接到用户电话反映，多家用户灯泡和电视等家用电器被烧毁。抢修班人员到达现场检查发现集表箱进线电压正常，但电气设备烧毁的这几户的电能表出现高电压，达到290～310V。

2. 故障查找及原因分析

把电压最高的这块电能表的出线断开，再次测量那几户电能表出线电压，电压正常。据此判断问题出在用户端，但是从该户电能表出线起，检查了接户线、进户线、刀闸、家用剩余电流动作保护器，室内线路均未找到问题，室内电压和在集表箱出所测电压接近。只能再检查家用电器，当时只有电动车电瓶正在充电，其他电器都没有使用。请用户将电动车充电器停用，测量室内电压以及集表箱处该户及烧毁电气户电能表出线电压都正常了，证明问题出在电动车充电器上。将电动车充电器拆开检查发现，充电器内部隔离变压器和过载保护装置已被击穿，形成短路，从而造成充电器内的桥式整流电路输出电压经高压滤波电容电路逆向充放电，导致电压升高，且从该用户反送至集表箱，造成该集表箱电压升高，也就使该户和其他用户家中的灯泡及其他家用电器因电压过高而烧毁。

3. 事故对策

定期检查相关的电器设备，确保设备的安全运行。

（九）电能表箱进水事故分析

1. 事故现象

某日，供电公司95598接到用户电话反映，自己家和邻居家都没电了。抢修班人员到达现场检查发现表箱内总开关烧毁，开关进线端上有水珠，进表箱电缆没有做防水弯，而是直接接入表箱，当日正在下雨。

2. 故障查找及原因分析

（1）在现场进行检查发现进表箱电缆没有做防水弯，而是直接接入表箱，当日正在下雨，致使雨水随电缆进入表箱开关内，开关内短路将开关烧毁；

（2）表箱门关闭不严，导致下雨时雨水进入表箱和开关内，开关短路将开关烧毁；

（3）开关进、出线端子压接不牢，螺栓松动，造成接触不良而发热。

3. 事故对策

（1）进表箱电缆做防水弯，防止水流进入表箱内；

（2）表箱门上应安装有防水胶圈，避免雨水进入表箱内；

（3）严把施工质量关，开关进、出线端子压紧，螺栓拧紧；

（4）加强对设备的巡视检查，及时发现和处理隐患。

（十）低压无功补偿电容器损坏原因分析

1. 事故现象

某配电室巡视时发现低压电容器损坏（鼓肚），导致功率因数偏低。

2. 故障查找及原因分析

将损坏的电容器拆下解体分析，发现是由于电容器内部故障所致，在电场的作用下，电容器内部的绝缘物游离，分解出气体或部分元器件被击穿，电极对外壳放电，使电容器密封外壳的内部压力增大，外壳膨胀变形而鼓肚。造成电容器鼓肚的主要原因有：运行时过电压或过电流，操作过电压，室温过高，电容器本身质量问题等。

3. 事故对策

（1）电容器本身的质量是外壳膨胀的一个主要原因，所以把好购置关，严格按照施工工艺进行电容器的安装、测试、检验是避免电容器鼓肚的一个重要措施。

（2）电容器应选择自愈式并联电容器，因为此种电容器介质损耗低、工作场强高、质量及体积小、容量大、寿命长、安全性高、自愈性强。

（3）电容器应在额定电压下工作，当超过 1.1 倍额定电压时电容器易被击穿。

（4）电容器应在额定电流下工作，正常工作电流不应超过额定电流的 1.3 倍。

（5）电容器工作环境温度一般规定在－40～40℃，电容器在运行中，内部介质的温度一般应低于 65～70℃，外壳温度不应超过 50～60℃。为便于监控，可以在电容器外壳 2/3 高度处贴上测温蜡片。

（6）定期对电容器进行运行检查，主要检查外观、温度测量。如果发现箱体膨胀、漏油以及不正常的声响时，应退出运行。

（7）定期对电容器进行停电检修。对电容器的开关线路、接地装置、放电电阻及其回路进行检查，确保电容器各组成部分、保护装置、接地性能满足运行要求。

小 经 验

一、变压器的试验项目

（一）测量绝缘电阻

测量结果与出厂试验数据或前一次测量结果相比较，不应低于以前测量结果的 70％。用绝缘电阻表测量各绕组间、绕组对地之间的绝缘电阻值和吸收比，根据测得的数值，可以判断各侧绕组的绝缘有无受潮，彼此之间以及对地有无击穿或闪络的可能。

（二）交流耐压试验

6kV、10kV 和 400V 的变压器分别用 21kV、30kV 和 4kV 电压进行交流耐压试验，试验结果与历年测试数值比较不应有显著变化。

（三）测量直流电阻

630kVA 以上的变压器，经折算到同一温度下的各相绕组电阻值，不大于三相平均值的 2%，与以前测量结果的相对变化也不应大于 2%。630kVA 以下的变压器，相间阻值差别不大于三相平均值的 4%，线间阻值差别不大于三相平均值的 2%。测量每相高、低压绕组的直流电阻，观察相间阻值是否平衡，是否与出厂数据相符；如果不能测相电阻，可以从绕组的直流电阻值判断绕组是否完整、有无短路和断路、分接开关的接触电阻是否正常。以上测试还可以检查套管导杆与引线、引线与绕组之间连接是否良好。

（四）绝缘油的电气强度检测

运行中的变压器，其绝缘油的电气强度试验标准为 20kV。用闪点仪测量绝缘油的闪点是否降低，观察绝缘油有无碳粒、纸屑，并注意油样有无焦臭味，同时测量油中的气体含量，用上述方法判断故障的种类、性质。

（五）空载试验

对变压器进行空载试验，测量三相空载电流和空载损耗值，以此判断变压器的铁芯硅钢片间有无故障，磁路有无短路，以及绕组短路故障等现象。

（六）变压器高、低压侧缺相判别方法

当变压器高压侧断一相时，低压侧如果三相负荷均衡，则对应相的对地电压为零，另两相有电，但对地电压只有正常时的 0.866 倍，即 189 伏；低压侧如果三相负荷不均，则对应相有电，但对地电压接近零（约数十伏），另两相有电，但对地电压不同，负荷较大相的对地电压较小，负荷较小相的对地电压较大。

（七）用电感法测定配电变压器的接线组别

10kV 配电变压器最常使用的接线组别是 Yyn0 和 Dyn11 两种，在铭牌丢失或看不清时，如何能简单快速地测定变压器的接线组别，可以使用数字电感表测量变压器高压侧电感量的方法来确定变压器的接线组别。具体操作如下：用数字电感表测量变压器高压侧的电感量，当 L1L2 相的电感量与 L2L3 相的电感量基本相等，且大于 L1L3 相电感量 1.4 倍左右，即可确定此变压器的接线组别是 Yyn0。当用数字电感表测量变压器高压侧的电感量，L1L2 相电感量与 L1L3 相电感量基本相等，且 L2L3 相的电感量是 L1L2 相电感量与 L1L3 相电感量的 1.4 倍左右，则可以判断此变压器的接线组别是 Dyn11。

（八）电流互感器在安装与运行中的注意事项

目前大量使用的是带铁芯的电流互感器，此外还有小气隙、大气隙、不带铁芯的电流互感器（即线性耦合器）。电流互感器二次侧的额定电流一般为 5A 或 1A。电流互感器在安装与运行中应注意：

（1）二次侧必须有一点接地。目的是防止两侧绕组的绝缘被击穿后造成设备与人身伤害。但要注意电流互感器只能一点接地，如果是两点接地，则电网之间可能存在的潜电流会引起保护设备的不正确动作；

（2）极性接入要正确。电流互感器一次和二次绕组之间的极性，在继电保护中习惯用减极性原则标注。即当一、二次绕组中都从同极性端子通入电流时，它们在铁芯中所产生的磁通方向相同。规定电流的方向以母线流向线路为正方向，在电流互感器本体上标注有 L1、L2，接线盒桩头标注有 K1、K2。功率方向保护、距离保护、高频方向保护等装置对

电流方向有严格要求，电流互感器接入前必须做极性试验。极性不正确将会使接入的电能表、功率表等指示错误，或使继电保护误动作。辨别电流互感器的极性一般用直流毫安表检查。首先检查二次电流是否从 K1 流向 K2，一次侧电流是否从 L1 流向 L2。一次侧绕组通过开关 S 与直流电源连接，二次侧绕组接直流毫安表。当开关闭合的瞬间，如果毫安表的指针正向偏转，则二次侧绕组接毫安表正极端与一次侧绕组接电源正极段为同名端；如果毫安表指针反向偏转，则二次侧绕组接毫安表正极端与一次侧绕组接电源正极段为异名端。

（3）防止二次侧开路。

二、电容器

采用"五步"试验法对密集型电容器内部故障进行检测。

密集型电容器也叫做集合式并联电容器。在我国应用时间不长，运行和检修经验缺乏，如果发生故障，目前采取的是整台推出运行，影响了电能质量。发现的主要问题有：端子过热变色；漏油或喷油；套管损伤或爆炸；油箱变形或损伤；出现异常声音；出现异臭；温度异常等等。为此必须采取有效的故障检测办法进行检验，以便对故障的定位和维修提供准确的依据。特地对此提出"五步"试验法对密集型电容器内部故障进行检测：电容量的测量；绝缘电阻的测量；介质损耗因数的测量；油的气相色谱分析；交流耐压试验。

1. 电容量的测量

电容器在运行中电容量变化不大，所以可以通过电容量的纵向和横向比较，判断出密集型电容器的内部故障。因为密集型电容器是由多段电容元件串、并联组成的，如果串联段数减少，将导致电容量增大；如果电容元件在并联点断线，将造成电容量有规律地减小。在对密集型电容器的测量和分析中，了解电容器单元的串并联数量是很有用处的。可以根据串联元件的接线方式推算出每个电容单元的电容量，从而准确判断出电容单元损坏的数量，及至找到损坏的电容器单元。建议采用 QS18A 型电桥或电压电流表法施加 100V 或 200V 电压测量电容量。

2. 绝缘电阻的测量

测量密集型电容器的极对地以及相间的绝缘电阻与测量单只电容器的方法基本相同。通过测量绝缘电阻，可以大致判断出密集型电容器内部的贯穿性缺陷及整体绝缘下降问题。对于放电线圈安装在油箱内的电容器也可以用绝缘电阻表检测放电线圈线匝是否有脱焊或断线。

3. 介质损耗因数的测量

密集型电容器在全工况下长期运行，介质损耗因数会略有增加，但是如果介质损耗因数增加过大，则可能造成电容器的绝缘下降。因此当电容器内不发生局部放电或局部过热时，会导致介质损耗因数增大，这种情况下可以通过对油的气相色谱分析作出进一步的判断。建议采用 QS18A 型电桥进行。

4. 油的气相色谱分析

密集型电容器内各接头接触是否良好，有无局部过热，有无因加工工艺或其他原因产生的局部放电，电容器内部绝缘有无闪络等，这些故障会改变油的气相色谱，所以采用气相色谱分析法可以诊断出电容器内部故障的性质。

5. 交流耐压试验

密集型电容器对油箱的绝缘强度是比较高的，但是由于工艺中潜在的缺陷，比如在焊接过程中烧伤了元件与箱体的绝缘纸板，引线漏包绝缘，绝缘距离不够，瓷套管质量不良以及电容器长期运行造成的绝缘油劣化使绝缘降低都可以通过交流耐压试验检验出。